中 等 职 业 教 育 国 家 规 划 教 材
全国中等职业教育教材审定委员会审定
全国建设行业中等职业教育推荐教材

建筑施工组织与管理

（工业与民用建筑专业）

主　　编　徐家铮
责任主审　刘伟庆
审　　稿　汪　霄　徐海明

中国建筑工业出版社

图书在版编目（CIP）数据

建筑施工组织与管理/徐家铮主编. —北京：中国建筑工业出版社，2003（2022.9重印）

中等职业教育国家规划教材. 全国中等职业教育教材审定委员会审定. 全国建设行业中等职业教育推荐教材. 工业与民用建筑专业

ISBN 978-7-112-05392-6

Ⅰ. 建… Ⅱ. 徐… Ⅲ. ①建筑工程—施工组织—专业学校—教材②建筑工程—施工管理—专业学校—教材

Ⅳ. TU7

中国版本图书馆 CIP 数据核字（2003）第 029990 号

本书共分 12 章，主要内容有：建筑流水施工，网络计划技术，施工准备工作，单位工程施工组织设计，建筑工程技术管理，建筑工程质量管理，建筑工程安全、环保、料具管理与文明施工，建筑工程招投标与合同管理，施工项目进度管理，施工项目管理，计算机在项目管理中的应用简介。

本书既可作为中等职业学校工业与民用建筑专业教材，也可作为相关专业的培训教材和自学用书。

中 等 职 业 教 育 国 家 规 划 教 材

全国中等职业教育教材审定委员会审定

全国建设行业中等职业教育推荐教材

建筑施工组织与管理

（工业与民用建筑专业）

主　　编　徐家铮

责任主审　刘伟庆

审　　稿　汪　霄　徐海明

*

中国建筑工业出版社出版、发行（北京西郊百万庄）

各地新华书店、建筑书店经销

北京建筑工业印刷厂印刷

*

开本：787×1092 毫米　1/16　印张：12¼　插页：1　字数：297 千字

2003 年 6 月第一版　2022 年 9 月第三十四次印刷

定价：**22.00** 元

ISBN 978-7-112-05392-6

（21665）

中等职业教育国家规划教材出版说明

为了贯彻《中共中央国务院关于深化教育改革全面推进素质教育的决定》精神，落实《面向21世纪教育振兴行动计划》中提出的职业教育课程改革和教材建设规划，根据教育部关于《中等职业教育国家规划教材申报、立项及管理意见》（教职成［2001］1号）的精神，我们组织力量对实现中等职业教育培养目标和保证基本教学规格起保障作用的德育课程、文化基础课程、专业技术基础课程和80个重点建设专业主干课程的教材进行了规划和编写，从2001年秋季开学起，国家规划教材将陆续提供给各类中等职业学校选用。

国家规划教材是根据教育部最新颁布的德育课程、文化基础课程、专业技术基础课程和80个重点建设专业主干课程的教学大纲（课程教学基本要求）编写，并经全国中等职业教育教材审定委员会审定。新教材全面贯彻素质教育思想，从社会发展对高素质劳动者和中初级专门人才需要的实际出发，注重对学生的创新精神和实践能力的培养。新教材在理论体系、组织结构和阐述方法等方面均作了一些新的尝试。新教材实行一纲多本，努力为教材选用提供比较和选择，满足不同学制、不同专业和不同办学条件的教学需要。

希望各地、各部门积极推广和选用国家规划教材，并在使用过程中，注意总结经验，及时提出修改意见和建议，使之不断完善和提高。

教育部职业教育与成人教育司

2002年10月

前　言

本教材是应中等职业教育工民建专业的教学需要，根据中等职业教育国家规划教材的编写要求，以及国家现行规范、标准和施工组织与管理教学大纲组织编写的。

本教材主要从施工组织与管理两部分介绍施工组织的基本方法及项目管理的基本理论。通过学习使读者了解施工组织设计的基本内容、编制方法；建筑工程技术管理、质量管理、招投标与合同管理、施工项目管理等基本知识。

本教材由天津市建筑工程学校高级讲师徐家铮主编并编写了第一、五、七、九、十、十一章，四川省建筑职业技术学院胡小平编写了第四、六、八章、北京市城市建设学校张福成编写了第二、三、十二章。全书由南京工业大学刘伟庆教授任责任主审，汪霄、徐海明审稿，并提出修改意见。

本教材在编写过程中，编者还参考了有关资料和教材，得到了天津市建筑工程学校、四川省建筑职业技术学院、北京市城市建设学校及南京工业大学的大力支持。在此表示谢意。

由于编者水平有限，难免有不妥之处，恳请读者指正。

目　　录

第一章　绪　　论

第一节　施工组织与管理概论

一、课程研究对象和任务

1. 课程的研究对象

施工组织与管理作为一门科学，主要是针对施工活动进行有目的的计划、组织、协调和控制。它包括在施工过程中采用的各种施工方法，运用各种施工手段，按照客观施工规律合理组织生产力；在施工过程中围绕完成建筑产品对内、外各种生产关系不断进行协调。

施工组织与管理主要研究和探求在建筑施工中以取得优质、高效、低成本、文明安全施工的全面效益，使施工中提高效益的各种因素能处于最佳状态的组织管理方法。由于施工对象千差万别，施工过程中内部工作和与外部的联系错综复杂，没有一个固定不变的组织管理方法可用于一切工程，不同条件下，对不同的施工对象，采用因地制宜的组织管理方法才是最有效的。

2. 课程的主要任务

施工组织与管理的任务就是在施工全过程中，根据施工特点和施工生产规律的要求，结合施工对象和施工现场的具体情况，制定切实可行的施工组织设计，并据此做好施工准备；严格遵守施工程序和施工工艺；努力协调内、外各方面的生产关系；充分发挥人力、物力、财力的作用，使它们在时间、空间上能有一个最好的组合；挖掘一切潜力，调动一切积极因素，精心组织施工生产活动；正确运用施工生产能力，确保全面高效地建成最终建筑产品。

施工组织管理任务的完成，是多层次各方面努力工作的结果，在完成上述任务中存在着分工合作和协调配合问题。基层施工技术人员的工作在施工现场，是所有业务部门组织管理工作的基层执行者，在完成施工组织管理任务中起着关键的作用。

二、课程与其他课程的关系

1. 课程的特点

施工组织与管理课程是一门综合性较强的课程，不仅要掌握工程技术方面的知识，而且也要了解管理方面的知识及法律知识。实践性较强也显示了该课程的又一特点，因为，使基层施工技术员掌握一定的施工组织和科学管理方法，必须深入施工现场，调查研究，收集资料最终能编制简单的单位工程施工组织设计，并通过科学管理使施工组织设计得以实施。

2. 本课程与其他课程的关系

施工组织与管理课程是研究建筑施工中不同分部分项工程之间的科学联系，建筑施工技术课程是研究建筑施工中不同分部分项工程，不同工种的施工工艺、施工方法及施工机具的合理配置和管理。两门课程各有侧重又相互联系，建筑施工技术课程是建筑施工组织与管理课程的基础。不仅如此，建筑基础、建筑材料、建筑工程测量等课程也是该课程的基础，作为工程技术人员都是必须掌握的基本知识。

第二节　基本建设程序与建筑施工程序

一、基本建设及其程序

1. 基本建设的概念及内容

基本建设是固定资产的建设，也就是指建造、购置和安装固定资产的活动以及与此相联系的其他工作，也称工程建设。

基本建设按其内容构成包括：固定资产的建造和安装、固定资产的购置及其他基本建设工作。

基本建设的范围包括：新建、扩建、改建、恢复和迁建各种固定资产的建设工作。

2. 基本建设项目及其组成

基本建设项目简称建设项目。凡是按一个总体设计组织施工，建成后具有完整的系统，可以独立地形成生产能力或使用价值的建设工程，称为一个建设项目，如工业建筑的一个钢厂、纺织厂等；民用建筑的一所学校、医院等。

一个建设项目，按其复杂程度分为以下工程：

（1）单项工程（也称工程项目）

凡是具有独立的设计文件，竣工后可以独立发挥生产能力或效益的工程，称为一个单项工程。一个建设项目，可以由一个单项工程组成，也可由若干个单项工程组成。如工业建设项目中，各独立的生产车间、实验楼、各种仓库等；民用建设项目中，学校的教学楼，实验室、图书馆、学生宿舍等。这些都可以称为一个单项工程。

（2）单位工程

凡是具有单独设计，可以独立施工，但完工后不能独立发挥生产能力或效益的工程，称为一个单位工程。一个单项工程一般都由若干个单位工程所组成。如一个复杂的生产车间，一般由土建工程、管道安装工程、设备安装工程、电气安装工程等单位工程组成。

（3）分部工程

一个单位工程可以有若干个分部工程组成。如一幢房屋的土建单位工程，按结构或构造部位划分，可以分为基础、主体结构、屋面、装修等分部工程；按工种工程划分，可以分为土（石）方工程、桩基工程、混凝土工程、砌筑工程、防水工程、抹灰工程等分部工程。

（4）分项工程

一个分部工程可以划分为若干个分项工程。可以按不同的施工内容或施工方法来划分，以便于专业施工班组的施工。如房屋的基础工程，可以划分为基槽（坑）挖土、混凝土垫层、砖砌基础、回填土等分项施工。

3. 基本建设程序

基本建设程序就是建设项目在整个建设过程中各项工作必须遵循的先后顺序，是拟建建设项目在整个建设过程中必须遵循的客观规律。

基本建设程序，一般可划分为决策、准备、实施三个阶段。

（1）基本建设项目及其投资的决策阶段

投资决策阶段是根据国民经济长、中期发展规划，进行建设项目的可行性研究，编制建设项目的计划任务书（又叫设计任务书）。其内容包括调查研究、经济论证、选择与确定建设项目的地址、规模和时间要求等。

（2）基本建设项目及其投资的准备阶段

投资准备阶段是根据批准的计划任务书，进行勘察设计，做好建设准备，安排建设计划。其内容包括工程地质勘察，进行初步设计、技术设计和施工图设计，编制设计概算，设备订货、征地拆迁，编制分年度的投资及项目建设计划等。

（3）基本建设项目及其投资的实施阶段

投资实施阶段是根据设计图纸，进行建筑安装施工，做好生产或使用准备，进行竣工验收，交付生产或使用。

基本建设程序可分为八个步骤。

1）建设项目可行性研究；

2）建设项目计划任务书（或设计任务书）；

3）勘察设计工作；

4）项目建设的准备工作；

5）拟定建设项目的建设计划安排；

6）建筑、安装施工；

7）生产前的各项准备工作；

8）竣工验收、交付使用。

以上八个步骤，就是基本建设的程序。这个程序既不能违反，也不能颠倒，但在具体工作中有互相平行交叉的情况。

二、施工程序

1. 施工程序的概念

施工程序是指工程建设项目在整个施工过程中各项工作必须遵循的先后顺序。它反映了施工过程中的客观施工规律。多年来的施工实践已经证明，坚持施工程序，按建筑产品生产的客观规律组织施工，是高质量、高速度从事建筑产品生产的重要手段；而违反了施工程序，就会造成重大事故和经济损失。

2. 建设施工程序

施工程序，从承接施工任务开始到竣工验收为止，可分为以下五个步骤进行：

（1）承揽施工任务，签订施工合同

施工单位承揽施工任务的方式有两种：一是受建设单位委托而承接；二是通过投标而中标承接。不论采用哪种方式承接施工任务后，都必须同建设单位签订施工合同，明确各自的经济技术责任。合同一经签订，即具有法律效力。

（2）全面统筹安排、做好施工规划

签订施工合同后，施工单位应全面了解工程性质、规模、特点、工期等，并进行各种技术、经济、社会调查，收集有关资料，编制施工组织设计，与建设单位密切配合，共同做好开工前的准备工作，为顺利开工创造条件。

（3）落实施工准备工作，提出开工报告

根据施工组织总设计的规划，及时抓紧落实资金、劳动力、材料、构件、施工机具及现场“五通一平”等。具备开工条件后，提出开工报告，经审查批准后，即可正式开工。

(4) 精心施工，加强各项管理

根据拟定的施工组织设计的要求，精心组织施工，加强各单位、各部门的配合与协作，协调解决各方面的问题，使施工活动顺利开展。同时加强施工现场技术、材料、质量、安全、进度等各方面的管理工作。

(5) 进行工程验收，交付生产使用

在交工验收前，施工单位内部应进行预验收，检查各分部分项工程的施工质量，整理各项交工验收资料，并经监理工程师签字确认。在此基础上，由建设单位组织竣工验收，经质量监督主管部门验收合格后，办理工程移交证书，并交付生产使用。

第三节　建筑产品及其施工的技术经济特点

一、建筑产品的概念及其技术经济特点

1. 建筑产品的概念

建筑业生产的各种建筑物或构筑物等称为建筑产品。它与其他工业生产的产品相比，具有特有的一系列技术经济特点，这也是建筑产品与其他工业产品的本质区别。

2. 建筑产品的技术经济特点

(1) 建筑产品的庞体性

建筑产品与一般工业产品相比体积庞大，重量也大。

(2) 建筑产品的固定性

建筑物选择好建造地点，建成后一般都无法移动。

(3) 建筑产品的多样性

由于建筑物的使用功能及用途不同，建筑规模、建筑设计、结构类型等也各不相同。即使是同一类型的建筑物，也因坐落地点、环境条件、城市规划要求等而彼此有所不同。因此，建筑产品是丰富多彩的、多种多样的。

(4) 建筑产品的复杂性

通过建筑、装饰设计及装饰施工，可使建筑物表现出极强的艺术风格及感染力，而这种建筑功能、艺术处理及装饰做法等都堪称是一种复杂的产品，其施工过程也多错综复杂。

二、建筑施工的技术经济特点

1. 建筑施工的工期长（长期性）

由于建筑产品体积庞大，需要消耗巨大的人力、物力、财力。在完成建筑产品的过程中需要吸收多方面人员，组织成千上万吨物资及施工机具，按照合理的施工顺序，科学的进行生产活动。因而施工工期较长，少则几个月，多则几年。这就要求在施工组织管理中对施工过程中各分部、分项及工序之间的施工活动进行科学分析、合理组织人财物的投入顺序、数量、比例、科学地进行工程排队，组织流水作业，提高对时间和空间的利用。

2. 建筑施工的流动性

由于建筑产品的固定性，用于施工的劳动力、生产资料及相应的设施不仅要随着建筑

物建造地点的变更而流动，而且还要随着建筑物的施工部位的改变而在不同的空间流动。这就要求每变换一个新的施工地点，施工单位都要对当地的环境和施工现场进行重新调查，根据工程对象的不同特点重新布置施工力量，重新进行有关设施的建设。为了适应施工地点经常变动及施工队伍流动性大的特点，在施工组织管理中，队伍建设要“精干、高效、机动灵活”，后勤供应保障及时。

3. 建筑施工的个别性

由于建设单位对建筑产品的用途、功能、外形等的不同要求，一般设有固定的模式。因此，建筑施工具有“单件性”。这就要求在施工组织管理中，根据具体情况因地制宜、因时制宜、因条件制宜地搞好建筑施工。

4. 建筑施工的复杂性

由于建筑产品的复杂性、施工的流动性和单件性，各建筑物、构筑物的工程量、劳动量差异较大，由于露天作业、高空作业、地下作业和手工操作多，造成建筑施工条件难以固定，稳定性差。这就要求在施工组织管理中针对各种变化的可能性进行预测、制定措施、加强控制，保质保量地完成建筑施工任务。

第四节　施工组织与管理的原则及内容

一、施工组织与管理的主要原则

在我国，施工组织与管理应遵循社会化生产条件下管理的根本原则和企业组织的一般原则，最大限度的节约人力、物力、财力，确保工程质量、合理缩短施工周期、全面完成施工任务。

1. 认真贯彻党和国家对基本建设的各项方针和政策

严格控制固定资产投资规模，确保国家重点建设；对基本建设项目必须实行严格的审批制度；严格按照基本建设程序办事，按照国家规定履行报批手续；严格执行建筑施工程序及国家颁布的技术标准、操作规程，把好工程质量关。

2. 严格遵守国家法律法规和合同规定的工程竣工及交付使用期限

严格控制工程建设各阶段中的工作内容、工作顺序、持续时间及工作之间的相互搭接关系，在计划实施过程中经常检查实际进度是否按计划进行，一旦发现偏差，应在分析偏差的基础上采取有效措施排除障碍或调整，确保工程项目按预定的时间交付使用。

3. 合理安排施工顺序，科学地组织施工

施工程序反映了工序之间先后顺序的客观规律的要求，交叉搭接关系则体现争取时间的主观努力。在组织施工时，必须合理地安排施工程序和顺序，避免不必要的重复工作，加快施工速度，缩短工期。

4. 尽量采用先进的施工方法，科学地确定施工方案

先进的施工方法是提高劳动生产率、改善工程质量、加快施工进度、降低工程成本的主要途径。科学地确定施工方案体现在新材料、新设备、新工艺和新技术的运用上，当然，先进适用性和经济合理性要紧密结合，防止单纯追求先进而忽视经济效益的做法；同时还要满足施工验收规范、操作规程及防火、环保等规定。

5. 组织流水施工，以保证施工连续地、均衡地、有节奏地施工

在编制计划时，应从实际出发组织流水施工，采用网络技术编制施工计划，做好人力、物力的综合平衡，提高施工的连续性和均衡性。

6. 减少暂设工程和临时性设施，合理布置施工平面图，节约施工用地，保护环境

尽量利用正式工程、原有或就近已有设施；尽量利用当地资源，减少物资运输量，避免二次搬运；精心进行施工平面图的设计，最大限度节约施工用地。

7. 贯彻工厂预制和现场预制结合的方针，提高建筑工业化程度

根据地区条件和构件性质，通过技术经济比较，恰当地选用预制方案或浇筑方案。确定预制方案时应考虑有利于提高建筑工业化程度。

8. 充分利用现有机械设备，在扩大机械化施工范围的基础上，做好节能减排工作

恰当选择自有装备、租赁机械或机械化分包施工等方式逐步扩大机械化施工范围，提高劳动生产率，减轻劳动强度，同时坚定不移地贯彻国家节能减排政策。

9. 尽量降低工程成本，提高工程经济效益

严格控制机械设备的闲置、暂设工程的建造；制定节约能源和材料措施；尽量减少运输量；合理安排人力、物力，使建设项目投资控制在批准的投资限额以内。

10. 安全生产，质量第一

尽量采用先进的科学技术和管理方法，提高工程质量，严格履行施工单位的质量责任和义务，遵守国家规定的工程质量保修制度，建造满足用户要求的合格工程。

要贯彻“安全为了生产，生产必须安全”的方针，建立健全各项安全管理制度，落实安全施工措施，并检查监督。

二、施工组织与管理的主要方法和内容

施工组织与管理的方法和内容是多方面的，本章仅就涉及建筑产品全面效益紧密相关的工程质量、施工工期、工程成本和施工安全管理的主要内容综述如下：

1. 工程质量管理

建筑产品质量管理是指建（构）筑物能符合交工验收规范要求，能满足人们的使用需要，具备适用、坚固、安全、耐久、经济、美观等特征的活动过程。建筑安装施工质量是确保建筑产品质量的重要因素。此外，勘察设计质量、建筑材料、构配件质量、维护使用都是影响建筑产品质量的因素。为了确保工程质量，必须加强质量观念，建立从建设前期工作到竣工验收的质量保证体系。在施工中做到：

（1）制定切实可行的，保证工程质量的技术组织措施，并付诸实施；

（2）使用符合标准的建筑材料、构配件等；

（3）认真保养、维护施工机具、设备；

（4）按图施工，严格执行施工操作规程；

（5）注意创造良好的施工操作条件，加强成品保护；

（6）认真执行“自检、互检和交接”制度，出现差错及时纠正；

（7）加强专业检查，完善检测手段；

（8）做好各项质量内部管理工作，用好的工作质量保证好的工程质量。

2. 施工工期管理

工期管理是施工管理的一项主要工作内容，也是实现建筑施工整体效益的一个重要组成部分。在工期管理中为了按期完成施工任务，施工单位应在可能条件下主动积极地在施

工准备工作中组织与勘察设计、工程建设前期准备阶段有关的工作适当交叉，为施工工期的缩短创造有利的条件。

对于施工工期的管理也同其他管理一样，通过计划——实施——检查——调整四个阶段反复循环才能有效地实现预期管理目标。

3. 单位工程成本管理

建筑工程成本，是完成一定数量（如一个单位工程或分部分项）建筑安装施工任务所耗费的生产费用的总和。工程成本中的大部分费用开支与工程量、工程施工时间的长短有关。所以，降低物资损耗，减少支出，缩短工期和确保工程质量、避免发生质量、安全事故，都能节约实际成本的支出，从而提高工程的经济效益。

4. 文明施工与安全管理

确保文明施工是施工组织与管理的重要内容。加强劳动保护，改善劳动条件，是我国宪法以国家最高法律形式固定下来的生产原则。施工组织管理者的职责，就是在建筑施工中创造安全操作的环境，制定各种防止安全事故发生的有效措施，认真贯彻执行，使现场施工人员能够放心操作，充满信心地在不断提高劳动生产率的基础上全面完成施工任务。

复习思考题

一、名词解释

1. 基本建设；2. 建设项目；3. 施工程序；4. 建筑产品。

二、填空

1. 基本建设程序一般可划分为________、________和________三个阶段。

2. 单位工程是指具有________、________，但完工后不能________或________的工程。

3. 基本建设项目投资实施阶段是根据设计图纸、________、________、或________、进行竣工验收，交付生产或使用。

三、简答

1. 施工单位承揽施工任务的方式有哪些？

2. 建筑产品的技术经济特点有哪些？

3. 建筑施工的技术经济特点有哪些？

第二章 建筑流水施工

1913年，美国福特汽车公司的创始人亨利·福特创造了全世界第一条汽车装配流水线，开创了工业生产的“流水作业”法。流水作业法使产品生产的速度大大地提高了，是一种组织产品生产的理想方法。

建筑工程的“流水施工”来源于工业生产中的“流水作业”，实践证明它也是项目施工的最有效的科学组织方法。但是，由于施工项目产品及其施工的特点不同，流水施工的概念、特点和效果与其他产品的流水作业也有所不同。本章主要介绍建筑工程流水施工的基本概念、基本方法和具体应用。

第一节 流水施工的基本概念

一、组织施工的方式

建造一个建筑物时，在具备了劳动力、材料、机械等基本生产要素的条件下，如何组织施工是一项非常重要的工作，它将直接影响到工程的进度、资源和成本。

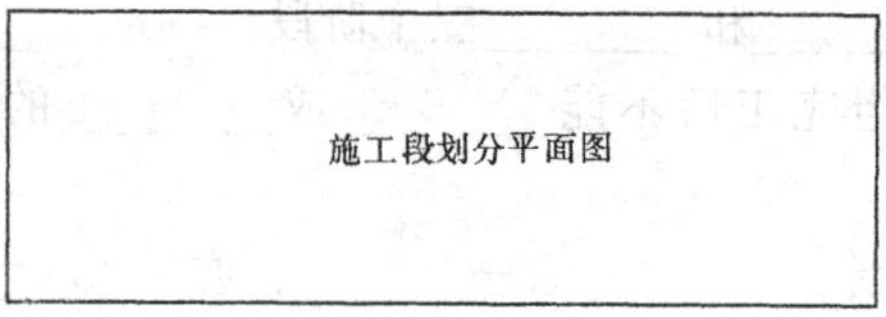

施工段划分平面图

图 2-1 施工段划分平面图

生产实践已经证明，完成一幢建筑物的施工，其组织施工的方式可采用依次施工、平行施工和流水施工三种组织施工方式。

（一）依次施工组织方式

依次施工组织方式是将施工项目分解成若干个各施工过程，按照一定的施工顺序，依次开工、依次完成的一种施工组织方式。

举例如下：

【例 1】 已知：绑筋、支模、浇混凝土三个施工过程，平面上不划分施工区段，见图 2-1，基本数据见表 2-1。

表 2-1

施工过程	施工天数	班组人数	施工过程	施工天数	班组人数
绑筋	6天	8人	浇混凝土	3天	10人
支模	9天	12人			

按照依次施工组织方式施工，其施工进度计划如图 2-2 所示。

从图 2-2 中可以看出，依次施工组织方式具有的特点是由于没有充分地利用工作面去争取时间，所以工期较长；施工的专业班组不能连续作业；每天投入的劳动力较少，机具、设备使用不很集中，材料供应较单一施工现场管理简单，便于组织和安排。当工程规

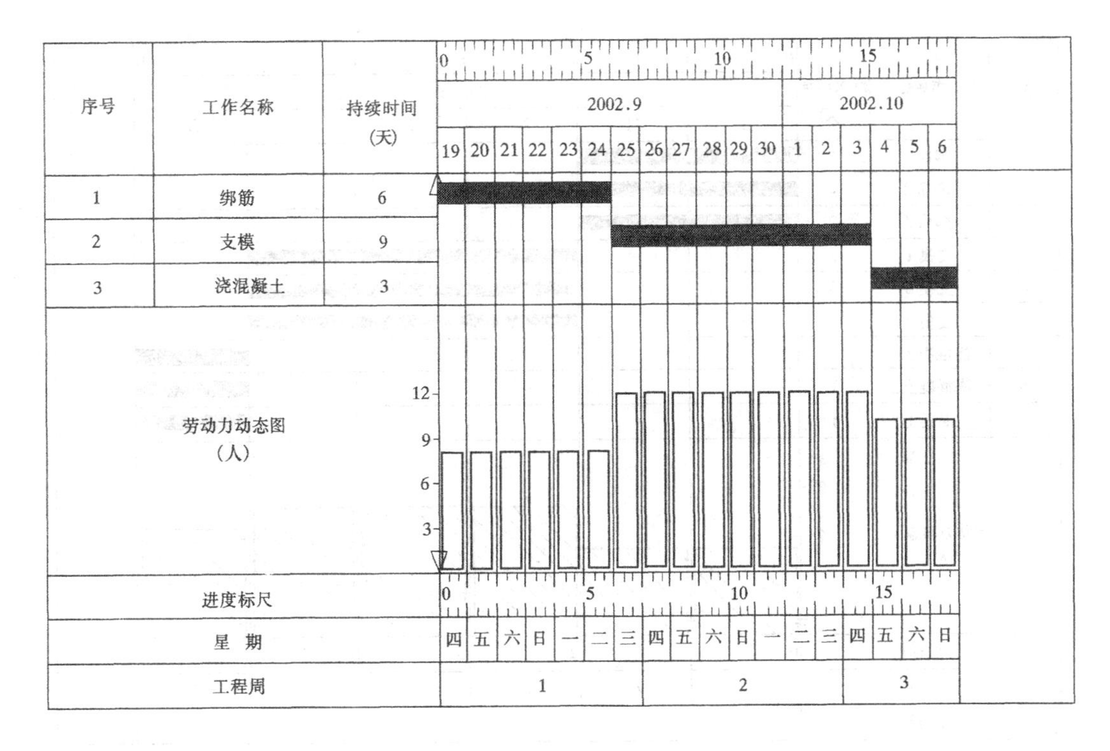

图 2-2　依次施工组织方式

模较小，施工工作面又有限时，依次施工是适用的，也是常见的。

（二）平行施工组织方式

平行施工是组织几个相同的专业班组，在同一时间、不同的工作面上同时进行施工的一种施工组织方式。

在例 2-1 中，如果采用平行施工组织方式，施工平面假定划分为三个施工区段，见图 2-3，其施工进度计划如图 2-4 所示。

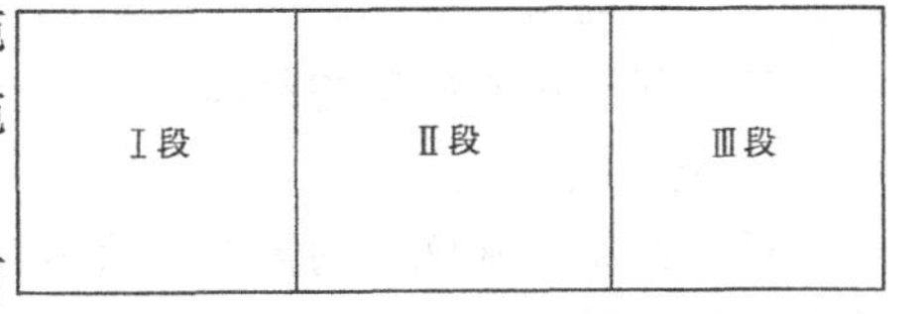

图 2-3　施工段划分平面图

从图 2-4 中可以看出，平行施工组织方式具有的特点是能充分利用工作面，工期明显缩短，但由于施工班组数大大增加，资源消耗过分集中，从而造成组织安排和施工管理困难，增加施工管理费用。因此，平行施工一般适用于工期要求紧、大规模的建筑群及分期分批组织施工的工程任务，这种方式只有在各方面的资源供应有保障的前提下，才是合理的。

（三）流水施工组织方式

流水施工是将施工项目分解成若干个施工过程，同时将施工项目的施工平面划分成若干个劳动量大致相等的施工区段，各专业班组按照一定的施工顺序依次投入施工，各个施工过程陆续开工、陆续竣工，使同一施工过程的施工班组保持连续、均衡施工，不同的施工过程尽可能平行搭接施工的组织方式。

在例 2-1 中，如果采用流水施工组织方式，施工平面假定划分为三个施工区段，见图 2-5，其施工进度计划如图 2-6 所示。

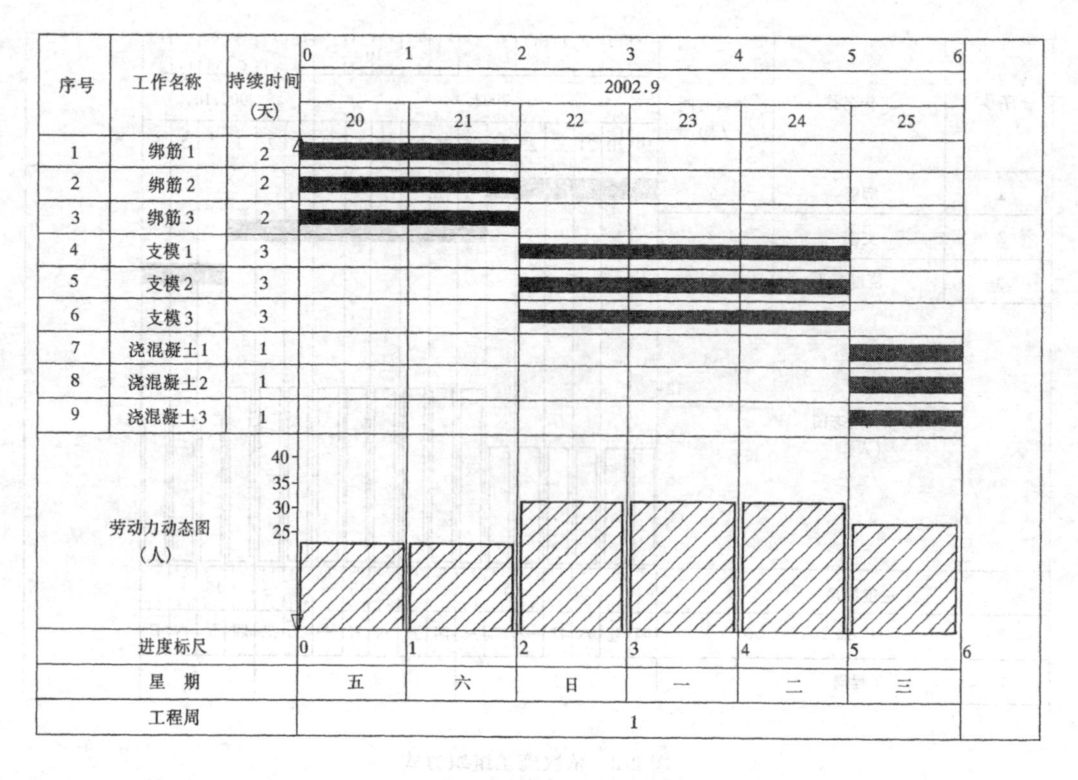

图 2-4 平行施工组织方式

由图 2-6 可以看出，流水施工组织方式则能解决依次施工和平行施工的缺点，每个施工班组能在不同的施工段上同时施工，充分地利用了空间，有利于制定合理的工期，各施工班组能保持自身的连续作业，资源消耗易于保持平衡，各施工班组实行了施工专业化，因而可以提高施工效率。

二、建筑流水施工的组织条件

1. 划分施工段

根据组织流水施工的需要，将拟建工程在平面上或空间上，划分为劳动量大致相等的若干个施工段。

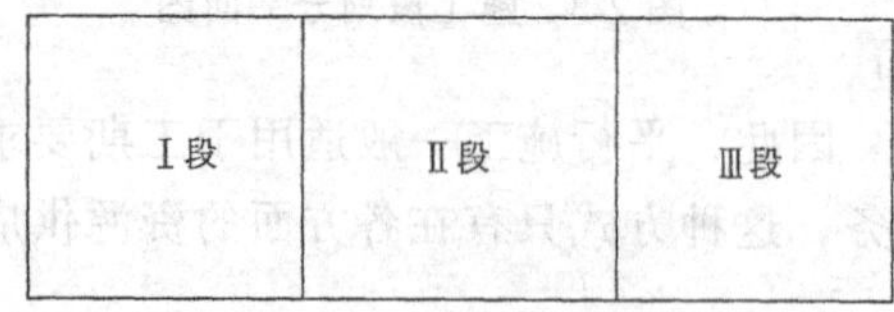

图 2-5 施工段划分平面图

2. 划分施工过程

根据工程结构的特点及施工要求，划分为若干个分部工程；其次按照工艺要求，工程量大小和施工班组情况，将各分部工程划分为若干个施工过程(即分项工程)。

3. 按照施工过程设置专业班组

根据每个施工过程尽可能组织独立的施工班组，这样可使每个施工班组按施工顺序，依次地、连续地、均衡地从一个施工段到另一个施工段进行相同的施工。

4. 主要施工过程的施工班组必须连续、均衡地施工

对工程量较大、施工时间较长的主要施工过程，必须组织连续、均衡施工；对于其他次要的施工过程，可连续施工也可安排间断施工。

5. 不同的施工过程尽可能组织平行搭接施工

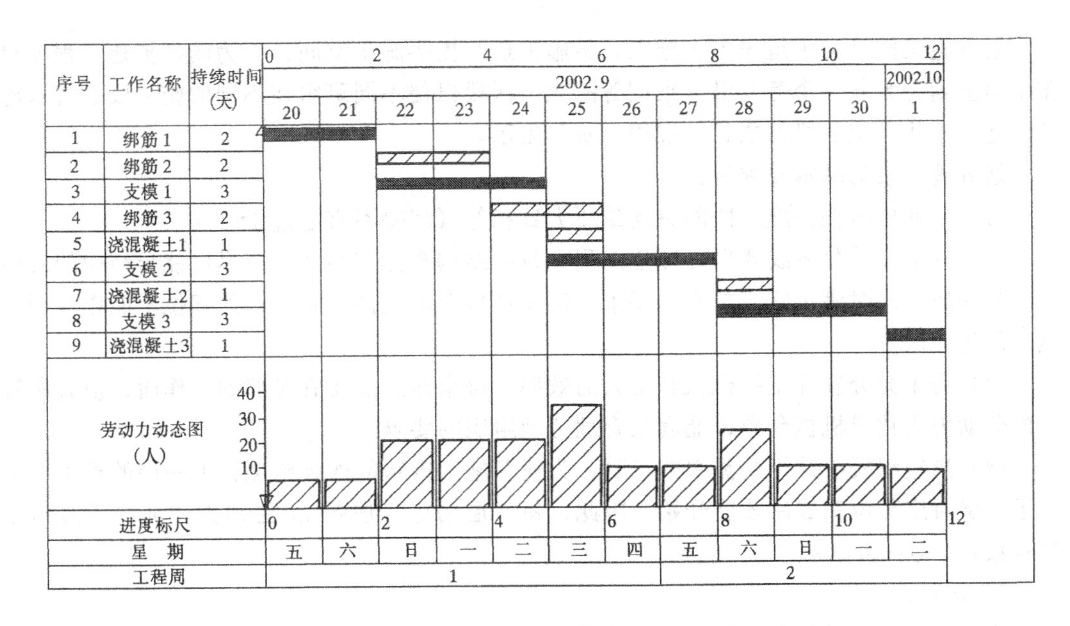

图 2-6 流水施工组织方式

根据施工顺序，不同的施工过程，在有工作面的条件下，除必要的技术和组织间歇时间外，应尽可能组织平行搭接施工，这样可缩短工期。

二、建筑流水施工的表达形式

建筑流水施工的表达方式，主要有横道图和网络图两种表达方式。

1. 横道图

横道图在国外也称之为甘特图，其表达形式如图 2-6 所示，其左边列出各施工过程的名称，右边用水平线段在时间坐标下画出施工进度。

2. 网络图

有关流水施工网络图的表达形式，详见本书第三章。

第二节 建筑施工流水参数

在组织拟建工程项目流水施工时，用以表达流水施工在工艺流程、空间布置和时间安排等方面开展状态的参数，称为流水参数。流水参数主要包括工艺参数、空间参数和时间参数三种。

一、工艺参数

工艺参数是指参与流水施工的施工过程数目，一般用“n”表示。

施工过程是对某项工作由开始到结束的整个过程的泛称，其内容有繁有简，应根据结构特点、施工计划的性质、施工方案的确定、劳动组织和劳动内容为依据，以能指导施工为原则。

二、空间参数

在组织流水施工时，用来表达流水施工在空间布置上所处状态的参数，称为空间参数。主要包括：施工段和施工层两种。

1. 施工段（流水段）

划分施工段是为了组织流水施工，给施工班组提供施工空间，人为的把拟建工程项目在平面上划分为若干个劳动量大致相等的施工区段以便不同班组在不同的施工段上流水施工，互不干扰。施工段的数目一般用“m”表示。

划分施工段的基本要求有：

(1) 专业班组在各施工段的劳动量要大致相等（相差不宜超过15%）。

(2) 施工段的分界线要保证拟建工程项目的结构整体完整性，应尽可能与结构的自然界线相一致；同时满足施工技术的要求，例如结构上不允许留施工缝的部位不能作为划分施工段的界限。

(3) 为了充分发挥主导机械和工人的效率，每个施工段要有足够的工作面，使其所容纳的劳动力人数或机械台数，能满足合理劳动组织的要求。

(4) 当组织楼层结构的流水施工时，为使各施工班组能连续施工，上一层的施工必须在下一层对应部位完成后才能开始。因此，每一层的施工段数 m 必须大于或等于其施工过程数 n，即：$m \geqslant n$。

2. 施工层

施工层是指为满足竖向流水施工的需要，在建筑物垂直方向上划分的施工区段。施工层的划分视工程对象的具体情况而定，一般以建筑物的结构层作为施工层。例如：一个18层的全现浇剪力墙结构的房屋，其结构层数就是施工层数。如果该房屋每层划分为三个施工段，那么其总的施工段数：

$m = 18$ 层 $\times 3$ 段/层 $= 54$ 段。

三、时间参数

在组织流水施工时，用以表达流水施工在时间安排上所处状态的参数，称为时间参数。一般有流水节拍、流水步距和工期等。

(一) 流水节拍

流水节拍是指在组织流水施工时，各个专业班组在每个施工段上完成施工任务所需要的工作持续时间。一般用 t_i 表示。

1. 流水节拍的确定

流水节拍数值的大小与项目施工时所采取的施工方案，每个施工段上发生的工程量，各个施工段投入的劳动人数或施工机械的数量及工作班数有关，决定着施工的速度和施工的节奏。因此，合理确定流水节拍，具有重要意义。流水节拍的确定的方法一般有：定额计算法，经验估算法和工期计算法。

一般流水节拍可按下式确定：

$$t_i = \frac{Q_i}{S_i \cdot R_i \cdot b_i} = \frac{P_i}{R_i \cdot b_i}$$

或

$$t_i = \frac{Q_i \cdot H_i}{R_i \cdot b_i} = \frac{P_i}{R_i \cdot b_i}$$

式中 t_i——某专业班组在第 i 施工段上的流水节拍；

P_i——某专业班组在第 i 施工段上需要的劳动量或机械台班数量；

R_i——某专业班组的人数或机械台数；

b_i——某专业班组的工作班数；

Q_i——某专业班组在第 i 施工段上需要完成的工程量；

S_i——某专业班组的计划产量定额（如：m^3/工日）；

H_i——某专业班组的计划时间定额（如：工日/m^3）。

2. 确定流水节拍的要点

（1）施工班组人数应符合该施工过程最少劳动组合人数的要求。例如：现浇钢筋混凝土施工过程，它包括上料、搅拌、运输、浇捣等施工操作环节，如果人数太少，是无法组织施工的。

（2）要考虑工作面的大小或某种条件的限制，施工班组人数也不能太多，每个工人的工作面要符合最小工作面的要求。否则，就不能发挥正常的施工效率或不利于安全生产。主要工种的最小工作面可参考表 2-2 的有关数据。

主要工种工作面参考数据表 **表 2-2**

工作项目	每个技工的工作面		说明
砖基础	7.6	m/人	以 1½砖计，2 砖乘以 0.8，3 砖乘以 0.55
砌砖墙	8.5	m/人	以 1 砖计，1½砖乘以 0.71，2 砖乘以 0.57
混凝土柱，墙基础	8	m^3/人	机拌、机捣
混凝土设备基础	7	m^3/人	机拌、机捣
现浇钢筋混凝土柱	2.45	m^3/人	机拌、机捣
现浇钢筋混凝土梁	3.20	m^3/人	机拌、机捣
现浇钢筋混凝土墙	5	m^3/人	机拌、机捣
现浇钢筋混凝土楼板	5.3	m^3/人	机拌、机捣
预制钢筋混凝土柱	3.0	m^3/人	机拌、机捣
预制钢筋混凝土梁	3.6	m^3/人	机拌、机捣
预制钢筋混凝土屋架	2.7	m^3/人	机拌、机捣
混凝土地坪及面层	40	m^2/人	机拌、机捣
外墙抹灰	10	m^2/人	
内墙抹灰	18.5	m^2/人	
卷材屋面	18.5	m^2/人	
防水水泥砂浆屋面	16	m^2/人	

（3）要考虑各种机械台班的效率（吊装次数）或机械台班产量的大小。

（4）要考虑各种材料、构件等施工现场堆放量、供应能力及其他有关条件的制约。

（5）要考虑施工及技术条件的要求。例如不能留施工缝必须连续浇筑的钢筋混凝土工程，有时要按三班制工作的条件决定流水节拍，以确保工程质量。

（6）确定一个分部工程各施工过程的流水节拍时，首先应考虑主要的工程量大的施工过程的节拍（它的节拍值最大，对工程起主要作用），其次确定其他施工过程的节拍值。

（7）流水节拍的数值一般取整数，必要时可取半天。

（二）流水步距

在组织流水施工时，相邻的两个施工专业班组先后进入同一施工段开始施工的间隔时间，称为流水步距。通常以 $K_{i,i+1}$ 表示（i 表示前一个施工过程，$i+1$ 表示后一个施工过程）。

流水步距的大小，对工期有着较大的影响。在施工段不变的条件下，流水步距越大，工期越长；流水步距越小，则工期越短。流水步距还与前后两个相邻施工过程流水节拍的大小、施工工艺技术要求、是否有技术和组织间歇时间。施工段数目、流水施工的组织方式等有关。流水步距的表示见图 2-7。

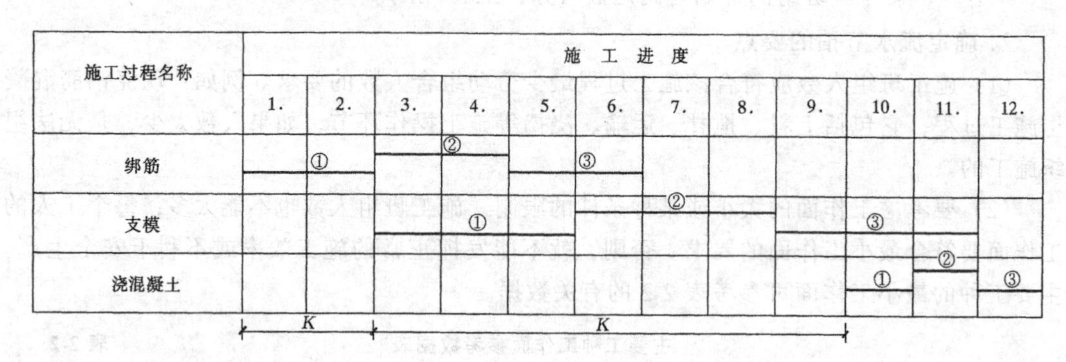

图 2-7 流水步距示意图

第三节 组织流水施工的基本方式

根据流水节拍特征的不同，流水施工可分为有节奏流水和无节奏流水两大类。

一、有节奏流水

有节奏流水是指在组织流水施工时，同一施工过程在各施工段上的流水节拍都相等的一种流水施工方式。根据不同施工过程之间的流水节拍是否相等，有节奏流水又可分为等节奏流水和异节奏流水。

（一）等节奏流水

等节奏流水是指所有的施工过程在各个施工段上的流水节拍彼此都相等的流水施工的组织方式，也称全等节拍流水。施工工期（T_L）可按下式计算：

$$T_L=(n+m-1)\ t_i$$

式中 n——施工过程数；

m——施工段数；

t_i——流水节拍值。

（二）异节奏流水

异节奏流水是指同一施工过程在各施工段上的流水节拍都相等，但不同施工过程之间的流水节拍不完全相等的一种流水施工方式。异节奏流水又可分为成倍节拍流水和不等节拍流水。

1. 成倍节拍流水

成倍节拍流水是指同一施工过程在各个施工段的流水节拍相等，不同施工过程之间的流水节拍不完全相等，但各施工过程的流水节拍均为其中最小流水节拍的整数倍的流水施工方式。

成倍节拍流水施工的组织方式是：首先根据工程对象和施工要求，划分若干个施工过程；其次根据各施工过程的内容、要求及其工程量，计算每个施工过程在每个施工段所需的劳动量；接着根据施工班组人数及组成，确定劳动量最少的施工过程的流水节拍：最后确定其他劳动量较大的施工过程的流水节拍，用调整施工班组人数或其他技术组织措施的方法，使它们的节拍值分别等于最小节拍值的整数倍。施工工期（T_L）可按下式计算：

$$T_L = (\Sigma b_i + m - 1)\ t_{min}$$

式中 Σb_i——各施工过程班组数总和，$\Sigma b_i = \Sigma \frac{t_1}{t_{min}} + \frac{t_2}{t_{min}} + \cdots\cdots)$；

m——施工段数，应满足 $m \geqslant \Sigma b_i$；

t_{min}——最小流水节拍值。

为充分利用工作面，加快施工进度，流水节拍大的施工过程应相应增加班组数。

成倍节拍流水实质上是一种不等节拍等步距的流水施工，这种方式适用于一般房屋建筑工程的施工，也适用于线型工程（如道路、管道等）的施工。

2. 不等节拍流水

有时由于各施工过程之间的工程量相差很大，各施工班组的施工人数又有所不同，使得不同施工过程在各施工段上的流水节拍无规律性。这时，若组织全等节拍或成倍节拍流水均有困难，则可组织不等节拍流水。

不等节拍流水是指同一施工过程在各个施工段的流水节拍相等，不同施工过程之间的流水节拍既不相等也不成倍的流水施工方式。组织不等节拍流水的基本要求是：各施工班组尽可能依次在各施工段上连续施工，允许有些施工段出现空闲，但不允许多个施工班组在同一施工段交叉作业，更不允许发生工艺顺序颠倒的现象。

不等节拍流水实质上是一种不等节拍不等步距的流水施工，这种方式适用于施工段大小相等的工程施工组织，施工工期计算从略。

二、无节奏流水

无节奏流水是指同一施工过程在各施工段上的流水节拍不完全相等的一种流水施工方式。

在实际工作中，有节奏流水，尤其是全等节拍和成倍节拍流水往往是难以组织的，而无节奏流水则是常见的。组织无节奏流水的基本要求与不等节拍流水相同，即保证各施工过程的工艺顺序合理和各施工班组尽可能依次在各施工段上连续施工。

无节奏流水不象有节奏流水那样有一定的时间约束，在进度安排上比较灵活、自由。适用于各种不同结构性质和规模的工程施工组织，实际应用比较广泛。

在上述各种流水施工的基本方式中，全等节拍和成倍节拍流水通常在一个分部或分项工程中，组织流水施工比较容易做到。即比较适用于组织专业流水或细部流水。但对一个单位工程，特别是一个大型的建筑群来说，要求所划分的各分部、分项工程都采用相同的流水参数（施工过程数，施工段数、流水节拍和流水步距等）组织流水施工，往往十分困难，也不容易达到。这时，常采用分别流水法组织流水施工，以便能较好地适应建筑工程施工中千变万化的要求。

所谓分别流水法，就是将若干个分别组织的专业流水（分部工程流水），按施工工艺顺序和要求搭接起来，组织成一个单位工程或建筑群的流水施工。

分别流水法的组织方法是：首先，将拟建工程对象按建筑、结构特征和施工工艺要求，划分为若干个分部工程；每个分部工程再根据施工要求，划分为若干个分项工程。其次，分别组织每个分部工程的流水施工，可采用有节奏、无节奏流水施工的各种方式，各个不同的分部工程流水施工所采用的流水参数可以互不相同。最后，将若干个分别组织的分部工程流水。按照施工工艺顺序和工艺要求搭接起来，组织一个单位工程或一个建筑群的流水施工。

由于分别流水法是以一个分部工程流水（专业流水）为基础，而且一个单位工程中的各施工过程不受施工段数、流水节拍和流水步距的固定约束，因此分别流水法比较自由、方便、灵活，广泛应用于各种不同结构性质和规模的建筑工程施工组织中，是流水施工中应用较多的一种流水施工组织方法。

第四节　流水施工实例
——某高层住宅楼工程

一、工程概况

（一）建筑与结构特点

1. 建筑特点

本工程为塔式高层住宅楼，建设标准为康居住宅。其平面形状呈蝶形，地下 2 层，地上 22 层，顶层局部有 2 层小塔楼。其中地下 1 层为设备层兼自行车库，地下 2 层为平战结合五级人防。战时为人员掩蔽室，平时作为人员活动室和库房，1～22 层为住宅楼（13 层与 14 层之间有一设备层），顶层局部 2 层依次为储藏室以及电梯机房和水箱间。住宅层每层建筑面积 961.24m^2，分为十二户，其中三居室四户，二居室六户，一居室为二户。全楼总建筑面积 26757m^2，其中地上 24471m^2，地下 2286m^2（含人防层出口通道面积 241.8m^2）。

该工程±0.000 处标高相当于绝对标高 38.85m，室外设计标高 37.65m，室内外高差 1.2m，±0.000 以上建筑物高 74.8m，±0.000 至基底为 6.980m，总高 81.780m。

2. 结构特点

本楼结构形式是全现浇钢筋混凝土剪力墙结构，基础形式为箱形基础，底板厚 800mm，顶板为 400mm，壁厚 300mm，8 度设防，二级抗震。

钢筋采用Ⅰ级、Ⅱ级，钢板型钢为 Q235，砌体材料主要有加气混凝土砌块 MU7.5 粘土砖，采用 M5 混合砂浆砌筑。

3. 水文地板条件

根据市勘测设计研究院提供的地质勘察报告，场地主要以粉质粘土为主，持力层为粉质粘土，其承载力不满足要求，经市勘测设计研究院地基公司对地基进行处理，现承载力已满足要求。

4. 施工条件

（1）该工程的土方开挖及桩基处理均已由市勘测设计研究院地基公司施工完成，现场已经过大致平整，个别地方仍需重新平整，水电管线尚未铺设，各种临时设施也未修建。故施工队进场前需进行三通一平及各种临时设施的修建。

（2）该工程工期横跨春、夏、秋、冬四季。该地区温度、冬雨季情况与市内均相同，主导风向为偏西北风向，夏季为东南风，常年风2～3级，冬春季常为5～6级，夏季最高温度38～39℃，冬季最低温度－15℃。

5.工程特点分析

(1) 该楼为全现浇剪力墙结构，装饰工程中外墙不要求抹灰，墙体表面平整度要求高，故大模板的设计施工中要考虑充分，合理选择施工方案，模板的设计组合，加工制作安装加固的质量要求较高。

(2) 该工程为全现浇结构，钢筋绑扎，焊接量大，预埋件、预留孔洞多，施工精度高。应根据施工工艺要求，做好各工种协调配合的组织工作，各工种交叉施工，既要保证施工质量，又要减少施工等待和二次返工修补。

(3) 该楼个别阳台处采用外保温，在门窗洞口上下檐挑出100mm，以支护加气混凝土块。这一挑条给大模块施工造成困难。同时，南北立面四层窗上的外墙装饰悬挑的弧形板也给大模板施工带来困难。经考虑决定将以上两处结构采用后焊法施工，即在墙体预留埋件，等墙体施工完毕之后，再将挑条及弧形板的钢筋与埋件焊接，支模浇筑，这样可减少支模的难度，加快施工进度。

6.结构构造要求

(1) 墙体分布筋均为双排双向，水平筋在外，竖筋在内，采用绑扎施工。

两排钢筋网片之间用拉结筋 $\phi6@600$ 梅花状布置。拉结筋应勾住水平筋及数筋，水平筋应锚入端柱或暗柱内≥$40d$，水平筋搭接长度≥$45d$，双排筋的接头应错开50%，竖向筋应隔根错开搭接，搭接长度≥$45d$。

(2) 剪力墙端柱，暗柱的主筋在地下设备层至三层应采用焊接接头，其他层可采用搭接接头，顶板主筋锚入过梁或墙内$45d$，用于作电气专业避雷接地线的剪力墙暗柱从顶层到柱底均须采用焊接接头。

(3) 剪力墙上设备，电气孔洞无论大小必须预留，不得后凿，结构施工到有留洞部位时，必须有设备，电气专业人员参加对留洞位置进行校核，确认无误后方可施工。

(4) 剪力墙外墙外保温时，贴砌的加气混凝土需双向布置 $\phi6@200$ 钢筋网片剪力墙内相应部位应预埋梅花状布置 $\phi6@400$ 的拉结筋与之连接。

(5) 内隔墙在门洞口上皮标高处设一道同墙厚的通长现浇钢筋混凝土带或过梁，其纵向钢筋锚入剪力墙内$35d$，现浇钢筋混凝土带及过梁均须在墙体施工时预留插铁，不得后凿。

二、施工布署

(一) 施工布置的原则

(1) 贯彻执行各项建设方针、政策、法规和规程，尤其是公司颁发的程序文件和贯标文件，遵照合理的施工顺序，分别编制好施工组织设计，做好前期准备工作，设计建设施工单位应密切配合，协调作战，尽量减少施工中的损失。

(2) 关键项目或部位要组织双班或三班作业，如底板浇筑、墙体浇筑，搞好相应的物资供应和生活保障。

(3) 整个施工期间必须建立统一的工程指挥机构，所有参与施工的单位必须树立统一的思想，互相配合协作，同心协力以促进各项工作的顺利开展。

(4) 各相关单位要树立“严”字当头的思想，一切按规范、规程、规章制度办事，高质量、高进度地完成结构部分的施工任务，并力争把该楼建成优质工程。

（二）施工流水段的划分

为了充分利用时间和空间，缩短工期，提高劳动力与物资需要量供应的均匀性，提高劳动生产率，降低工程成本；对本工程的生产组织采取流水作业。在±0.000以上的主体结构施工中，将楼平面划分为四个面积相似的流水施工段。具体划分见表2-3。

表2-3

流水段		具体部位
西段	Ⅰ	1~8轴与$L\sim E$轴
	Ⅱ	1~8轴与$A\sim D$轴
东段	Ⅲ	8~15轴与$A\sim D$轴
	Ⅳ	8~15轴与$E\sim L$轴

这样按照Ⅰ、Ⅱ、Ⅲ、Ⅳ段逆时针顺序进行施工，每段再分为顶板与墙体两部分，每层共8个施工段。在两段施工段相交处，施工时应注意留设施工缝及接槎的混凝土质量。在基础工程中，基础底板采取一次性浇筑，不设施工流水段。地下2层顶板采用组合钢模板，考虑到其支护难度，故只将地下2层顶板分为两个施工段，以±0.000以上顶板平面的Ⅰ、Ⅱ段为一段，Ⅲ、Ⅳ段为另一段。基础部分的其他部位也按顶板分段方法分段，其墙体竖向施工缝处采用同墙高的止水钢板，防止水气的渗漏。

（三）施工顺序

三通一平→基底清理→垫层混凝土施工→底板防水工程→底板钢筋→底板混凝土→混凝土养护→地下2层墙体钢筋→地下2层模板→地下2层墙体混凝土→地下2层顶板模板→地下2层顶板钢筋→地下2层顶板混凝土→地下1层墙体钢筋→地下1层墙体模板→地下1层墙体混凝土→地下1层顶板钢筋→地下1层顶板混凝土→外墙外防水施工→回填土→±0.000以上主体。

三、施工方法

（一）降水工程

基础开挖前的地基降水已由市勘测设计研究院地基公司完成，为保证基础施工中边坡的稳定，降水工程一直持续至基础完工。抽出的水采用明沟排水，排至蓄水池内，在基坑四周距坑边1.5m处设置钢管护栏，以维护施工人员的安全，施工材料及机具等的堆放要距坑边足够的距离，不得堆放在坑边，在基础结构的施工中应注意保护集水井，并派人员昼夜看护水泵及抽水管线，并定期检查，确保降水工作的顺利进行。

（二）土方工程

（1）基坑开挖及地基的处理均由市勘测设计研究院地基公司完成，城建四公司第八项目施工队进场直接进行基底混凝土垫层的施工，基坑底面至自然地坪为5.78m，局部为7.28m，放坡系数1:0.5，地基处理采用钻孔灌注桩复合地基。

（2）回填土：基础工程隐蔽检查完毕之后方可进行回填土，采用蛙式打夯机分层夯实，灰土虚铺厚度25cm，不准用自卸汽车和推土机直接往坑里倒土，以保证回填土的质量，特别是注意自行车坡道部位的回填土质量。

（三）防水工程

该工程地下室为外贴防水层，采用SBSⅡ型改性沥青防水卷材做防水，地下室外墙防水外砌120厚红机砖墙保护，并且用2:8灰土层防护，以保证防水工程质量。

（四）钢筋工程

严格钢筋翻样工作，建立健全翻样工作制度，现场采用集中加工方式，分类堆放，不得混放。应根据设计图纸检查钢筋的型号、直径、根数，间距是否正确，钢筋的搭接长度，应符合规定，混凝土保护层必须留够，钢筋绑扎牢固，钢筋表面不允许有油渍、漆污和颗粒状（片状）老锈。

1. 基础底板钢筋工程

基底防水保护层完成后就可以绑扎底板钢筋，其绑扎顺序为：底板下层→地梁钢筋→底板上层→墙体插筋。底板下层下垫混凝土垫块，50×50×35（mm）（长×宽×厚）每平方米内放置一块，呈梅花状布置，上层用马凳支撑，每隔1m设置一条马凳，双向布置。支放马凳时应注意严格控制马凳高度，保证上层钢筋位准确；同时，支放马凳应轻抬轻放，马凳下脚应设置垫块，以避免破坏防水层。在有马凳处可不用设置上下层拉结筋，但在无马凳处应按设计设置，不得遗漏，人防层的密闭门及普通门洞下底埋件与钢筋要按图施工，做到位置准确，数量齐全。

2. 顶板钢筋

梁和顶板采用现场整体绑扎法，即将墙体施工到板底，支完顶板模板在模板上绑扎暗梁及顶板钢筋。顶板钢筋的绑扎顺序为：

暗梁纵筋绑扎固定→暗梁套箍绑扎→顶板下层绑扎→板上洞口处下铁加筋→顶板上层绑扎→板上洞口处加筋及板内附加钢筋。

除地下二层顶板厚400mm外，其余各层顶板均为120厚，故应分清上下层不要颠倒，分清上下层钢筋的搭接位置不要弄错，应注意预留洞口处的钢筋加设及绕行，图纸上未切断的钢筋一律在洞口处绕行，不得随意切断，钢筋在洞口的切断处要按图加设附加钢筋，附加钢筋一律锚入支座。

各层顶板及基础底板的钢筋应注意成品保护，不得在钢筋网上行走，若必经之处可采取铺脚板的方法，以免将上层钢筋网踩乱。

3. 墙体钢筋

基础墙体与上部结构墙体钢筋施工相同，除钢筋数量、尺寸、间距应满足要求外，为保证混凝土保护层厚度和两片钢筋网的间距，内外两片钢筋间应用间距1.5m的“梯子筋”隔开，“梯子筋”采用ϕ12钢筋，沿高度方向通长设置，同时没有“梯子筋”处的钢筋网用“S”筋ϕ6@600拉结，“S”筋呈梅花状布置。钢筋的接头位置应错开，对于水平钢筋，搭接头错开50%，梁内错开25%，且受接区和受压区按规范规定确定接头错开数量。另外，根据设计要求，在三层以下暗柱钢筋搭接采用焊接，焊接采用双面搭接电弧焊，焊接的长度不小于$5d$，三层以上的钢筋采用搭接，搭接长度应满足表2-4要求。

表 2-4

钢筋类型	混凝土强度等级		
	C20	C25	C30
Ⅰ级钢筋	$35d$	$30d$	$35d$
Ⅱ级钢筋	$45d$	$40d$	$45d$

钢筋工程施工中应杜绝出现锈蚀污染，代换不当，加工成型差，不符图纸或规范构造规定，接头错误，保护层不符合要求，有焊接要求的钢筋未做焊接试验，焊条不符要求，焊接质量不合要求的通病。

（五）模板工程

1. 基础模板工程

(1) 地下室墙体模板：地下室墙体模板采用组合钢模板，工具式卡具及穿墙螺栓，平台挑架，斜撑配合作业，以50×100的方钢做主龙骨，100×100的木方做次龙骨，外墙使用止水穿墙螺栓，内墙使用普通螺栓，内外墙可调垂直度。模板采用预拼装安装法安装，一次支到顶板下皮。

(2) 地下室顶板模板：地下二层顶板为400厚，考虑其质量较大，模板易变形，故采用组合钢模板，加密支撑。其模板采用组合钢模板，工具式卡具，顶撑，水平连杆，剪刀撑，配合作业，仍用50×100的方钢做主龙骨，100×100的木方做次龙骨。模板采用预组合安装，先支好顶撑，主、次龙骨，再吊装模板。

(3) 地下一层板模板：地下一层顶板模板采用无框多层竹编板，与±0.000以上顶板相同。

2. 主体结构

(1) 1～22层墙体模板：采用大模板施工，大模板采用钢模板，以6mm厚的钢板做板面，8号槽钢做肋。整个大模板系统由板面系统、支撑系统、操作平台系统三部分组成，板面系统由钢模、横楞、竖楞等组成，支撑系统由支腿，地脚螺丝等组成，操作平台系统由平台架、护身栏、脚手平台及外挂架等组成，大模板设计具体设计内容从略。

(2) 墙体模板安装工艺流程

准备工作→挂外挂架→安装横墙模板→安内纵墙模板→安墙头施工缝模板→安外墙内侧模板→安外墙外侧模板→加固预检→混凝土浇筑→拆模（顺序与安装大模板顺序相反）。

(3) 大模板施工要求

1）按照先横墙后纵墙的安装顺序，在一个流水段内，先正号模板，后反号模板，分别安装。调整地脚螺栓，用托线板测垂直标正标寓，使模板垂直度、水平度、标高符合设计要求。

2）合模前检查钢筋、水电预埋管件、门窗洞口模板、穿墙套管，位置和数量加固情况。同时还要检查，堵头模板、大模板、角模之间及模板与墙面之间是否严密，防止漏浆。

3）穿墙螺柱放置不要遗漏，紧固核查。注意施工缝模板的联结处是否严密，应适当调整，保证模板表面的平整度，防止出现错台和漏浆现象。

4）墙体混凝土必须在浇筑养护12小时以上，强度达到1MPa以上方可拆模。拆模顺序与安装模板顺序相反，先拆除外墙，后拆除内墙，先拆纵墙后拆横墙，首先拆下穿墙螺栓再松开地脚螺栓使模板向后倾斜与墙体脱开。如果模板与混凝土墙面吸附或粘结不能离开时，可用撬棍撬动模板下口，以松动大模板。严禁用大锤砸模板和拆除门窗洞口模板。

5）大模板吊至存放地点时，必须一次放稳，保持自稳角为75°～80°，及时进行板面清理，涂刷隔离剂，防止粘连灰浆。

(4) 顶板模板

采用无框多层竹编板1.22m×2.44m，12mm厚，配以钢管支撑系统，上配活动支撑。50×100方钢作为主龙骨，100×100木方做次龙骨，钢管支撑立杆间距800mm，且在板缝下也要配次龙骨。

模板支设中不符合模数的，应配以小块竹编板或小木模，保证模板接缝严密，牢固可靠。经检查验收后，方可进行下步施工，并注意各专业预留洞口的位置准确，不得后凿，更不得在模板上穿洞。

模板拆模时混凝土应达到设计强度70%以上，并需采用支撑加固，待混凝土强度达到100%时，方可全部拆除。支模前模板应清理干净，整齐堆放，刷脱模剂，拼缝处用胶带封严，顶板侧模与混凝土墙体接缝用黑色橡胶带、海绵胶带封严，防止漏浆。

模板工程中应杜绝强度、刚度、稳定性不能保证，轴线偏移、变形、标高偏差，接缝不严，接头不规则，脱模剂涂刷不符合要求，模内清理不符合要求等质量通病。同时，在施工中应严格按施工规范施工，技术人员应提前做好技术交底工作，并监督施工，做好检查工作。

(5) 大模板角模的使用

阴角模：大模板施工中阴角模采用与大模板等高的特制阴角模板，其与大模板的连接采用柔性连接，施工时先支阴角模，再用大模板分别压实阴角模两侧翼缘，这样施工可防止漏浆，同时也加快支模速度，但阴角部位的混凝土表面比墙面混凝土表面稍低几毫米，形成一凹面，需二次修补，同时浇混凝土时也易跑模，故施工时要特别留意观察阴角模的位置，及时修正偏移角度。

阳角模：阳角模与大模的连接采用螺栓刚性连接，施工时先支大模板，再支阳角模，二者采用螺栓连接。由于施工操作的缺陷及安装偏差，阳角模与大模板间的缝隙较大，施工时应注意使用黑橡胶带，海绵胶带等封堵漏缝，以防止漏浆。

(6) 门窗洞口假口的支设

门窗洞口先支模立假口，拆模后，再按设计要求处理，假口由5mm厚的木方构成，与墙体等宽，外角部采用L100×100×3的角钢，内角采用L50×50×3厚角钢，两者用预焊的螺栓相连将木方固定，木方的外表面贴3mm厚PVC硬质塑料板，以平顶木螺丝上紧，这样假口表面平滑，无明显槽缝，使门窗洞口混凝土表面质量良好，同时，假口的寿命也较长，可增加周转次数。

(六) 混凝土工程

混凝土的供应采用现场搅拌与集中搅拌相结合的方法，水平运输采用机动翻车运输，垂直运输采用1台FQ/23B（$R=50$m）塔式起重机。基础工程中底板与基底垫层采用商品混凝土。其他部位的混凝土均现场拌制。在施工中要严格按照配比施工，各种外加剂的添加要辨明品种及数量。由于结构工程横跨秋、冬、春、夏四季，混凝土的养护也是应特别留意的事情，要做到根据不同季节、不同温度、不同天气区别对待，采取相应的措施进行养护。

(1) 混凝土垫层。经针探合格后，就可进行C10素混凝土基础垫层的浇筑，垫层顶面标高应严格控制，每4m^{2}不得少于一个控制点，垫层沿基础底板边缘向外扩展200mm，100mm厚，混凝土方量约为140.1m^3。

(2) 基础混凝土。该工程地下部分为两层，地下1层为自行车库及设备间，地下2层为人防层，其中基础底板、地下1、2层外墙，均为结构自防水，混凝土强度为C30，内掺高效减水剂，抗渗等级S8，地下室底板厚800mm，混凝土量约为943.3m^3，体积与面积均较大，为消除内外温度差异所产生的裂缝，应控制混凝土浇筑后的内外温度差不得大于25°，为此除了在施工中采用低热品种的水泥，减少水泥用量外，还应在混凝土加入高效减水剂提高抗渗防裂能力。由于施工时接近冬施，外部气温较低，故应在混凝土浇筑后其表面应及时覆盖塑料布一层，阻燃被一层，并浇水养护，负责测温人员应认真做好测温记录，发现问题及时处理。

(3) 墙体混凝土墙板混凝土分为两个流水段，每道墙混凝土浇灌分三次进行，浇至顶板下皮，每次控制在40～50cm，为防止烂根，在混凝土浇筑前，应在墙根部打一层50mm厚与墙体混凝土标号相同的减半石子混凝土。混凝土施工严禁用料斗一次倒入模板内，必须先卸在铁皮上，用铁锹或串桶灌入模内，在纵横墙交接处，不得留施工缝，施工缝可留在开间中部门洞口处，缝内用填充材料填实，外用铁皮保护。地下2层外墙留设阶梯槽，应距底板上皮300mm。墙顶部混凝土找平不允许超高。

(4) ±0.000以上结构顶板在浇筑混凝土时，应采取从一侧开始用"赶浆法"推进，振捣采用平板振捣器，暗梁处墙洞口处用振捣棒振捣。浇筑时，虚铺厚度应略大于板厚，用铁尺，大杠抹平，施工缝应留设在房间长向1/3处，用木板档牢，接搓时应剔凿掉混凝土表面松动石子清洗后浇素水泥浆一道，浇混凝土时，接槎处应细致振捣。

(5) 混凝土浇筑时，从吊斗口下落的自由高度不超过2m，浇筑高度若超过3m，必须采取措施，设溜管。混凝土浇筑应分段进行，浇筑层高度应根据结构特点，钢筋疏密而定，一般为振捣器作用部分深度的1.25倍，最大不超过50cm。振捣器应快插慢拔，插点均匀，不得遗漏，尤其是边角处，以免漏振。浇筑时应注意观察模板、钢筋、预埋件、孔洞和插筋有无移动、变形或堵塞，发现问题及时处理。

(6) 混凝土的养护：墙体拆模后及顶板混凝土浇筑完后，要求延续浇水养护七昼夜，一昼夜至少养护三次以上，天气炎热时要增加浇水次数保证混凝土表面湿润。尤其是底板混凝土，由于混凝土量很大，内外温差大，所以养护是关键。

(7) 混凝土搅拌站后台采用人工上料，各种原材料和搅拌用水都必须严格计量，其具体掺量及材料使用应严格按照实验室的配比施工，做到有配比施工无配比不动。

（七）砌体工程

本楼阳台门连窗处窗洞口下垛及垃圾道均使用MU7.5红机砖砌筑，部分内部非承重隔墙采用150、200mm的陶粒砌块，砂浆采用M5号。

窗洞下垛及垃圾道随主体结构现浇现砌。窗洞口下垛宽200mm，采用两平一侧法砌筑，垃圾道壁厚240、120mm，分别采用三顺一丁及全顺法砌筑。施工前，先根据砖墙位置弹出墙（垛）身轴线及边线，开始砌筑时先要进行摆砖，排出灰缝宽度。砌筑时采用"三一"砌砖法。竖缝宜采用挤浆或加浆方法，使其砂浆饱满，严禁用水冲浆灌缝。砖墙转角处应同时砌起，不能留槎，砖墙（垛）沿高度每50cm设置2ϕ6通长水平拉结筋，钢筋应锚入混凝土墙内并与墙体钢筋焊接。

劳动力安排计划　　表2-5

工种	人数	工种	人数
木工	50	钢筋工	50
混凝土工	25	架子工	12
机工	10	电工	5
电焊工	8	普工	30
总人数	190	（含水电配合23人）	

内部非承重隔墙中的陶粒砌块隔墙为二次砌筑，在装修工程开始时砌筑，其门洞口上均设钢筋混凝土现浇带或过梁。

劳动力安排见表2-5。

四、施工进度计划

施工进度计划见表2-6。

某住宅楼工程施工横道进度计划

表 2-6

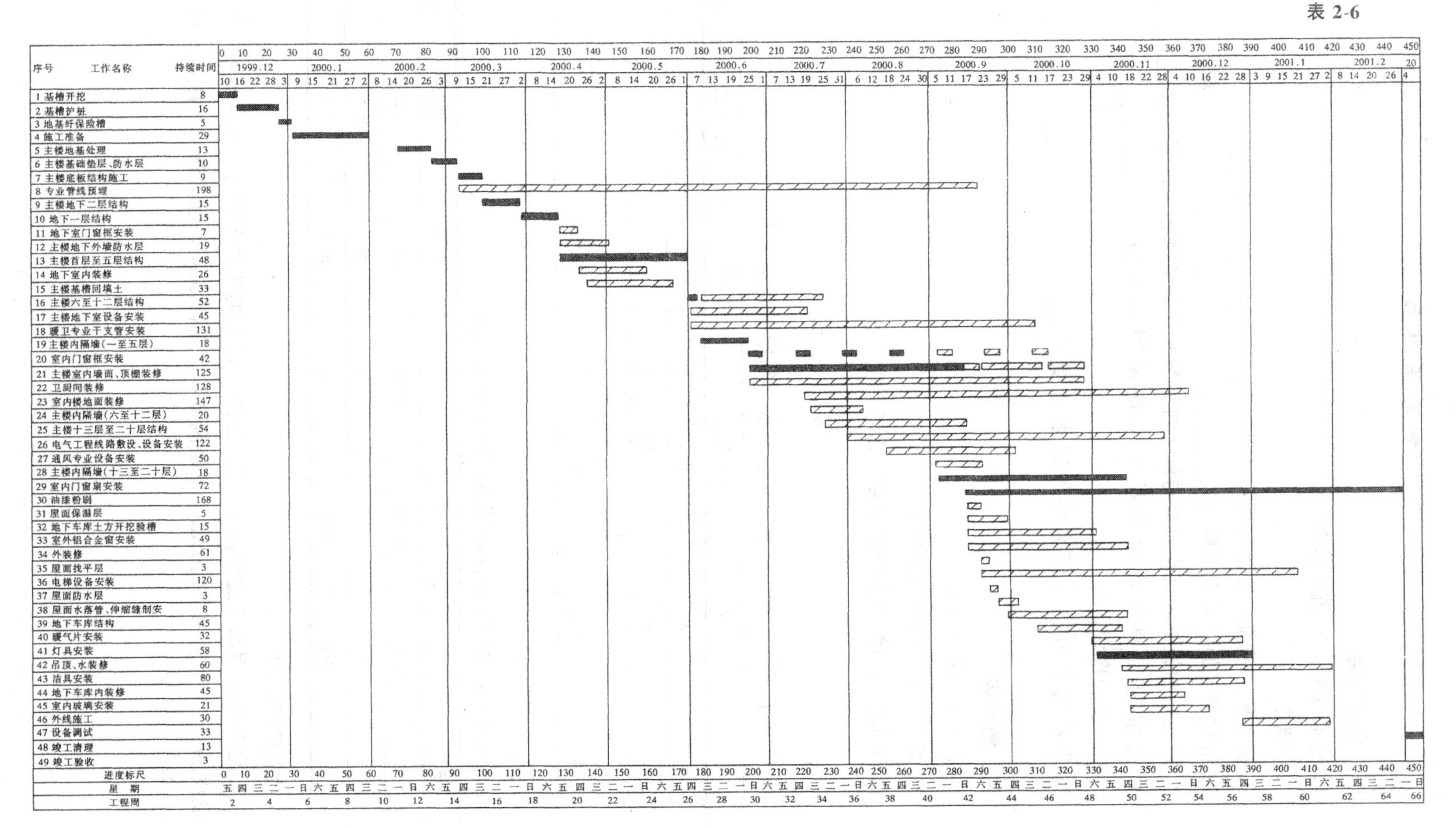

序号	工作名称	持续时间
1	基槽开挖	8
2	基槽护桩	16
3	地基纤保险槽	5
4	施工准备	29
5	主楼地基处理	13
6	主楼基础垫层、防水层	10
7	主楼底板结构施工	9
8	专业管线预埋	198
9	主楼地下二层结构	15
10	地下一层结构	15
11	地下室门窗框安装	7
12	主楼地下外墙防水层	19
13	主楼首层至五层结构	48
14	地下室内装修	26
15	主楼基槽回填土	33
16	主楼六至十二层结构	52
17	主楼地下室设备安装	45
18	暖卫专业干支管安装	131
19	主楼内隔墙(一至五层)	18
20	室内门窗框安装	42
21	主楼室内墙面、顶棚装修	125
22	卫厨间装修	128
23	室内楼地面装修	147
24	主楼内隔墙(六至十二层)	20
25	主楼十三层至二十层结构	54
26	电气工程线路敷设、设备安装	122
27	通风专业设备安装	50
28	主楼内隔墙(十三至二十层)	18
29	室内门窗扇安装	72
30	油漆粉刷	168
31	屋面保温层	5
32	地下车库土方开挖验槽	15
33	室外铝合金窗安装	49
34	外装修	61
35	屋面找平层	3
36	电梯设备安装	120
37	屋面防水层	3
38	屋面水落管、伸缩缝制安	8
39	地下车库结构	45
40	暖气片安装	32
41	灯具安装	58
42	吊顶、水装修	60
43	洁具安装	80
44	地下车库内装修	45
45	室内玻璃安装	21
46	外线施工	30
47	设备调试	33
48	竣工清理	13
49	竣工验收	3

复习思考题

一、名词解释

1. 流水节拍；2. 流水步距。

二、填空

1. 流水施工的流水参数包括：________、________和________。

2. 组织施工的方式可采用________、________、________三种。

3. 层间结构施工时流水段数与施工过程数在组织流水施工的应符合________。

4. 流水施工根据流水节拍的特征不同一般分为________、________和________三种形式。

5. 影响流水节拍数值大小的因素主要有________、________、________、________、________。

三、简答题

1. 什么是平行施工？

2. 流水段划分的目的是什么？

3. 流水施工组织方式的特点是什么？

习　　题

1. 已知条件如下表，划分为四段流水，每段工程量如下：

工序	工程量	时间定额	劳动量	每天人数	施工天数
A	$130m^3$	0.24		16 人	
B	$38m^3$	0.82		30 人	
C	$75m^3$	0.78		20 人	
D	$60m^3$	0.19		10 人	

绘制横道计划？

2. 根据下表的已知条件计算各段的流水节拍值

工序	一段	二段	三段	四段	时间定额	每班人数
A	$128m^2$	$192m^2$	$192m^2$	$128m^2$	0.25	16 人
B	40t	40t	60t	60t	0.5	10 人
C	$90m^2$	$90m^3$	$90m^3$	$90m^3$	0.4	18 人

绘制横道计划？

3. 已知某工程施工过程数 $n=3$，各施工过程的流水节拍为：$t_1=t_2=t_3=3$ 天；施工段数 $m=3$，共有两个施工层。试绘制全等节拍流水方式组织施工、计算工期并绘制横道计划。

第三章 网络计划技术

第一节 概 述

网络计划技术是一种科学的计划管理方法，是随着现代化技术和工业生产而产生的。20世纪50年代中期出现于美国，目前在工业发达国家已广泛应用，它的使用价值得到了各国的承认。前一章介绍的横道计划，是最早对施工进度计划安排科学的表达方式。这种表达方式简单、明了、易懂，便于检查和统计资源需求情况，因而很快地应用于工程进度计划中。这种方法已被建筑企业的施工管理人员所熟悉和掌握，目前仍被广泛采用。但它也存在着如下的缺点：不能全面而准确地反映出各项工作之间相互制约、相互依赖、相互影响的关系；不能反映出整个计划（或工程）中的关键工作；难以对计划作出准确的评价。以上这些缺点从根本上限制了横道计划的发展。因此，在20世纪50年代中期出现于美国的网络计划技术彻底的解决了横道计划的缺点，因而得到了广泛的应用。

美国是网络计划技术的发源地，美国的某建筑公司在47个建筑项目上应用此法，平均节省时间22%，节约资金15%。美国政府于1962年规定，凡与政府签订合同的企业，都必须采用网络计划技术，以保证工程进度和质量。1965年美国对400家最大建筑企业调查，使用网络计划技术的达47%，1970年使用者达到80%。美国建筑业普遍认为："没有一种管理技术象网络计划技术对建筑业产生那样大的影响"。美国基本实现了机画、机算、机编、机调，实现了计划工作的自动化。

我国从20世纪60年代初期，在著名数学家华罗庚的倡导下，开始在国民经济各个部门试点应用网络计划技术。当时为结合我国国情，并根据"统筹兼顾，全面安排"的指导思想，将这种方法命名为"统筹法"。

我国于1991年颁布了《工程网络计划技术规程》(JGJ/T1001—91)，在1999年又由中国建筑学会建筑统筹管理分会主编的《工程网络计划技术规程》(JGJ/T121—99)，经审查，批准为推荐性行业标准，自2000年2月1日起执行。该规程的颁布，使工程网络计划技术在计划编制与控制管理的实践应用中有一个可以遵循的、统一的技术标准。原行业标准《工程网络计划技术规程》(JGJ/T1001—91)，同时废止。

网络计划方法的基本原理是：首先应用网络图形来表达一项计划（或工程）中的各项工作的开展顺序及其相互之间的关系；然后分析各施工过程在网络图中的地位，通过计算找出计划中的关键工作和关键线路；接着按选定目标不断改善计划安排选择最优方案，并付诸实施；最后在计划执行过程中对计划进行有效的控制与监督，保证合理地使用人力、物力和财力，以最小的消耗取得最大的经济效果。

网络计划的表示方法是网络图。网络图是由箭线、节点和线路组成的、用来表示工作流程的有向、有序的网状图形。

网络图按其所用符号的意义不同，可分为双代号网络图和单代号网络图，与横道图相比，网络图具有如下优点：能明确地反映各个施工过程之间的逻辑关系，使各个施工过程组成一个有机的整体各施工过程之间的逻辑关系明确，便于进行各种时间参数计算，有助于进行定量分析能在名目繁多、错综复杂的计划中找出决定工程进度的关键工作，便于计划管理者集中力量抓施工中的主要矛盾，确保按期竣工，避免盲目抢工期，可以利用计算得出的某些施工过程的机动时间，更好利用和调配人力、物力、财力，达到降低成本的目的，更重要的是可以用计算机对复杂的计划进行计算、调整与优化，实现计划管理的科学化。

第二节　双代号网络计划

目前，在我国的工程施工中，用以表示工程进度计划的网络图经常是双代号网络图。这种网络图是由若干表示工作的箭线和节点所组成的，其中每一项工作都用一根箭线和两个节点来表示，每个节点都编以号码，用箭尾节点号码和箭头节点号码作为这个工作的代号，如图 3-1 所示。由于各工作均用两个代号表示，故称为双代号表示法。用这种表示方法把一项计划中所有工作按先后顺序及其相互之间的逻辑关系，从左到右绘制成的网状图形，就叫做双代号网络图。如图 3-2 所示。用这种网络图表示的计划就称为双代号网络计划。

图 3-1　双代号表示方法

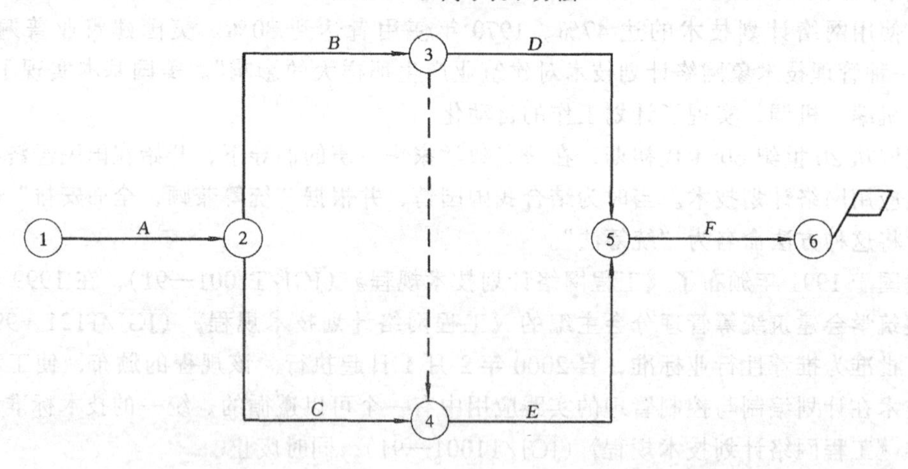

图 3-2　双代号网络图

一、双代号网络图的组成

双代号网络图是由箭线、节点和线路三个要素组成的。现将这三个要素的有关含义和特性分述如下：

（一）箭线

（1）在双代号网络图中，每一条箭线应表示一项工作，如绑筋、支模、浇混凝土等。箭线的箭尾节点表示该工作的开始，箭线的箭头节点表示该工作的结束。

（2）箭线宜画成水平直线，也可画成折线或斜线。

(3) 在双代号网络图中，除有表示工作的实箭线外，还有一种带箭头的虚线，称为虚箭线，表示前后相邻工作之间的逻辑关系。

(二) 节点

(1) 双代号网络图的节点应用圆圈表示，并在圆圈内编号。节点编号顺序应从小到大，可不连续，但严禁重复。

(2) 在双代号网络图中，一项工作应只有唯一的一条箭线和相应的一对节点编号。

(3) 在对网络图进行编号时，编号原则是：箭尾节点的编号一定小于箭头节点的编号。如图 3-3 所示。

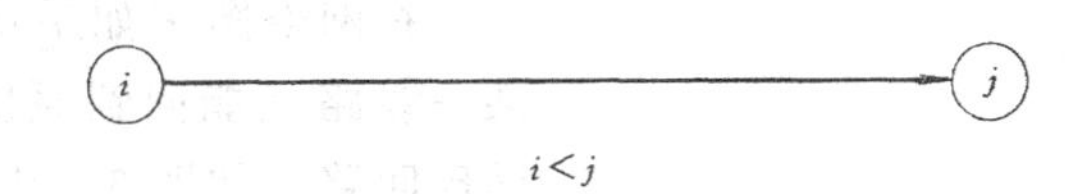

图 3-3 双代号网络图编号方法

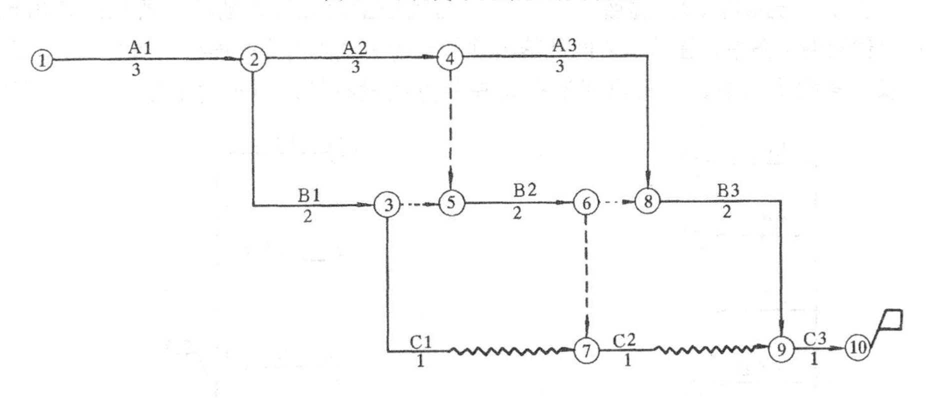

图 3-4 双代号网络图

(三) 线路

网络图中从起点节点开始，沿箭头方向顺序通过一系列箭线与节点，最后达到终点节点的通道，称为线路。任一个网络计划，一般都有多条线路。如图 3-4，共有 6 条线路。

每条线路都有自己确定的完成时间，它等于该线路上的各项工作持续时间的总和，总的工作持续时间最长的线路称为关键线路。关键线路上的工作称为关键工作，关键工作完成的快慢直接影响全部计划工期的实现。关键线路在网络图上应用粗线、双线或彩色线标注。

关键线路在网络图中不仅仅只有一条，可能同时有几条，若想调整工期的话，应同时调整每条关键线路上的时间。

二、绘图规则

(1) 双代号网络图必须正确表达已定的逻辑关系。

绘制网络图之前，要正确地确定施工顺序，

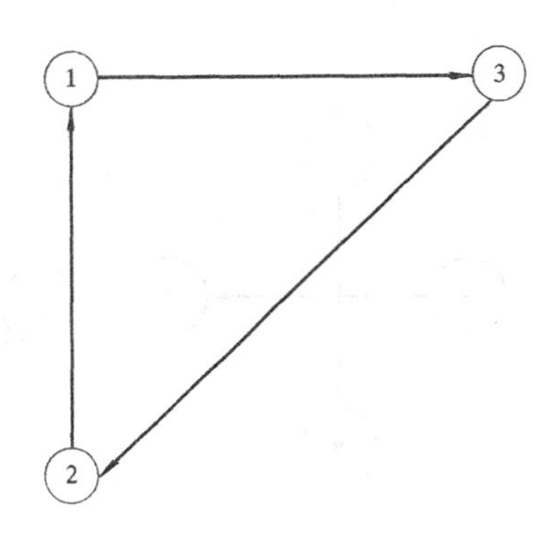

图 3-5 循环线路示意图

图 3-6　双箭头或无箭头示意图

明确各施工过程之间的施工关系，根据施工的先后顺序逐步把代表各项工作的箭线连接起来，绘制成网络图。

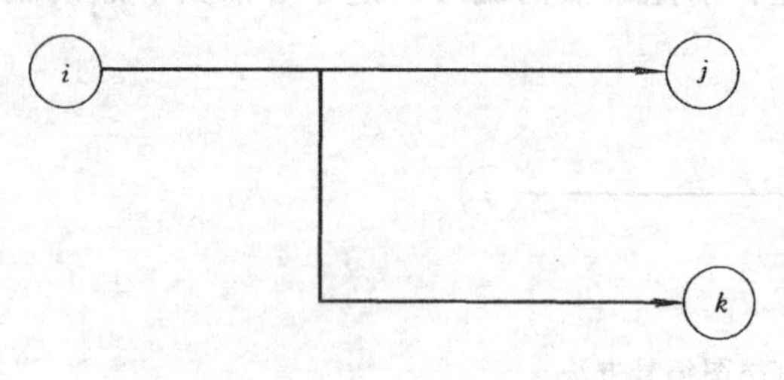

图 3-7　无箭尾节点示意图

（2）双代号网络图中，严禁出现循环回路。

在网络图中如果从一个节点出发顺着某一线路又能回到原出发节点，这种线路循环回路。如图 3-5 中的 1-3-2-1 就是循环回路。它表示的逻辑关系是错误的，在工艺顺序上是相互矛盾的，所以严禁出现。

（3）双代号网络图中，在节点之间严禁出现带双箭头或无箭头的连线，如图 3-6 所示。

（4）双代号网络图中，严禁出现没有箭头节点或没有箭尾节点的工序如图 3-7 所示。

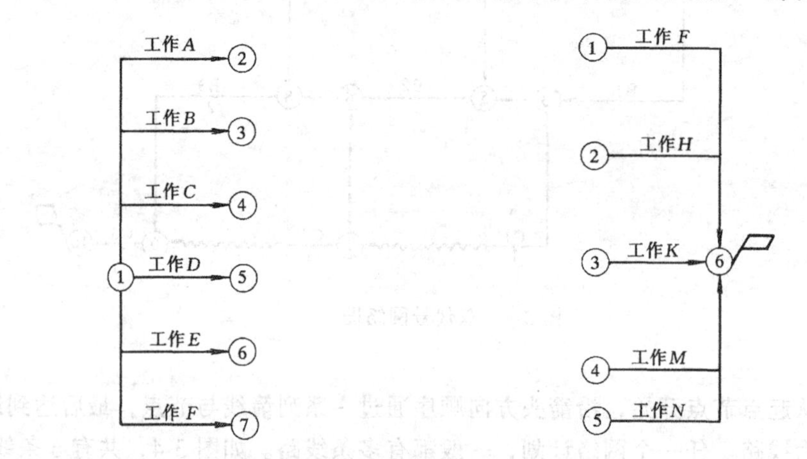

图 3-8　母线法示意图

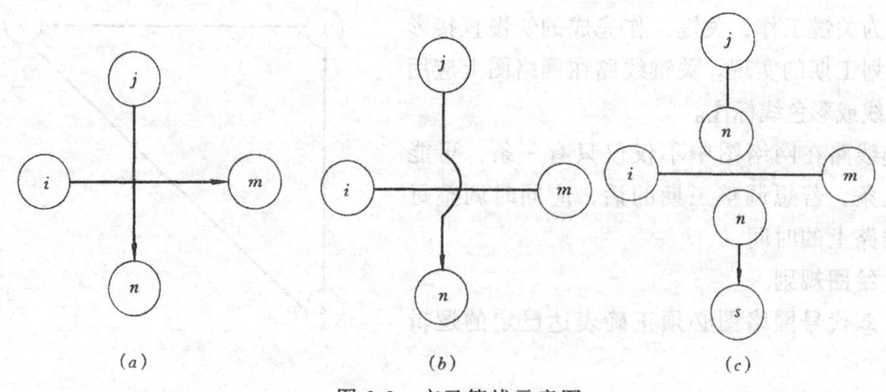

图 3-9　交叉箭线示意图

（a）错误；（b）正确；（c）正确

（5）当双代号网络图的某些节点有多条外向箭线或多条内向箭线时，在不违背一项工作只有唯一的一条箭线和相应的一对节点编号的前提下，允许使用母线法绘图，如图 3-8 所示。

（6）绘制双代号网络图时，箭线不宜交叉，当交叉不可避免时，可用过桥法或指向法，如图 3-9 所示。

（7）双代号网络图中应只有一个起点节点和一个终点节点，而其他节点均应是中间节点，如图 3-13 所示。

三、绘图示例

【例 1】 已知 A、B、C 三项工作，如果让它们依次完成，试绘制双代号网络图，如图 3-10 所示。

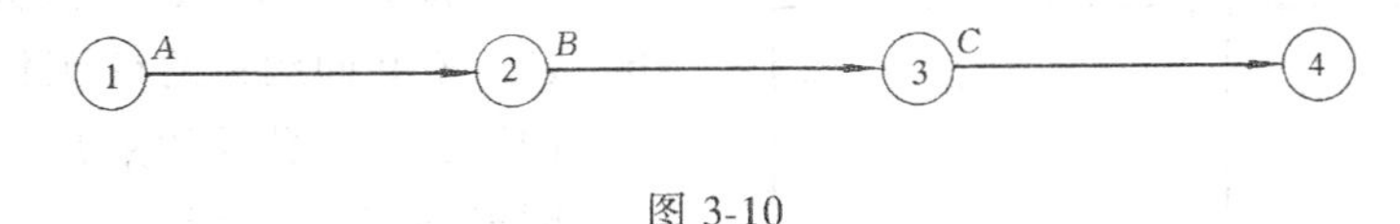

图 3-10

【例 2】 A、B、C、D 四项工作，它们的逻辑关系是：A、B 两项工作约束 C 工作，B 工作又约束 D 工作，试绘制双代号网络图。

说明：A、B 两项工作共同约束 C 工作，A 和 B 之间没有关系，D 工作受控于 B 工作，而 A 和 D 之间没有关系，其中 B 工作既要与 A 工作约束 C 工作，又要约束 D 工作，这里应考虑引入虚箭线，如图 3-11 所示。

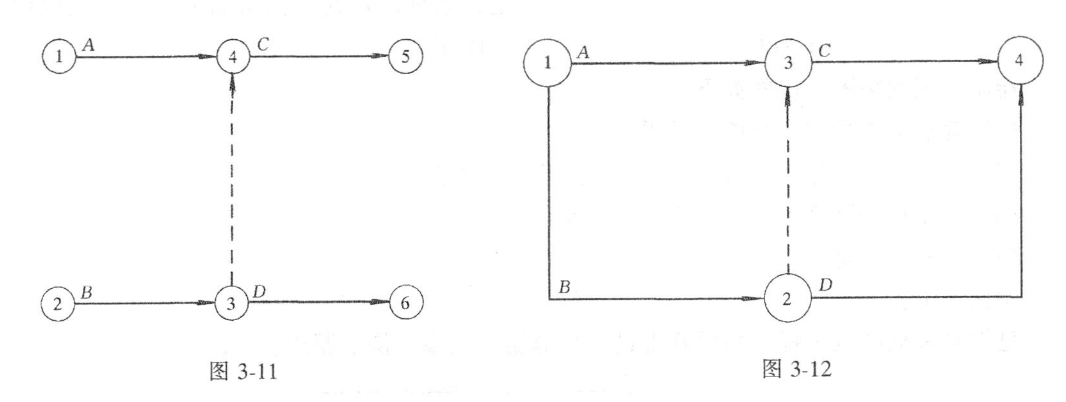

图 3-11　　图 3-12

考虑绘图规则，要求网络图只能有一个起点和一个终点，所以应对上图进行修改，图形如图 3-12 所示。

【例 3】 A、B、C、D、E 五个工作，它们的工作关系是：C 随 A 后，D 随 B 后，而 E 工作待 A、B 完成后才能开始，试绘制双代号网络图。

说明：根据此题的工作关系可绘制成逻辑关系表，见表 3-1。

这里需要解释的是：紧前工作和紧后工作的含义。

表 3-1

工作	紧前工作	紧后工作
A	/	C、E
B	/	D、E
C	A	/
D	B	/
E	A、B	/

紧前工作是指紧排在本工作之前的工作，紧后工作是指紧排在本工作之后的工作。

根据以上所列出的逻辑关系表，双代号网络图如图3-13所示。

【例4】 试根据表3-2所示的各工作的逻辑关系，绘制双代号网络图。

表3-2

工作	A	B	C	D	E	F	G	H
紧前工作	/	A	B	B	B	C、D	C、E	F、G

绘制步骤：

(1) 从A出发绘出其紧后工作B；

(2) 从B出发绘出其紧后工作C、D、E；

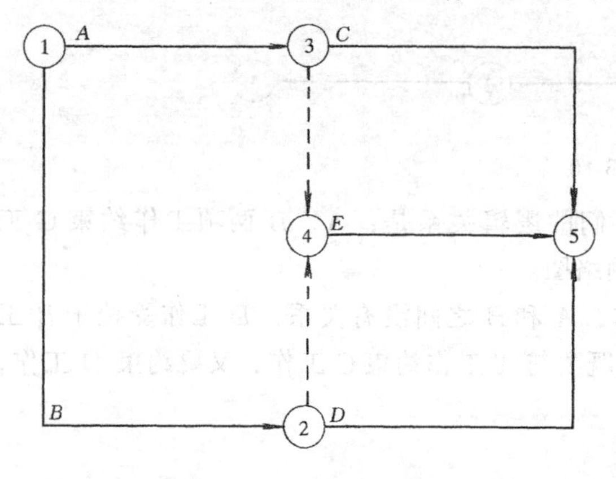

图3-13

(3) 接着绘出C、D共同约束的F工作，C、E共同约束的G工作；

(4) F、G共同约束H工作。

图形如图3-14所示。

四、工程网络图的绘制

以上介绍的网络图，表达各工作之间的逻辑关系，工作名称是虚拟的，如果把工作名称改成我们施工中的具体施工过程的名称，工作之间的关系按照施工规律确定，这样的双代号网络图就变成了工程网络图了。

绘制工程网络图的步骤如下：

(1) 确定某工程的各个施工过程；

(2) 根据施工规律正确安排各个施工过程之间的施工关系；

(3) 绘制初始网络图，标出施工名称及节点的编号；

(4) 检查、调整。

举例如下：

已知某框架结构工程，主要施工过程是绑筋、支模、浇混凝土。

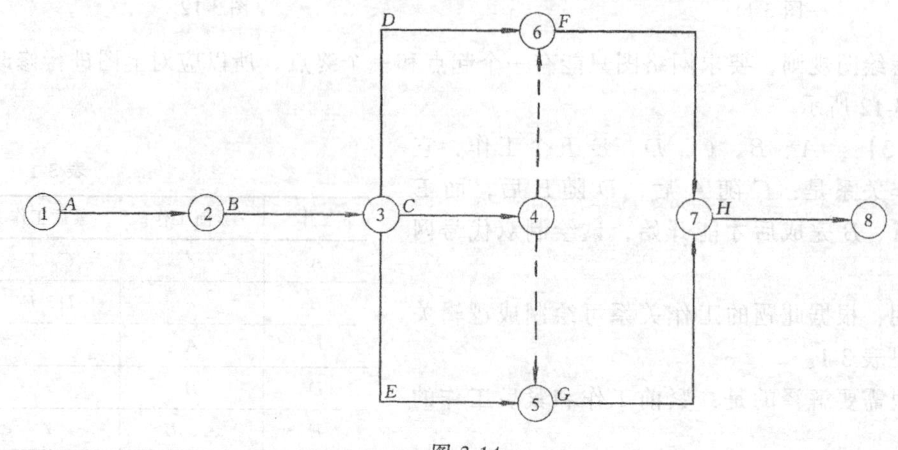

图3-14

施工平面上划分为三个流水段，试绘制工程网络图。

绘制说明：如果按每一段去施工则三个施工过程，三个流水段，应组合成9项工作，它们是绑1、绑2、绑3，支1，支2，支3，浇1、浇2、浇3。9项工作的施工关系如表3-3所示。

表3-3

施工过程	紧后施工过程	施工过程	紧后施工过程	施工过程	紧后施工过程
绑1	绑2、支1	支1	支2、浇1	浇1	浇2
绑2	绑3、支2	支2	支3、浇2	浇2	浇3
绑3	支3	支3	浇3	浇3	/

图形如图3-15所示：

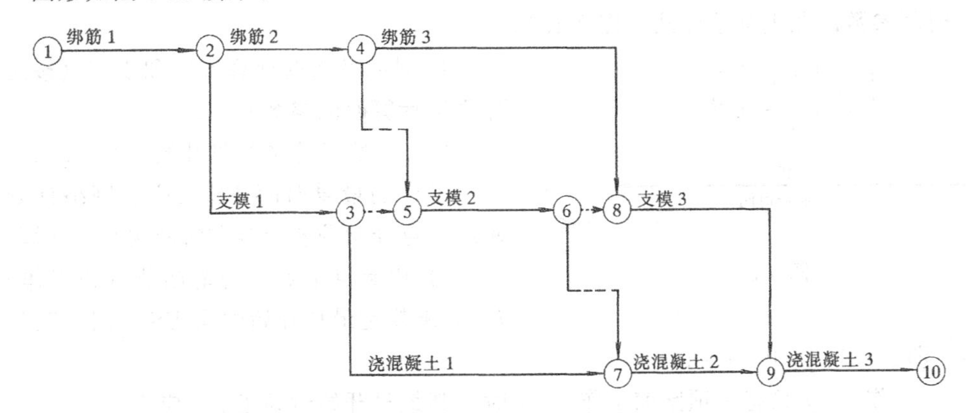

图3-15

五、双代号网络图的时间参数

如果在网络图中将各个工作的持续时间加上，就成为网络计划。在掌握网络图绘制以后，就要对网络计划中的时间参数进行计算。计算时间参数的目的就是在于确定网络计划上各项工作和节点的时间参数，为网络计划的优化、执行和控制提供明确的时间概念。网络计划的时间参数主要包括：

(1) 各个节点的最早时间和最迟时间。

(2) 各项工作的最早开始时间、最早结束时间、最迟开始时间和最迟结束时间。

(3) 各项工作的有关时差等等。

网络计划时间参数的计算方法一般常用图上计算法、表上计算法、矩阵计算法和电算法等。下面主要介绍时间参数的图上计算法。

图上计算法是直接在已绘制好的网络计划上进行计算，简单直观，应用广泛。双代号网络计划时间参数的计算方法有节点计算法和工作计算法两种。

(一) 时间参数的符号表达方法

1. 节点参数

ET_i——i 节点的最早时间；

ET_j——j 节点的最早时间；

LT_i——i 节点的最迟时间；

LT_j——j 节点的最迟时间。

2. 工作参数

D_{i-j}——i—j 工作持续时间；

ES_{i-j}——i—j 工作的最早开始时间；

LS_{i-j}——i—j 工作的最迟开始时间；

EF_{i-j}——i—j 工作的最早完成时间；

LF_{i-j}——i—j 工作的最迟完成时间；

TF_{i-j}——i—j 工作的总时差；

FF_{i-j}——i—j 工作的自由时差。

3. 时间参数的图上标注形式（图 3-16）

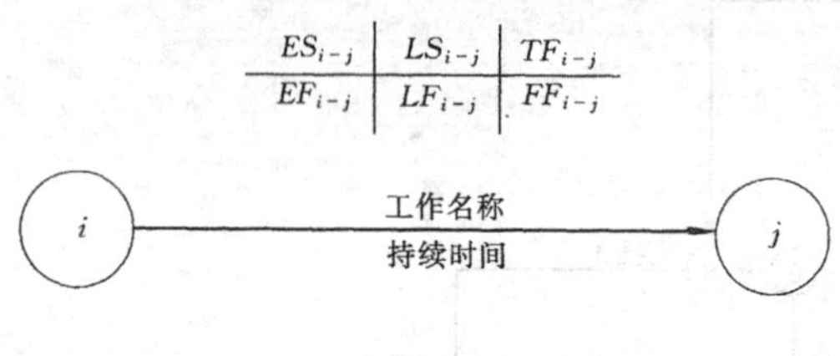

图 3-16

4. 时间参数的计算方法和步骤（按工作计算法计算时间参数）

（1）计算工作的最早开始时间 ES_{i-j}

工作的最早时间 ES_{i-j}应从网络计划的起点节点开始顺着箭线方向依次逐项计算

1）以起点节点 i 为箭尾节点的工作 i—j，如未规定最早开始时间 ES_{i-j}时，其值应等于零，即：$ES_{i-j}=0$（$i=1$）

2）当工作 i—j 只有一项紧前工作 h—i 时，其最早开始时间 ES_{i-j}应为：

$$ES_{i-j}=ES_{h-i}+D_{h-i}$$

3）当工作 i—j 有多个紧前工作时，其最早开始时间 ES_{i-j} 应为：$ES_{i-j}=\max\{ES_{h-i}+D_{h-i}\}$

以上 2）和 3）步骤，可以概括为："顺箭头方向相加，箭头相碰取大值"。

（2）工作 i—j 的最早完成时间 $EF_{i-j}=ES_{i-j}+D_{i-j}$

（3）网络计划的计算工期 $T_c=\max\{EF_{i-n}\}$

（4）网络计划的计划工期 T_p 的计算应按下列情况分别确定：

1）当已规定了要求工期 T_r 时，$T_p \leqslant T_r$

2）当未规定要求工期 T_r 时，$T_p \leqslant T_c$

（5）计算工作的最迟完成时间 LF_{i-j}

1）工作 i—j 的最迟完成时间 LF_{i-j}应从网络计划的终点节点开始，逆着箭线的方向依次逐项计算。

2）终点节点（$j=n$）为箭头节点的工作的最迟完成时间 LF_{i-j}应按网络计划的计划工期 T_p 确定，即：$LF_{i-j}=T_p$

3）其他工作的最迟完成时间 LF_{i-j}应为

$$LF_{i-j}=\min\{LF_{j-k}-D_{j-k}\}$$

可以概括为："逆箭头方向相减，箭尾相碰取小值"。

（6）工作 i—j 的最迟开始时间应按下式计算：

$$LS_{i-j}=LF_{i-j}-D_{i-j}$$

(7) 工作 i—j 的总时差的计算

工作的总时差是在不影响总工期的前提下，本工作可以利用的机动时间。其值按下式计算：

$$TF_{i-j}=LS_{i-j}-ES_{i-j}$$
$$TF_{i-j}=LF_{i-j}-EF_{i-j}$$

(8) 工作 i—j 的自由时差的计算

工作的自由时差是在不影响其紧后工作最早开始时间的前提下，本工作可以利用的机动时间。其值按下式计算：

$FF_{i-j}=ES_{j-\mathrm{k}}-ES_{i-j}-D_{i-j}$　当有多个紧后工序时 $FF_{i-j}=\min ES_{j\mathrm{k}}-ES_{i-j}-D_{i-j}$

或　$FF_{i-j}=\min ES_{j-\mathrm{k}}-EF_{i-j}$

网络图时间参数计算如图 3-17 所示。$T_{\mathrm{c}}=47$ 天，关键线路为：1—2—3—5—7—8。

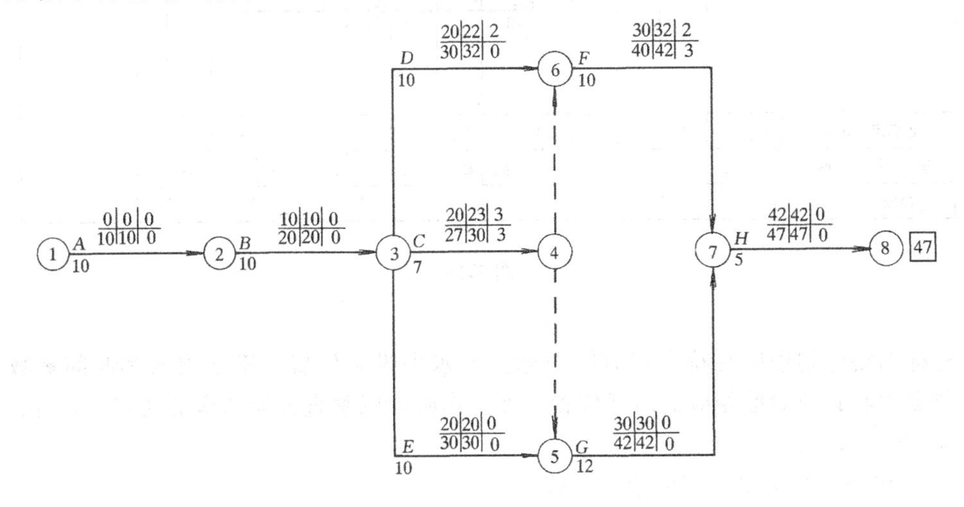

图 3-17　无时标网络计划

第三节　双代号时标网络计划

网络计划根据有无时间坐标刻度，分为无时标网络计划和有时标网络计划两种，前面出现的网络计划都是无时标网络计划，图中箭线的长度与工作的持续时间是没有比例关系的，如图 3-17 所示。

时标网络计划是在网络图上附有时间刻度（包括日历天数和工作天数），其特点是箭线的长度与工作的持续时间成比例进行绘制，如图 3-18 所示。

(一) 双代号时标网络计划的绘制方法

1. 双代号时标网络计划的绘制要求

双代号时标网络计划必须以水平时间坐标为尺度表示工作时间。时标的时间单位应根据需要在编制网络计划之前确定，可为时、天、周、月或季。

时标网络计划应以实箭线表示工作，以虚箭线表示虚工作，以波形线表示工作的自由

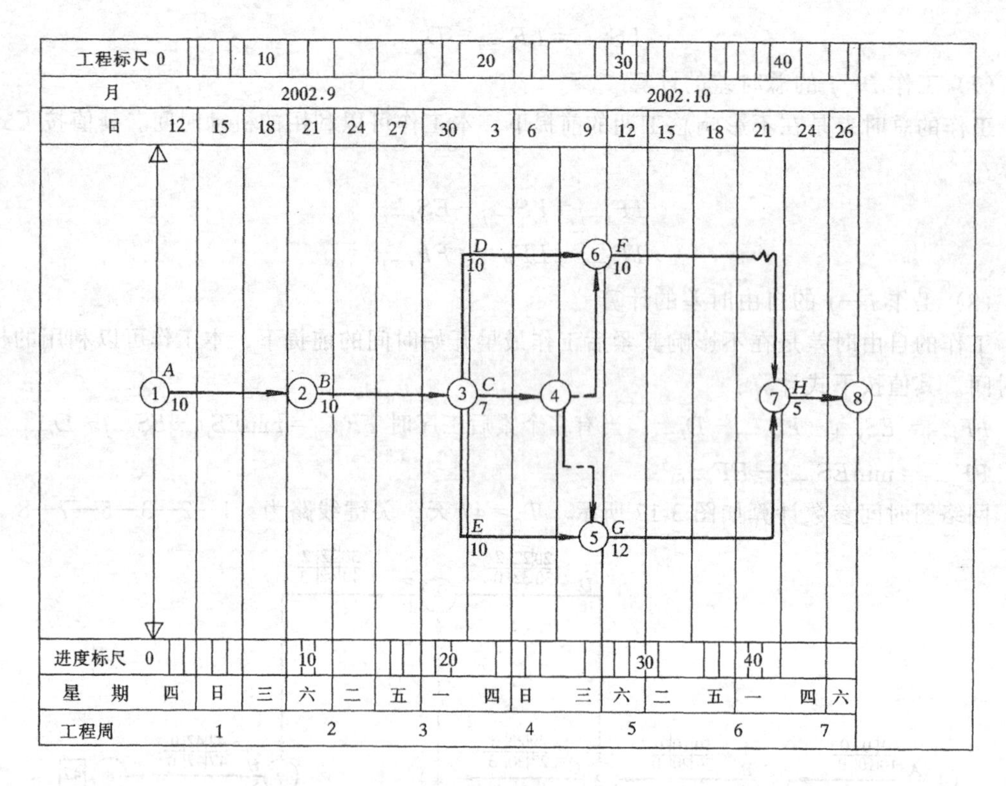

图 3-18

时差。

时标网络计划中所有符号在时间坐标上的水平投影位置，都必须与其时间参数相对应。节点中心必须对准相应的时标位置。虚工作必须以垂直方向的虚箭线表示，有自由时差时加波形线表示。

2. 双代号时标网络计划的绘制步骤

时标网络计划宜按最早时间编制。编制时标网络计划之前，应先按已确定的时间单位绘出时标计划表。时标可标注在时标计划表的顶部或底部。时标的长度单位必须注明。必要时，可在顶部时标之上或底部时标之下加注日历的对应时间。

时标计划表中部的刻度线宜为细线。为使图面清楚，此线也可以不画或少画。编制时标网络计划应先绘制无时标网络计划草图，然后按以下两种方法之一进行：

（1）先计算网络计划的时间参数，如图 3-18 所示，再根据时间参数按草图在时标计划表上进行绘制；

（2）不计算网络计划的时间参数，直接按草图在时标计划表上绘制。用先计算后绘制的方法时，应先将所有节点按其最早时间定位在时标计划表上，再用规定线型绘出工作及其自由时差，形成时标网络计划图。不经计算直接按草图绘制时标网络计划，应按下列方法逐步进行：

1）将起点节点定位在时标计划表的起始刻度线上；

2）按工作持续时间在时标计划表上绘制起点节点的外向箭线；

3）除起点节点以外的其他节点必须在其所有内向箭线绘出以后，定位在这些内向箭线中最早完成时间最迟的箭线末端。其他内向箭线长度不足以到达该节点时，用波形线补足；

4）用上述方法自左至右依次确定其他节点位置，直至终点节点定位绘完。

（二）双代号时标网络计划的关键线路的确定

时标网络计划关键线路的确定，应自终点节点逆箭线方向朝起点节点观察，自始至终不出现波形线的线路为关键线路。

时标网络计划的计算工期，应是其终点节点与起点节点所在位置的时标值之差。按最早时间绘制的时标网络计划，每条箭线箭尾和箭头所对应的时标值应为该工作的最早开始时间和最早完成时间。

时标网络计划中工作的自由时差值应为表示该工作的箭线中波形线部分在坐标轴上的水平投影长度。

时标网络计划中工作的总时差的计算应自右向左进行，且符合下列规定：

（1）以终点节点（$j=n$）为箭头节点的工作的总时差了 TF_{i-j} 应按网络计划的计划工期 T_p 计算确定，即：$TF_{i-n}=T_p-EF_{i-n}$。

（2）其他工作的总时差应为：

$$TF_{i-j}=\max\ \{TF_{i-j}-FF_{i-j}\}$$

时标网络计划中工作的最迟开始时间和最迟完成时间应按下式计算：

$$LS_{i-j}=ES_{i-j}+TF_{i-j}$$

$$LF_{i-j}=EF_{i-j}+TF_{i-j}$$

（三）双代号时标网络计划实例

例如某框架结构施工平面划分为三段流水，主要施工过程及施工顺序是：绑筋每段 2 天→支模每段 3 天→浇混凝土每段 1 天。

（1）无时标网络计划如图 3-19 所示。

（2）时标网络计划如图 3-20 所示。

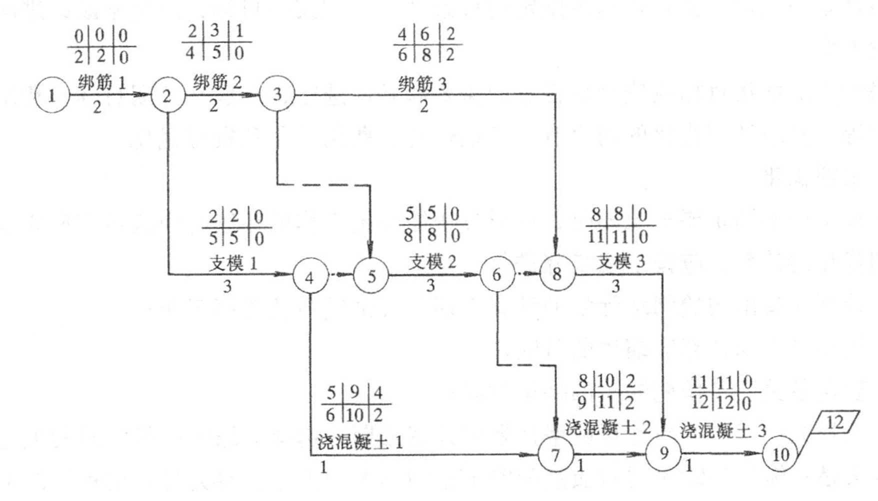

图 3-19　框架结构工程施工网络计划

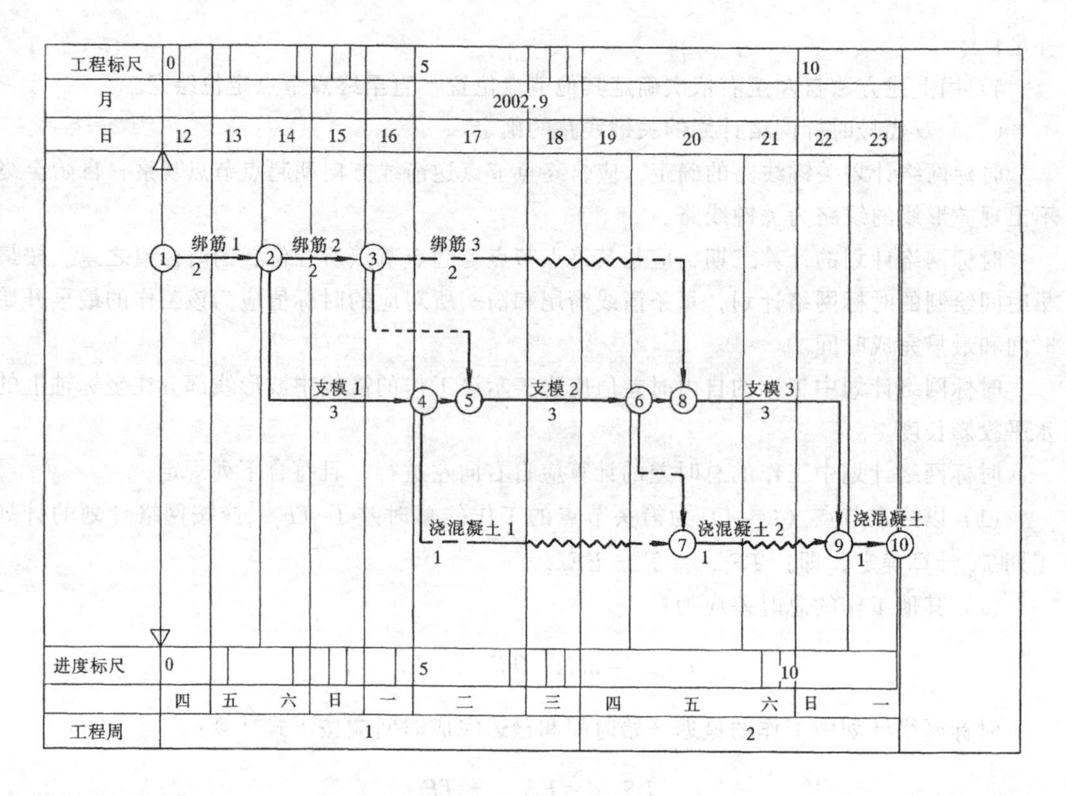

图 3-20　框架结构工程施工时标网络计划

第四节　网络计划的优化

网络计划的绘制和时间参数的计算，只是完成网络计划的第一步，得到的只是计划的初始方案，是一种可行方案，但不一定是最优方案。由初始方案形成最优方案，就要对计划必须进行网络计划的优化。

网络计划的优化，就是在满足既定约束条件下，按某一目标，通过不断改进网络计划寻求满意方案。

网络计划的优化目标应按计划任务的需要和条件选定，一般有工期目标、费用目标和资源目标等。网络计划优化的内容有：工期优化、费用优化和资源优化。

一、工期优化

当计算工期不满足要求工期时，可通过压缩关键工作的持续时间满足工期要求。

工期优化的计算，应按下述步骤进行：

（1）计算并找出初始网络计划的计算工期、关键线路及关键工作；

（2）按要求工期计算应缩短的时间；

（3）确定各关键工作能缩短的持续时间；

（4）选择关键工作重新计算网络计划的计算工期；选择应缩短持续时间的关键工作宜考虑的因素是：缩短持续时间对质量和安全影响不大的工作；有充足备用资源的工作；缩短持续时间所需增加的费用最少的工作；

(5) 当计算工期仍超过要求工期时，则重复以上 1～4 款的步骤，直到满足工期要求或工期已不能再缩短为止；

(6) 当所有关键工作的持续时间都已达到其能缩短的极限而工期仍不能满足要求时，应对计划的原技术方案、组织方案进行调整或对要求工期重新审定。

二、费用优化

进行费用优化，应首先求出不同工期下最低直接费用，然后考虑相应的间接费的影响和工期变化带来的其他损益，包括效益增量和资金的时间价值等，最后再通过迭加求出最低工程总成本。

费用优化应按下列步骤进行：

(1) 按工作正常持续时间找出关键工作及关键线路；

(2) 计算各项工作的费用率；

(3) 在网络计划中找出费用率（或组合费用率）最低的一项关键工作或一组关键工作，作为缩短持续时间的对象；

(4) 缩短找出的关键工作或一组关键工作的持续时间，其缩短值必须符合不能压缩成非关键工作和缩短后其持续时间不小于最短持续时间的原则；

(5) 计算相应增加的总费用；

(6) 考虑工期变化带来的间接费及其他损益，在此基础上计算总费用；

(7) 重复（3）～（6）步骤，一直计算到总费用最低为止。

三、资源优化

资源指的是为完成任务所需的人力、材料、机械设备和资金等。在一定的条件下，改变投入的资源，就会影响工程的进度。资源有保证，网络计划就能落实；资源无保证，网络计划便会经常被打乱而失去作用。一般来说，对资源的需求比较均衡时，资源的利用效率相应提高，也降低成本。对于资源分配的供应部门来说，应根据网络计划的要求，统筹安排资源分配计划，既满足各个目标或工作对资源的要求，又保证各目标在尽可能短的时间内完成。

资源优化一般有两种方法：一种是“资源有限—工期最短”；另一种“工期固定—资源均衡”。

“资源有限—工期最短”的优化过程是调整计划安排，以满足资源限制条件，并使工期拖延最少的过程。

“工期固定—资源均衡”的优化过程是调整计划安排，在工期保持不变的条件下，使资源需用量尽可能均衡的过程。

网络计划的优化过程是一项非常复杂的过程，计算工作量十分巨大，用手工计算是很难实现的，随着计算机技术的快速发展，采用计算机专业软件，网络计划的优化工作已变成一项很容易的事情了。

第五节　施工网络进度计划的控制

一、施工网络进度计划控制的概念

（一）施工网络进度计划控制的概念

施工网络进度计划的控制是指在既定的工期内，编制出最优的施工进度计划，在执行该计划的过程中，经常检查施工实际情况，并将其与计划进度相比较，若出现偏差，便分析产生的原因和对工期的影响程度，制定出必要的调整措施，修改原计划，不断地如此循环，直至工程竣工验收。

施工网络进度计划控制应以实现施工合同约定的交工日期为最终目标。施工项目进度控制的总目标是确保施工项目的既定目标工期的实现，或在保证施工质量和不因此而增加施工实际成本的条件下，适当缩短施工工期。施工项目进度控制的总目标应进行层层分解，形成实施进度控制、相互制约的目标体系。目标分解可按单项工程分解为交工分目标，按承包的专业或按施工阶段分解为完工分目标，按年、季、月计划期分解为时间分目标。

（二）影响施工项目进度的因素

由于工程项目的施工特点，尤其是较大和复杂的施工项目，工期较长，影响进度因素较多。编制计划、执行和控制施工进度计划时，必须充分认识和估计这些因素，才能克服其影响，使施工进度尽可能按计划进行，当出现偏差时，应考虑有关影响因素，分析产生的原因。其主要影响因素有：

1. 有关单位的影响

施工项目的主要施工单位对施工进度起决定性作用，但是建设单位、设计单位、银行信贷单位、材料设备供应部门、运输部门、水电供应部门及政府的有关主管部门等，都可能给施工的某些方面造成困难而影响施工进度。其中设计单位图纸不及时和有错误，以及有关部门对设计方案的变动是经常发生和影响最大的因素；材料和设备不能按期供应，或质量、规格不符合要求，都将使施工停顿；资金不能保证也会使施工进度中断或速度减慢等。

2. 施工条件的变化

施工中工程地质条件和水文地质条件与勘查设计的不符，如地质断层、溶洞、地下障碍物、软弱地基，以及恶劣的气候、暴雨、高温和洪水等，都对施工进度产生影响、造成临时停工。

3. 技术失误

施工单位采用技术措施不当，施工中发生技术事故；应用新技术、新材料、新结构缺乏经验，不能保证质量等都可能影响施工进度。

4. 施工组织管理不利

流水施工组织不合理、施工方案不当、计划不周、管理不善、劳动力和施工机械调配不当、施工平面布置不合理、解决问题不及时等，将影响施工进度计划的执行。

二、施工网络进度计划的检查

网络进度计划的检查内容主要有：关键工作进度，非关键工作进度及时差利用，工作之间的逻辑关系等。

对网络进度计划的检查应定期进行。检查周期的长短应视计划工期的长短和管理的需要决定，一般可按天、周、旬、月、季等为周期。

检查网络进度计划时，首先必须收集网络进度计划的实际执行情况，并进行记录。网络计划检查后应列表反映检查结果及情况判断，以便对计划执行情况进行分析判断，为计划的调整提供依据。

三、网络计划的调整

网络计划的调整时间一般应与网络计划的检查时间一致，根据计划检查结果可进行定期调整或在必要时进行应急调整、特别调整等，一般以定期调整为主。

网络计划的调整内容主要有，关键线路长度的调整，非关键工作时差的调整，增减工作项目，调整逻辑关系，重新估计某些工作的持续时间，对资源的投入作局部调整等。

（一）关键线路长度的调整

关键线路长度的调整方法可针对不同情况选用：

（1）当关键线路的实际进度比计划进度提前时，若不拟缩短工期，则应选择资源占用量大或直接费用高的后续关键工作，适当延长其持续时间以降低资源强度或费用；若要提前完成计划，则应将计划的未完成部分作为一个新计划，重新进行调整，按新计划指导计划的执行。

（2）当关键线路的实际进度比计划进度落后时，应在未完成关键线路中选择资源强度小或费用率低的关键工作，缩短其持续时间，并把计划的未完部分作为一个新计划，按工期优化的方法对它进行调整。

（二）非关键工作时差的调整

应在时差的范围内进行，以便更充分地利用资源、降低成本或满足施工的需要。每次调整均必须重新计算时间参数，观察调整对计划全局的影响。非关键工作时差的调整方法一般有三种：将工作在其最早开始时间和最迟完成间范围内移动；延长工作持续时间；缩短工作持续时间。

复习思考题

一、名词解释

1. 网络图；2. 自由时差；3. 关键线路。

二、填空

1. 双代号网络图是由______、______和______三个要素组成的。

2. 网络图按其所用符号的意义不同可分为______、______。

3. 网络图时间参数的计算方法一般常用______、______、______和______等。

三、简答

1. 时标网络计划中，如何确定关键线路？

2. 网络进度计划检查的主要内容是什么？

3. 网络计划调整的主要内容是什么？

习　　题

1. 根据下列各题的逻辑关系绘制双代号逻辑关系图：

（1）H 的紧前工作为 A、B；

　　F 的紧前工作为 B、C；

　　G 的紧前工作为 C、D。

（2）M 的紧前工作为 A、B、C；

N 的紧前工作为 B、C、D。

(3) H 的紧前工作为 A、B、C；

N 的紧前工作为 B、C、D；

P 的紧前工作为 C、D、E。

2. 根据下列逻辑关系绘制双代号网络图

工作代号	紧前工作	紧后工作	工作代号	紧前工作	紧后工作
A	无	B、C、G	G	A	J
B	A	D、E	H	D、C	J
C	A	H	J	E	K
D	B	H	J	F、G、H	K
E	B	F、I	K	I、J	无
F	E	J			

3. 根据下列数据，绘制双代号网络图，并计算各工序的时间参数，标出关键线路及总工期

工序编号	①→②	①→③	①→④	②→③	②→⑤	③→④	③→⑤	③→⑥	④→⑥	⑤→⑥
工序时间	3	5	6	2	4	0	7	6	8	3

第四章　施 工 准 备 工 作

第一节　施工准备工作概述

一、施工准备工作的意义

施工准备工作，是指从组织、技术、经济、劳动力、物资等各方面为了保证建筑工程施工能够顺利进行，事先应做好的各项工作。施工准备工作，是取得施工生产顺利完成的战略措施和重要前提。现代的建筑施工是一项十分复杂的生产活动，它不但需要耗用大量的材料、使用许多机具设备、组织安排各种工人进行生产劳动外，而且还要处理各种复杂的技术问题、协调各种协作配合关系，可以说涉及面广、情况复杂、千头万绪。如果事先缺乏统筹安排和准备，势必会形成某种混乱，使工程施工无法正常进行。而事先全面细致地做好施工准备工作，则对调动各方面的积极因素，合理组织人力、物力，加快施工进度，提高工程质量，节约资金和材料，提高经济效益，都会起着重要的作用。

大量实践经验已证明，凡是重视和做好施工准备工作，能够事先细致周到地为施工创造一切必要的条件，则该工程的施工任务就能够顺利完成。反之，如果违背施工程序，忽视施工准备工作，工程仓促上马，则虽有加快工程施工进度的良好愿望，也往往造成事与愿违的实际效果。因此，严格遵守施工程序，按照客观规律组织施工，做好各项准备工作，是施工顺利进行和工程圆满完成的重要保证。一方面可以保证拟建工程施工能够连续地、均衡地、有节奏地、安全地进行，并在规定的工期内交付使用。另一方面在保证工程质量的条件下能够做到提高劳动生产率和降低工程成本。

二、施工准备工作的分类与内容

（一）施工准备工作的分类

施工准备工作的分类方式有多种，常见的分类方式有如下两种：

1. 按准备工作范围分

(1) 全场性施工准备。它是以一个建筑工地为对象而进行的各项施工准备，目的是为全场性施工服务，也是兼顾单位工程施工条件的准备。

(2) 单位工程施工条件准备。它是以一个建筑物为对象而进行的施工准备，目的是为该单位工程施工服务，也是兼顾分部分项工程施工作业条件的准备。

(3) 分部分项工程作业准备。它是以一个分部分项工程或冬、雨季施工工程内容为对象而进行的作业条件准备。

2. 按工程所处施工阶段分

(1) 开工前的施工准备。它是在拟建工程正式开工前所进行的一切施工准备，目的是为正式开工创造必要的施工条件。

(2) 开工后的施工准备。它是在拟建工程开工后在各个施工阶段正式施工之前所进行的施工准备，目的仍是为施工生产活动创造必要的施工条件。

（二）施工准备工作的内容

施工准备工作的内容一般可以归纳为以下五个方面：

（1）调查研究；

（2）技术资料的准备；

（3）施工现场的准备；

（4）物资及劳动力的准备；

（5）季节施工的准备。

三、施工准备工作的任务

施工准备工作的任务就是要按照施工准备工作的要求分阶段地、有计划地全面完成施工准备的各项工作，保证拟建工程的施工能够连续地、均衡地、有节奏地、安全地顺利进行，从而在保证工程质量和工期的条件下能够做到降低工程成本和提高劳动生产率。

四、施工准备工作的要求

为了做好施工准备工作，应注意以下几方面的具体措施：

（一）编制施工准备工作计划

施工准备工作，要编制详细的计划，列出施工准备工作的内容，要求完成的时间，负责人等。由于各项准备工作之间有相互依存的关系，单纯的计划难以表达清楚，还可以编制施工准备工作网络计划，明确关系并找出关键工作。利用网络图进行施工准备期的调整，尽量缩短时间。

施工准备工作计划，应当在施工组织设计中予以安排，作为施工组织设计的基本内容之一，同时注重施工过程中的统筹安排。

（二）建立严格的施工准备工作责任制与检查制度

由于施工准备工作项目多、范围广，有时施工准备工作的期限比正式施工期限还要长，因此必须有严格的责任制。要按计划将责任明确到有关部门甚至个人，以保证按计划要求的内容及完成时间进行工作。同时明确各级技术负责人在施工准备工作中应负的领导责任，以便推动和促使各级领导认真做好施工准备工作。

（三）施工准备工作应取得建设单位、设计单位及各有关协作配合单位的大力支持

将建设、设计、施工三方面结合在一起，并组织土建、专业协作配合单位，统一步调，分工协作，以便共同做好施工准备工作。

（四）施工准备工作应做好以下四个结合

1. 设计与施工相结合

设计与施工两方面的积极配合，对加速施工准备是非常重要的。双方互通情况，通力协作，为准备工作快速、准确创造有利条件。

设计单位出图时，尽可能按施工程序出图。对规模较大的工程和特殊工程，首先提供建筑总平面图、单项工程平面图、基础图，以利及早规划施工现场，提前现场准备。对于地下管道多的工程，先出主要的管网图及交通道路的施工图，以利现场尽快实现三通一平，便于材料进场和其他准备工作。

2. 室内准备与室外准备相结合

室内准备与室外准备应同时并举，相互创造条件。室内准备工作主要抓熟悉施工图纸和图纸会审，编制施工组织设计、设计概算、施工图预算等。室外准备工作要加紧对建设

地区的自然条件和技术经济条件进行调查分析，尽快为室内准备工作提供充分的技术资料。同时要做好现场准备工作、现场平面布置及临时设施等，施工组织设计确定一项，准备一项，以争取时间。

3. 土建工程与专业工程相结合

施工准备工作必须注意土建工程与专业工程相配合。在明确施工任务，拟定出施工准备工作的初步规划以后，应及时通知水电设备安装等专业施工单位及材料运输等部门，组织他们研究初步规划，协调各方面的行动。使准备工作规划更切合实际，各有关单位都能心中有数，并及时做好必要准备，以利互相配合。

4. 前期准备与后期准备相结合

由于施工准备工作周期长，有一些是开工前所做的，有一些是在开工后交叉进行的。因此，既要立足于前期的准备工作，又要着眼于后期的准备工作。要统筹安排好前、后期的准备工作，把握时机，及时做好近期的施工准备工作。

第二节　调　查　研　究

一、调查研究的目的

由于建筑工程施工涉及的单位多、内容广、情况多变、问题复杂，其地区特征、技术经济条件各异，原始资料上的某些差错，往往会导致严重的后果。此外，只有正确的原始资料，才能够做好施工方案、合理确定施工进度，才能正确地作出各项资源计划和施工现场的安排。因此，为了使施工准备工作迅速展开和施工任务顺利进行，必须首先通过实地勘察与调查研究，掌握正确的原始资料，并对这些原始资料进行细致认真的分析研究，以便为解决各项施工组织问题提供正确的依据。

调查工作开始之前，应拟订调查提纲，使之有目的、有计划地进行。调查范围的大小，应根据拟建工程的规模、复杂性和对当地情况的熟悉程度的不同而定。对新开辟地区应调查得全面些，对熟悉地区或掌握了大量情况的部分，则可酌情从略。

二、调查研究的主要内容

调查研究与收集资料就是对工程建设情况以及有关的技术经济条件作出全面的了解，掌握有关的原始资料而进行的准备工作。其主要内容有以下三个方面：

（一）工程建设情况和有关设计概况的调查

工程建设情况以及有关设计概况的调查是向建设单位和勘察设计单位进行的调查工作。

工程建设情况和有关设计概况的调查内容和目的，见表4-1。

建设单位与设计单位调查表　　**表4-1**

序号	调查单位	调　查　内　容	调　查　目　的
1	建设单位	1. 建设项目设计任务书、有关文件 2. 建设项目的性质、规模、生产能力 3. 生产工艺流程、主要工艺设备名称及来源、供应时间、分批和全部到货时间 4. 建设期限、开工时间、交工先后顺序、竣工投产时间 5. 总概算投资、年度建设计划 6. 施工准备工作内容、安排、工作进度	1. 施工依据 2. 项目建设部署 3. 主要工程施工方案 4. 规划施工总进度 5. 安排年度施工计划 6. 规划施工总平面 7. 占地范围

续表

序号	调查单位	调 查 内 容	调 查 目 的
2	设计单位	1. 建设项目总平面规划 2. 工程地质勘察资料 3. 水文勘察资料 4. 项目建筑规模、建筑、结构、装修概况、总建筑面积、占地面积 5. 单项（单位）工程个数 6. 设计进度安排 7. 生产工艺设计、特点 8. 地形测量图	1. 施工总平面图规划 2. 生产施工区、生活区规划 3. 大型暂设工程安排 4. 概算劳动力、主要材料用量、选择主要施工机械 5. 规划施工总进度 6. 计算平整场地土石方量 7. 地基、基础施工方案

(二) 工程所在地自然条件的调查

工程所在地的自然条件调查就是对工程所在地区的自然条件进行的调查工作。如对当地的气候、地质、地貌等条件的调查。

工程所在地自然条件的调查内容和目的，见表 4-2。

工程所在地自然条件调查表 **表 4-2**

序号	项目名称	调 查 内 容	调 查 目 的
1	气 温	1. 年平均、最高、最低、最冷、最热月逐日平均温度 2. 冬、季室外计算温度 3. ≤-3℃、0℃、5℃的天数、起止时间	1. 确定防暑降温的措施 2. 确定冬季施工措施 3. 估计混凝土、砂浆强度
2	雨（雪）	1. 雨季起止时间 2. 月平均降雨（雪）量、最大降雨（雪）量、一昼夜最大降雨（雪）量 3. 全年雷暴日数	1. 确定雨期施工措施 2. 确定工地排水、防洪方案 3. 确定工地防雷设施
3	风	1. 主导风向及频率（风玫瑰图） 2. ≥8 级风的全年天数、时间	1. 确定临时设施的布置方案 2. 确定高空作业及吊装的技术安全措施
4	地 形	1. 区域地形图：1/10000～1/25000 2. 工程位置地形图：1/1000～1/2000 3. 该地区城市规划图 4. 经纬坐标桩、水准基桩位置	1. 选择施工用地 2. 布置施工总平面图 3. 场地平整及土方量计算 4. 了解障碍物及其数量
5	地 质	1. 钻孔布置图 2. 地质剖面图，土层类别、厚度 3. 物理力学指标：天然含水量、孔隙比、塑性指标、渗透系数、压缩试验及地基土强度 4. 地层的稳定性；断层滑块、流砂 5. 最大冻结深度 6. 地基土破坏情况，钻井、古墓、防空洞及地下构筑物	1. 土方施工方法的选择 2. 地基土的处理方法 3. 基础施工方法 4. 复核地基基础设计 5. 拟定障碍物拆除方案
6	地 震	地震等级、地震烈度	确定对基础影响、注意事项
7	地下水	1. 最高、最低水及时间 2. 水的流速、流向流量 3. 水质分析；水的化学成分 4. 抽水试验	1. 基础施工方案的选择 2. 降低地下水的方法 3. 拟定防止侵蚀性介质的措施
8	地面水	1. 临近江河湖泊距工地的距离 2. 洪水、平水、枯水期的水位、流量及航道深度 3. 水质分析 4. 最大、最小冻结深度及结冻时间	1. 确定临时给水方案 2. 确定施工运输方式 3. 确定水工工程施工方案

（三）工程所在地技术经济条件的调查

工程所在地技术经济条件的调查，就是对工程所在地的有关资源、经济、运输、供应、生活等方面技术经济条件进行全面的了解，使企业能够根据这些技术经济条件来合理安排施工生产和职工生活。

工程所在地自然条件的调查内容包括以下几个方面：

1. 建设地区的能源调查

能源一般指水源、电源、蒸汽等。能源资料可向当地城建、电力、电话（报）局及建设单位等进行调查，主要用作选择施工用临时供水、供电和供汽的方式，提供经济分析比较的依据。

建设地区的能源调查的内容和目的，见表4-3。

水、电、蒸汽等条件调查表 　　　　表4-3

序号	项　目	调　查　内　容	调　查　目　的
1	供排水	1. 工地用水当地现有水源连接的可能性、可不用、接管地点、管径、材料、埋深、水压、水质及水费；至工地距离，沿途地形、地物状况 2. 自选临江河水源的水质、水量、取水方式、至工地距离，沿途地形、地物状况；自选临时水井的位置、深度、管径、出水量和水质 3. 利用永久性排水设施的可能性，施工排水的去向、距离和坡度；有无洪水影响，防洪设施状况	1. 确定施工及生活供水方案 2. 确定工地排水方案和防洪设施 3. 拟定供排水设施的施工进度计划
2	供电与电　讯	1. 当地电源位置，引入的可能性，可供电的容量、电源、导线截面和电费；引入方向，接线地点及其至工地距离；沿途地形、地物状况 2. 建设单位和施工单位自有的发、变电设备的型号、台数和容量 3. 利用邻近电讯设施的可能性，电话、电报局等至工地的距离，可能增设电讯设备、线路的情况	1. 确定施工供电方案 2. 确定施工通讯方案 3. 拟定供电、通讯设施的施工进度计划
3	蒸　汽	1. 蒸汽来源、可供蒸汽量、接管地点、管径、埋深、至工地距离，沿途地形、地物状况、蒸汽价格 2. 建设、施工单位自有锅炉的型号、台数和能力，所需燃料和水质标准 3. 当地或建设单位可能提供的压缩空气、氧气的能力，至工地距离	1. 确定施工及生活用汽的方案 2. 确定压缩空气、氧气的供应计划

2. 建设地区的交通条件调查

交通运输一般包括铁路、公路、水路、航空等多种运输方式。交通资料可向当地铁路、交通运输和民航等管理单位的业务部门进行调查。主要用作组织施工运输业务，选择运输方式，提供经济分析比较的依据。

建设地区交通条件调查的主要内容和目的，见表4-4。

3. 主要材料等调查

主要材料调查的内容包括水泥、钢材、木材、特殊材料和主要设备。这些资料一般向当地计划、经济等部门进行调查，可用作确定材料供应、储存和设备订货、租赁的依据。

主要材料等调查的主要内容和目的，见表4-5。

建设地区交通运输条件调查表 表 4-4

序号	项　目	调　查　内　容	调　查　目　的
1	铁路运输	1. 邻近铁路专用线、车站至工地的距离及沿途运输条件 2. 站场卸货长度，起重能力和储存能力 3. 装卸单个货物的最大尺寸、重量的限制 4. 运费、装卸费和装卸力量	1. 选择施工运输方式 2. 拟定施工运输计划
2	公路运输	1. 主要材料产地至工地的公路等级，路面构造宽度及完好情况，允许最大载重量 2. 当地专业运输机构附近村镇能够提供的装卸、运输能力，运输工具的数量及效率、运费、装卸费 3. 当地有无汽车修配厂，修配能力和至工地距离	
3	水路运输	1. 货源、工地至邻近河流、码头渡口的距离，道路情况 2. 洪水、平水、枯水期时，通航的最大船只及吨位，取得船只的可能性 3. 码头装卸能力，最大起重量，增设码头的可能性 4. 渡口的渡船能力；同时可载汽车数量，能为施工提供的能力；运费、渡口费、装卸费	
4	航空运输	1. 航空运输的班次，运输能力 2. 运费、手续费、机场建设费	

主 要 材 料 调 查 表 表 4-5

序号	项　目	调　查　内　容	调　查　目　的
1	三大材料	1. 钢材订货的规格、钢号、数量和到货的时间 2. 木材订货的规格、等级、数量和到货的时间 3. 水泥订货的品种、强度等级、数量和到货的时间	1. 确定临时设施和堆放场地 2. 确定木材加工计划 3. 确定水泥储存方式和地点
2	特殊材料	1. 需要的品种、规格、数量 2. 试剂、加工和供应情况	1. 制定供应计划 2. 确定储存方式
3	主要设备	1. 主要工艺设备名称、规格、数量和供货单位 2. 分批和全部到货时间	1. 确定临时设施和堆放场地 2. 拟定防雨措施

4. 地方资源和地方建筑施工企业的调查

地方资源和地方建筑施工企业的基本情况，一般向当地计划、经济及建设行政主管部门进行调查，可用作确定材料、构配件、制品等的货源、加工供应方式、运输计划和规划临时设施等。

地方资源的调查内容见表 4-6。表中材料名称栏按砂、块石、碎石、砾石、砖、石灰、工业废料（包括矿渣、炉渣、粉煤灰）等填列。

地方建筑施工企业和构件生产企业的调查内容见表 4-7。表中企业及产品名称栏可按木材厂、构件厂、金属构件加工厂、建筑设备厂、砖瓦厂、石灰厂等进行填列。

地 方 资 源 调 查 表 表 4-6

序号	材料名称	产地	储藏量	质量	开采量	出厂价	开发费	运距	单位运价
1									
2									
…									

5. 建设地区社会劳动力和生活设施的调查

建设地区社会劳动力和生活设施的调查就是了解当地的社会劳动力、生活条件和房屋设施情况。这些资料一般可向当地劳动管理部门、商业部门、文教管理部门进行了解。

建设地区社会劳动力和生活设施调查的内容和目的，见表4-8。

地方建筑施工企业和构件生产企业调查表 表4-7

序号	企业名称	产品名称	规格质量	单位	生产能力	生产方式	出厂价格	运距	运输方式	单位运价	供应能力
1											
2											
…											

建设地区社会劳动力和生活设施调查表 表4-8

序号	项　目	调　查　内　容	调　查　目　的
1	社会劳动力	1. 当地能支援施工的劳动力数量、技术水平和来源 2. 少数民族地区的风俗、民情、习惯 3. 上述劳动力的生活安排、居住远近	1. 教育职工队伍，做好劳动力的准备 2. 确定生产、生活临时设施 3. 决策后勤服务准备工作 4. 拟定劳动力计划
2	房屋设施	1. 能作为施工用的现有房屋数量、面积、结构特征、位置、距工地的距离；水、暖、电、卫生设备情况 2. 上述建筑物的适用情况，能否作为宿舍、食堂办公、生产等 3. 须在工地居住的人数和必须的户数	
3	生活条件	1. 当地主、副食品商店，日常生活用品供应、文化、教育设施，消防、治安等机构情况；供应或满足需要的能力 2. 邻近医疗单位距工地的距离，可能提供服务的情况 3. 周围有无有害气体污染企业和地方的疾病	

6. 参加施工的各单位能力调查

对同一工程若是多个施工单位共同参与施工的，应了解参加施工的各单位能力，以便做到心中有数。这些资料一般可向当地建设行政主管单位了解。

参加施工的各单位能力调查的内容和目的，见表4-9。

参加施工的各单位能力调查表 表4-9

序号	项　目	调　查　内　容	调　查　目　的
1	工人	1. 工人的总数、各专业工种的人数、能投入本工程的人数 2. 专业分工及一专多能情况 3. 定额完成情况	1. 了解总、分包单位的技术、管理水平 2. 选择分包单位 3. 为编制施工组织设计提供依据
2	管理人员	1. 管理人员总数、各种人员比例及其人数 2. 工程技术人员的人数、专业构成情况	
3	施工机械	1. 名称、型号、规格、台数及其新旧程度 2. 总装配程度、技术装备率和动力装备率 3. 拟增购的施工机械明细表	
4	施工经验	1. 历史上曾经施工过的主要工程项目 2. 习惯采用的施工方法，曾采用过的先进施工方法 3. 科研成果和技术更新情况	
5	主要指标	1. 劳动生产率指标，产值，产量，全员劳动生产率 2. 质量指标：产品优良率和合格率 3. 安全指标：安全事故频率 4. 利润成本指标：产值、资金利润率、成本计划实际降低率 5. 机械化、工厂化施工程度 6. 机械设备完好率、利用率和效率	

三、参考资料的收集

在编制施工组织设计时，还可能借助一些相关的参考资料作为编制依据。这些参考资料可利用现有的施工定额、施工手册、相关施工组织设计的实例或通过平时的施工实践活动来取得。下列资料可在编制施工组织设计和施工准备时作为参考。

（一）气象、雨期及冬期参考资料

气象、雨期及冬期参考资料一般向当地气象部门进行了解，可作为确定冬雨季施工的依据。全国部分地区气象、雨期及冬期的参考资料见表 4-10、表 4-11、表 4-12。

全国部分地区气象参考资料表 　　表 4-10

城市名称	温度（℃）				最大风速（m/s）	日最大降雨量（mm）	最大冻土深度（cm）	最大积雪深度（cm）
	月平均		极端					
	最冷	最热	最高	最低				
北京	-3.4	25.1	40.6	-27.4	21.5	212.2	69	18
上海	4.4	26.3	38.2	-9.1	20.0	204.4	8	14
哈尔滨	-17.2	21.2	35.4	-38.1	20.0	94.8	194	13
长春	-14.4	21.5	36.4	-36.5	34.2	126.8	169	40
沈阳	-10.03	23.3	35.7	-30.5	25.2	118.9	139	20
大连	-3.5	22.1	34.4	-21.1	34.0	149.4	93	37
石家庄	-1.4	25.9	42.7	-19.8	20.0	200.2	52	15
太原	-4.9	22.3	38.4	-24.6	25.0	183.5	74	13
郑州	1.1	26.8	43.0	-15.8	—	112.8	18	—
汉口	4.3	27.6	38.7	-17.3	20.0	261.7	—	12
青岛	-1.03	23.7	36.9	-17.2	18.0	234.1	42	13
徐州	1.1	26.4	39.5	-22.6	16.0	127.9	24	25
南京	3.3	26.9	40.5	-13.0	19.8	160.6	—	14
广州	14.03	27.09	37.6	0.1	22.0	253.6	—	—
南昌	6.2	28.2	40.6	-7.6	19.0	188.1	—	16
南宁	13.7	27.9	39.0	-1.0	16.0	127.5	—	—
长沙	6.2	28.0	39.8	-9.5	20.0	192.5	4	10
重庆	8.7	27.4	40.4	-0.9	22.9	109.3	—	—
贵州	6.03	22.9	35.4	-7.8	16.0	113.5	—	8
昆明	8.3	19.4	31.2	-5.1	18.0	87.8	—	6
西安	0.5	25.9	41.7	-18.7	19.1	69.8	24	12
兰州	-5.2	21.03	36.7	-21.7	10.0	50.0	103	10

全国部分地区全年雨期参考资料表 　　表 4-11

地区	雨期起止日期	月数
长沙、株洲、湘潭	2月1日～8月31日	7
南昌	2月1日～7月31日	6
汉口	4月1日～8月15日	4.5
上海、成都、昆明	5月1日～10月31日	5
重庆、宜宾	6月1日～8月31日	6
长春、哈尔滨、佳木斯、牡丹江、开远	7月1日～7月31日	3
大同、侯马	7月1日～8月31日	1
包头、新乡	8月1日～8月31日	1
沈阳、葫芦岛、北京、天津、大连、长治	7月1日～8月31日	2
齐齐哈尔、富拉尔基、宝鸡、绵阳、德阳、温江、太原、西安、洛阳、郑州	7月1日～9月15日	2.5

全年冬期天数参考资料 表 4-12

分　　区	平 均 温 度	冬期起止日期	天　　数
第一区	－1℃以内	12月1日～2月16日 12月28日～3月1日	74～80
第二区	－4℃以内	11月10日～2月28日 11月25日～3月21日	96～127
第三区	－7℃以内	11月1日～3月20日 11月10日～2月21日	131～151
第四区	－10℃以内	10月20日～3月25日 11月1日～4月5日	141～168
第五区	－14℃以内	10月15日～4月5日 10月15日～4月15日	173～183

土方施工机械台班产量参考指标 表 4-13

序号	机械名称	型　号	主 要 性 能				理论生产率		常用台班产量	
							单位	数　量	单位	数　量
1	单斗挖土机		斗容量 (m^3)	反铲时最大挖深 (m)						
	蟹斗式		0.2						m^3	80～120
	履带式	W-301	0.3	2.6（基坑）　4（沟）			m^3/h	72	m^3	150～250
	轮胎式	W_2-30	0.3	4			m^3/h	63	m^3	200～300
	履带式	W_1-50	0.5	5.56			m^3/h	120	m^3	250～350
	履带式	W_1-60	0.6	5.2			m^3/h	120	m^3	300～400
	履带式	W_2-100	1.0	5.0			m^3/h	240	m^3	400～600
	履带式	W_1-100	1.0	6.5			m^3/h	180	m^3	350～550
2	拖式铲运机		斗容量 (m^3)	铲土宽 (m)	铲土深 (cm)	铺土厚 (cm)				运距200～300m时
		2.25	2.25	1.86	15	20		22～28	m^3	80～120
		C_6-2.5	2.5	1.9	15	30	m^3/h	(运距100m)	m^3	100～150
		C_8-6	6	2.6	15	38	m^3/h		m^3	250～350
		6-8	6	2.6	30	38	m^3/h		m^3	300～400
		C_4-7	7	2.7	30	40	m^3/h		m^3	250～350
3	推土机		马力	铲刀宽 (m)	铲刀高 (cm)	切土深 (cm)		(运距50m)		(运距15～25m)
		T_1-54	54	2.28	78	15	m^3/h	28	m^3	150～200
		T_2-60	75	2.28	78	29	m^3/h		m^3	200～300
		东方红-75	75	2.28	78	26.8	m^3/h	60～65	m^3	250～400
		T_1-100	90	3.03	110	18	m^3/h	45	m^3	300～500
		移山80	90	3.10	110	18	m^3/h	40～80	m^3	300～500
		移山80	90	3.69	96					
		湿地		可在水深40～80cm处堆土						
		T_2-100	90	3.80	86	65	m^3/h	75～80	m^3	300～500
		T_2-120	120	3.76	100	30	m^3/h	80	m^3	400～600

（二）机械台班产量参考指标

常见的土方机械、钢筋混凝土机械、起重机械及装修施工机械等，其台班产量指标见表4-13、表4-14、表4-15、表4-16。

混凝土机械台班产量参考指标 **表4-14**

序号	机械名称	型号	主要性能	理论生产率		常用台班产量	
				单位	数量	单位	数量
1	混凝土搅拌机	J_1-250	装料容量0.25m^3	m^3/h	3～5	m^3	80～120
		J_1-400	装料容量0.4m^3	m^3/h	6～12	m^3	25～50
		J_4-375	装料容量0.375m^3	m^3/h	12.5		
		J_4-1500	装料容量1.5m^3	m^3/h	30		
2	混凝土搅拌机组	HL_1-20	0.75m^3双锥式搅拌机组	m^3/h	20		
		HL_1-90	1.6m^3双锥式搅拌机组3台	m^3/h	72～90		
3	混凝土喷射机		最大骨料（mm） 最大水平距离（m） 最大垂直距离（m）				
		HP_1-4	25 200 40	m^3/h	4		
		HP_1-5	25 240	m^3/h	4～5		
	混凝土输送泵	ZH_{05}	50 250 40	m^3/h	6～8		
		HB_8型	40 200 30	m^3/h	3		

起重机械台班产量参考指标 **表4-15**

序号	机械名称	工作内容	常用台班产量	
			单位	数量
1	履带式起重机	构件综合吊装，按每吨起重能力计	t	5～10
2	轮胎式起重机	构件综合吊装，按每吨起重能力计	t	7～14
3	汽车式起重机	构件综合吊装，按每吨起重能力计	t	8～18
4	塔式起重机	构件综合吊装	吊次	80～120
5	平台式起重机	构件提升	t	15～20
6	卷扬机	构件提升，按每吨牵引力计	t	30～50
		构件提升，按提升次数计（四、五楼）	次	60～100

装修施工机械产量参考指标 **表4-16**

序号	机械名称	型号	主要性能	理论生产率		常用台班产量	
				单位	数量	单位	数量
1	喷灰机		墙顶棚喷涂灰浆			m^2	400～600
2	混凝土抹光机	HM-66	大面积混凝土表面抹光	m^2/班	320～450		
	混凝土抹光机	69-1	大面积混凝土表面抹光	m^2/班	100～300		
3	水磨石机	MS-1	磨盘径29cm	m^2/h	3.5～4.5		
4	灰浆泵		垂直距离（m） 水平距离（m）	m^3/h			
	直接作用式	HB6-3	40 150	m^3/h	3		
	直接作用式	HP-013	40 150	m^3/h	3		
	隔膜式	HB6-3	40 100	m^3/h	3		
	灰气联合式	HK-3.5-74	25 150	m^3/h	3.5		
5	木地板刨光机	天津	电动机功率 1.4kW	m^2/h	17～20		
6	木地板磨光机	北京	电动机功率 1.4kW	m^2/h	20～30		

（三）建筑工程施工工期参考指标

建筑工程施工工期是指建筑物（或构筑物）从开工到竣工的全部施工天数。施工工期指标一般用来作为确定工期、编制施工计划的依据。

第三节 技术经济资料的准备

技术经济资料的准备也就是通常所说的内业技术工作，其准备工作的内容一般包括熟悉与会审施工图纸，编制施工组织设计，编制施工图预算和施工预算。

一、熟悉与会审施工图纸

一个建筑物或构筑物的施工依据就是施工图纸。要“按图施工”，就必须要在施工前熟悉施工图纸中各项设计的技术要求所在。在熟悉施工图纸的基础上，由建设、施工、设计单位共同对施工图纸组织会审。一般先由设计人员对设计施工图纸的技术要求和有关问题先作介绍和交底，在此基础上，对施工图纸中可能出现的错误或不明确的地方作出必要的修改或补充说明。

（一）熟悉施工图纸的要点

1. 基础部分

核对建筑、结构、设备施工图中关于基础留洞的位置及标高，地下室排水方向，变形缝及人防出口做法，防水体系的包圈及收头要求等。

2. 主体结构部分

各层所用的砂浆、混凝土强度等级，墙柱与轴线的关系，梁、柱的配筋及节点做法，钢筋的锚固要求，楼梯间的构造，设备施工图和土建施工图上洞口尺寸及位置的关系。

3. 屋面及装修部分

屋面防水节点做法，结构施工时应为装修施工提供的预埋件和预留洞，内、外墙和地面等材料及做法。

在熟悉图纸的过程中，对发现的问题应做好标记和记录，以便在图纸会审时提出。

（二）施工图纸会审的要点

（1）有无越级设计或无证设计的现象，图纸是否经设计单位正式签署；

（2）设计是否符合城市规划的要求；

（3）地质勘探资料是否齐全，是否需要进行补充勘探；

（4）建筑工、结构、水、暖、电、卫、设备安装设计之间有无矛盾；

（5）图纸是否齐全，图纸与图纸之间，图纸与说明之间有无矛盾和不清楚的地方，如建筑、结构图中的标高、尺寸、轴线、坐标、预留孔洞、钢筋、预埋件、混凝土强度等级、构件数量等有无“错、漏、碰、缺”等现象；

（6）设计图纸与所选用的标准图有无矛盾；

（7）设计是否与现行规范一致，在技术上和经济上是否可行，特别是新技术的应用，是否可能和必要；

（8）某些结构在施工过程中有无足够的强度和稳定性，如钢筋混凝土构件吊装时的强度和稳定性；

（9）设计是否考虑了施工技术的条件，能否按图施工，保证工程质量；

(10) 设计图纸中所选用的材料在市场上能否采购到；

(11) 设计是否考虑了安全施工的需要，能否保证施工的安全；

(12) 设计图纸的要求和施工单位的能力是否吻合。

图纸会审后，应将会审中提出的问题，修改意见等用会审纪要的形式加以明确，必要时由设计单位另出修改图纸。会审纪要由参加会审的建设单位、设计单位、施工单位等三方签字后下发，它同施工图纸一样具有同等的效力，是组织施工、编制施工图预算的重要依据。

二、编制施工组织设计

施工组织设计是规划和指导拟建工程施工全过程的一个综合性的技术经济文件，编制施工组织设计本身就是一项重要的施工准备工作。有关施工组织设计的内容详见第五章。

三、编制施工图预算和施工预算

在签定施工合同并进行了图纸会审的基础上，施工单位就应结合施工组织设计和施工合同编制施工图预算和施工预算，以确定人工、材料和机械费用并制定各种计划。

第四节　施工现场准备

施工现场的准备就是一般所说的室外准备工作，它包括建立测量控制网及测量放线、拆除障碍物、“五通一平”工作、临时设施的搭设等工作内容。

一、建立测量控制网及测量放线

为了使建筑物的平面位置和高程严格符合设计要求，施工前应按总平面图的要求，测出占地范围，并按一定的距离布点，组成测量控制网，以利施工时按总平面图准确地定出各建筑物的位置。控制网一般采用方格网，建筑方格网多由 100～200m 的正方形或矩形组成。如果土方工程需要，还应测绘地形图。通常，这一工作由专业测量队完成，但施工单位还需根据施工的具体需要做一些加密网点和进行建筑物的测量放线工作。

二、拆除障碍物

这一工作通常由建设单位完成，但有时也委托施工单位完成。拆除时，一定要摸清情况，尤其是原有障碍物复杂、资料不全时，应采取相应措施，防止发生事故。

架空电线、埋地电缆、自来水管、污水管道、煤气管道等的拆除，都应与有关部门取得联系并办好手续后，方可进行。场内的树木需报请有关部门批准后方可砍伐。房屋只要在水源、电源、气源等截断后即可进行拆除。

三、“五通一平”工作

“五通一平”是指在施工现场范围内平整场地、接通施工用水、用电和用气及通讯线路、修通施工道路等工作。“五通一平”工作一般是在施工组织设计的规划下进行的。在一个新建工地，如果完全等到整个工地的“五通一平”工作搞完，再进行施工往往是不可能的。所以，全场性的“五通一平”工作是有计划、分阶段进行的。

四、临时设施的搭设

施工现场的临时设施是满足施工生产和职工生活所需的临时建筑物，它包括现场办公室、职工宿舍、食堂、材料仓库、钢筋棚、木材加工棚等等。

临时设施的搭设，应尽量利用原有的建筑物，或先修建一部分永久性建筑加以利用，不足部分修建临时建筑。尽量减少临时设施的搭设数量，以节约费用。

第五节　施工队伍及物资准备

建筑施工生产需要消耗大量的劳动力和物资，根据准备工作计划，应积极地做好施工队伍及物资的准备工作。

一、施工队伍的准备

建筑施工生产需要消耗大量的劳动力，施工队伍的准备就是要为正常施工生产活动创造条件，做好各类管理人员、各工种操作人员的准备。

(一) 施工现场管理人员的配备

现场管理人员是施工生产活动的直接组织者和管理者，其人员数量和素质应根据施工项目组织机构的需要，结合工程规模和实际情况而进行配备。一般规模的单位工程，可设项目经理一名，施工员（即工长）一名，技术员、材料员、预算员各一名即可。对于大中型施工项目工程，则需配备完整的领导班子，包括各类管理人员。

(二) 基本施工队伍的准备

基本施工队伍的准备应根据工程规模、特点，选择合理的劳动组织形式。对于土建工程施工来说，一般以混合班组的形式比较合适，其特点是：班组人员较少，工人提倡“一专多能”，以某一专业工种为主，兼会其他专业工种，工序之间搭接比较紧凑，劳动效率较高。如：砖混结构的主体工程，可以砖工为主，适当配备一定数量的架子工、木工、钢筋工、混凝土工及普通工人；装修阶段则以抹灰工为主，辅之适当数量架子工、木工及普通工人。对于装配式结构工程，则以结构吊装工为主，其他工种为辅；对于全现浇的框剪结构，则以混凝土工、木工和钢筋工为主。

(三) 专业施工队伍的准备

对于大型工程项目，一般来说，其专业技术要求都比较高，应由专业的施工队伍来负责施工。如大型施工项目中机电设备安装、消防、空调、通讯等系统，一般可由生产厂家负责安装和调试，而大型土石方工程、吊装工程等则可以由专业施工企业负责施工。这些都应在准备工作计划中加以落实。

(四) 外包施工队伍的准备

由于建筑市场的开放，对于一些大型施工项目光靠自身的施工队伍来完成施工任务已不能满足生产的需要，因而往往需要组织一些外包施工队伍来共同承担施工任务。利用外包施工队伍大致以下三种方式：独立承担某单位工程的施工，承担某分部分项工程的施工，以劳务形式参与本施工单位的班组施工。

以上各类人员均应通过员工培训持证上岗，逐步完善管理人员资格认证及专业工种资格认证制度。

二、施工物资的准备

建筑工程项目的施工，需耗用大量的各种物资，为保证施工生产的顺利进行，必须根据物资需用量计划，及时组织好货源，办理有关的订购手续，落实有关的运输和贮备，及早地做好物资的准备工作。

(一) 根据物资需用量计划，安排好货源

施工物资准备的依据是物资需用量计划，物资需用量计划又是根据建筑物的规模、特征、建筑面积等通过计算而得到有关数据。对于使用量大的各种材料（如：钢材、水泥、木材、砂、石、砌块、标准砖等）应尽早落实有关货源、办理有关的订购手续，并落实有关的运输条件和运输工具。各种材料入场后应进行品种、规格、数量、质量等的检查和验收，并按指定的地点进行堆放和入库。

（二）各种预制构件、木门窗以及加工铁件的准备

各种钢筋混凝土预制构件、钢构件、木门窗以及加工铁件等，都需要及时提出品种、规格及数量的加工申请，委托有关加工单位或部门进行加工。并及时组织运输到现场，以免影响正常的施工生产。

（三）施工机械和机具的准备

此项工作应根据施工机械和机具需用量计划进行准备。施工生产所需的各种施工机械和机具，可以采取订购、租赁和自行制造等方式来进行，但无论采取哪种方式都应以满足生产要求为依据。

（四）工业生产设备的订货与加工

对于一些需要安装工业用生产设备的建设项目，应尽早做好有关工业生产设备的落实、运输、存放以及保管等工作。对于非标准的生产设备，应组织有关部门进行加工；对引进的国外生产设备，则需要组织人员进行技术资料的翻译和学习，并对进口设备、材料等进行检验和核对。此项工作一般是由建设单位自行负责完成。

第六节　季节施工准备

季节施工的准备是指在冬季、雨季这些特殊季节所作的各种准备工作。

一、冬季施工的准备工作

（一）做好冬季施工项目的综合安排

由于冬季气温、施工条件差、技术要求高，还可能增加施工费用。因此，应尽量安排增加费用少，受自然条件影响小的施工项目在冬季施工。如结构吊装、打桩、室内装饰等。对有可能增加费用较多且又不能保证施工质量的项目，如外装修、屋面等则应避开在冬季施工。

（二）落实各种热源的供应工作

各种热源设备和保温材料应做好必要的供应和储存，相关工种的人员（如锅炉工人）应进行必要的培训，以保证冬季施工的顺利进行。

（三）做好冬季的测温工作

冬季昼夜温差变化大，为了保证工程施工质量，应时常观测气温的变化，防止砂浆、混凝土、在凝结硬化前受到冰冻而被破坏。

（四）做好室内施工项目的保温工作

在冬季到来前，应完成供热系统、安装好门窗玻璃等工作，以保证室内其他施工项目能顺利施工。

（五）做好临时设施的保温防冻工作

应做好室内外给排水管道的保温，防止管道冻裂；要防止道路积水成冰，应及时清除

积雪，以保证运输顺利。

（六）做好材料的必要库存

为了节约冬季费用，在冬季到来之前，应做好材料的必要库存，储备足够数量的材料。

（七）做好完工部位的保护工作

如基础完成后，及时回填土方至基础顶面同一高度；砌完一层墙体后及时将楼板安装到位；室内装修一层一室一次完成；室外装修力求一次完成。

（八）加强安全教育，树立安全意识

在冬季应教育职工树立安全意识，要有相应的防火、防滑措施，严防火灾发生，避免事故发生。

二、雨季施工的准备

（一）做好雨季施工项目的综合安排

为了避免雨季出现窝工浪费，应将一些受雨季影响大的施工项目（如土方、基础、室外及屋面）尽量安排在雨季到来之前多施工，留出受雨季影响小的项目在雨季施工。

（二）做好防洪排涝和现场排水工作

应了解施工现场的实际情况，做好防洪排涝的有关措施；在施工现场，应修建各种排水沟渠，准备好抽水设备，防止现场积水。

（三）做好运输道路的维护

雨季到来之前，应检查道路边坡的排水，适当提高路面，防止路面凹陷，保证运输道路的畅通。

（四）做好材料的必要库存

为了节约施工费用,在雨季到来之前,应做好材料的必要库存,储备足够数量的材料。

（五）做好机具设备的保护

对施工现场的各种机具、电器、应加强检查，尤其是脚手架、塔吊、井架等地方，要采取措施，防止倒塌、雷击、漏电等现象的发生。

（六）加强安全教育，树立安全意识

在雨季要教育职工树立安全意识，防止各种事故的发生。

复习思考题

一、名词解释

1.施工准备工作；2.图纸会审；3.开工前的施工准备。

二、填空

1.在施工准备工作中，技术资料的准备工作通常包括______、______和______等几方面的内容。

2.在施工准备工作中，施工现场准备工作的“五通一平”工作是指______、______、______、______和______等工作。

3.按照施工准备工作的范围划分，施工准备工作分为______、______和______等三个方面。

4.施工准备工作的内容包括______、______、______、______、______和______等几

方面。

三、简答

1. 施工准备工作的要求有哪些？

2. 施工现场的准备工作包括哪些内容？

3. 物资准备工作的内容有哪些？

4. 冬季施工准备工作应如何进行？

第五章　单位工程施工组织设计

第一节　施工组织设计概述

施工组织设计是以拟建工程项目为对象，具体指导施工全过程各项活动的技术、组织、经济综合性文件。它是施工单位编制季度、月度施工作业计划、分部分项工程施工设计及劳动力、材料、机具等供应计划的主要依据。也是施工前的一项重要准备工作及实现施工科学管理的重要手段。施工组织设计一般分为：施工组织总设计、单位工程施工组织设计及分部（分项）工程施工组织设计。本章所述施工组织设计为单位工程施工组织设计。

施工组织设计一般由该工程项目的主任工程师负责编制，并根据工程项目大小，分别报主管部门审批。

一、施工组织设计的作用

施工组织设计是合理组织施工和加强施工管理的一项重要措施，它是在工程开工前的施工准备工作阶段中最先完成的一项重要准备工作，对保证施工顺利进行，如期按质按量完成施工任务，取得好的经济效益起着决定性的作用。

施工组织设计的具体作用，体现在以下几个方面：

（1）施工组织设计是沟通设计和施工之间的桥梁，对施工全过程起着战备部署和战术安排的双重作用。

（2）施工组织设计是施工准备工作的重要组成部分，也是及时做好其他各项准备工作的依据，同时对施工准备工作也起到保证的作用。

（3）施工组织设计是编制工程概、预算的依据之一，并对施工全过程起指导作用。

（4）施工组织设计是对施工活动实行管理的重要手段，是施工企业整个生产管理工作的重要组成部分。

（5）施工组织设计是编制施工生产计划和施工作业计划的主要依据。

（6）施工组织设计能处理好工程中时间与空间、人力与物力、工艺与设备、技术与经济、专业间协作、供应与消耗及生产与储备之间的关系。

二、施工组织设计的任务

施工组织设计的任务，就是根据编制施工组织设计的基本原则、工程投标报价阶段的施工组织设计和有关资料及设计要求，并结合实际施工条件，从整个工程施工全局出发，选择最优的施工方案，从人力、物力、空间等诸要素着手，确定科学合理的分部分项工程间的搭接、配合关系，设计符合施工现场情况的平面布置图，从而达到精度高、效果好、速度快、工期短、成本低、消耗少、利润高的目的。

三、施工组织设计的内容

施工组织设计根据工程性质、规模的不同，其内容和深广度要求也不同，一般根据工程本身的特点以及各施工条件等进行编制，其内容一般包括：

(1) 工程概况和施工特点；

(2) 施工方案和施工方法；

(3) 施工进度计划及各项资源需要量计划；

(4) 施工准备工作及施工准备工作计划；

(5) 施工平面图；

(6) 各项主要技术组织措施；

(7) 各项主要技术经济指标。

四、施工组织设计的编制依据

(1) 上级主管部门的批示文件及建设单位对工程的要求。如工程的开、竣工日期；新技术与新材料的采用情况；施工质量；开工及用地申请和施工执照；施工合同中的有关规定等。

(2) 投标报价阶段的施工组织设计。它属于规划工程施工全过程的全局性、控制性文件，也是整个工程项目施工的战略部署，与指导施工的施工组织设计有所不同。因此，在编制指导工程施工的组织设计时，必须按照投标报价阶段的施工组织设计的有关规定和要求进行。

(3) 经过会审的施工图纸和设计单位对施工的要求。如会审记录、标准图集、设计单位变更设计或补充设计的通知等。对于较复杂的工程还要有设计单位对新材料、新工艺的要求。

(4) 施工现场及环境和气象资料。主要了解施工对象是属于新建工程施工，还是属于改建和扩建工程的施工。同时还要了解施工现场周围环境及当地气温、雨情和风力等气象资料。

(5) 施工现场条件。主要指建设单位可能提供的条件。如临时设施、水电供应；施工中能够调配的劳动力，主要工种的力量配备及特殊工程的配备情况等；主要材料、施工机具和设备、配件、半成品的来源及供应量，运输距离和运输条件等。

(6) 工程的预算文件和有关定额。工程预算文件提供了工程量和预算成本等内容。

(7) 国家的有关规范和操作规程。主要指施工验收规范、质量标准及技术、安全操作规程等，是确定施工方案、施工进度计划等的重要依据。

五、施工组织设计的编制程序

施工组织设计各个组成部分形成的先后次序以及相互之间的制约关系如图 5-1 所示。从图中可了解施工组织设计的有关内容和步骤。

六、编制施工组织设计的基本原则

1. 做好现场工程技术资料的调查工作

工程技术资料是编制施工组织设计的主要依据。因此，原始资料必须真实，数据必须可靠，特别是材料供应、运输以及水、电供应的资料。由于每个施工项目各有不同的难点，在组织设计中就应着重对施工难点的资料进行搜集，有了完整、确切的资料，就可根据实际条件制定方案和进行方案的优选。

2. 充分做好施工准备工作

工程开工前的施工准备工作主要是围绕材料、设备、机具及施工队伍进场所做的工

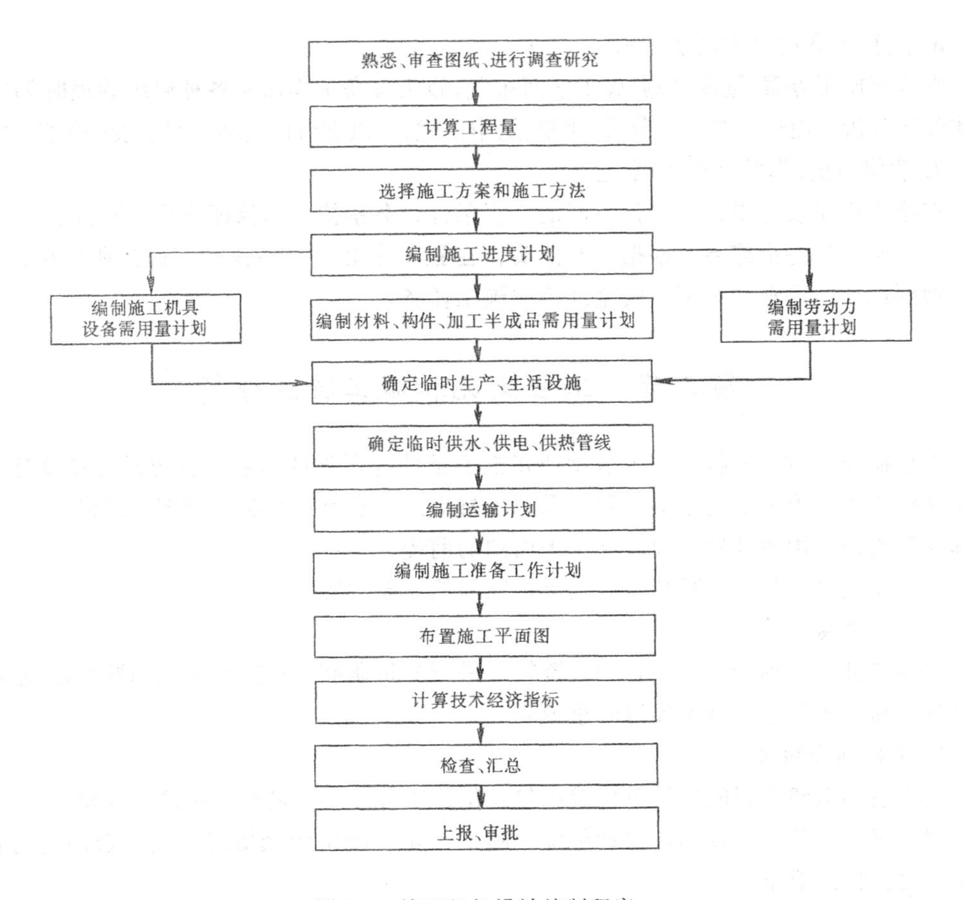

图 5-1　施工组织设计编制程序

作。工程开工后也应有相应的准备工作，必须提前完成，以便为后续各施工过程的顺利进行创造条件。在制定施工准备工作计划时，要求编制人员要有预见性。

3. 选用先进的施工技术和组织措施

从当前的技术水平出发，以实事求是的态度，在充分调查研究的基础上，拟订出经过努力可以实现的新技术和新方法，再进行科学的分析和技术经济论证，最后作出决定。其目的是在确保质量的前提下提高劳动生产率、降低成本和缩短工期。在采用先进的施工技术的同时，也要采取相应的先进合理的管理方法，以提高职工的技术水平和企业的整体素质。

4. 安排合理的施工顺序

各种不同类型的项目施工都有其客观顺序，在编制计划时首先要遵循客观顺序，将工程划分为若干个施工段，尽可能组织流水施工，使各施工段之间互相搭接、平行施工。同时考虑某些施工过程中需要必要的工艺技术间歇时间。合理的施工顺序还应注意各施工过程进行中的安全施工，尤其是平行施工和主体交叉施工时更要采取必要的可靠安全措施。

5. 土建施工与装饰施工应密切配合

为了满足合同工期的要求，土建施工经常与装饰施工交叉进行。由于工序之间交叉多，在组织施工时要考虑到安全和工艺上的各个施工环节，最好采用分段流水施工。如主体结构工程进行到3层时，可从一层开始进行室内装修。

6. 进行方案的技术经济分析

在确定施工方案、进度计划、施工平面布置、施工准备工作以及各种组织管理时都要进行技术经济分析。通过多方案的分析、比较,从中选优,可以有效地提高工程建设的经济效益。

7. 确保质量,降低成本,安全施工。

在施工组织设计中，应根据不同的工程条件，分别拟订出保证质量、降低成本和安全施工的措施。这些措施要有根据、有落实，在施工中必须严格执行，达到所提出的要求，真正做到保质、保量、快速、安全地完成施工任务。

第二节　工程概况和施工特点分析

工程概况是对工程特点、地点特征和施工条件等所作的简要、突出重点的文字介绍。对于规模不大，施工不复杂的工程可采用表格形式。它是选择施工方案、编制施工进度计划和各项资源需用量计划、设计施工平面图的前提。

工程概况主要包括工程特点、地点特征和施工条件等内容。

一、工程特点

主要是针对工程特点、结合调查资料，进行分析研究，找出关键性问题加以说明，对新材料、新工艺及施工难点加以着重说明。

1. 工程建设概述

主要说明拟建工程的建设单位或承包单位，工程性质、名称、用途、规模、资金来源及工程投资额，开竣工日期，设计单位、施工单位、施工图纸情况，施工合同签订情况，上级有关文件或要求等。

2. 建筑设计特点

主要介绍建筑平面形状、平面组合、层数、建筑面积、层高、总高；说明装修工程内、外檐做法和要求；楼地面材料种类和做法；门窗种类、油漆要求；顶棚构造；屋面保温隔热及防水层做法等。其中对新结构、新材料、新工艺等应特别说明。

3. 结构特征

主要介绍基础构造、埋置深度、有何特点和要求；承重结构类型；预制还是现浇；单件重量及高度；楼梯做法及形式。其中对新结构、新材料、新工艺及结构施工难点、重点等应特别说明。

4. 施工特点

说明拟建工程施工特点所在，以便有效抓住关键，使施工顺利进行。由于不同类型的建筑，不同条件下的施工均有其不同的施工特点。如砖混结构住宅工程，砌筑工程量大；砌墙和安装楼板在各层楼之间先后交替施工；手工操作多、湿作业多、材料品种多、工种交叉作业、工期长。因此，在施工中，尽量设法使砌墙与楼板安装施工流水搭接，这是整个建筑物施工的关键。

二、地点特征

主要反映拟建工程的位置、地形、地质、水质、气温、主导风向、风力和地震烈度等特征。

三、施工条件

主要介绍拟建工程场地“三通一平”情况；当地交通运输条件，各种资源供应条件，特别是运输能力和方式；施工单位机械、机具、设备、劳动力的落实情况，特别是技术工种、数量的平衡情况；施工现场大小及周围环境情况；项目管理条件及内部承包方式以及现场临时设施、供水、供电问题的解决办法等。

第三节　施工方案的选择

施工方案的选择是施工组织设计的核心问题。施工方案的合理与否直接影响着工程的施工效率、工程质量、工期及技术经济效果。因此，必须给予足够的重视。

施工方案的选择包含以下主要工作：确定施工程序和施工起点流向，施工方法和施工机械的选择，施工段的划分及流水施工的组织安排。施工方案拟定时一般需对主要工程项目的几种可能采用的施工方法进行技术经济比较，并选择最优方案，安排施工进度计划，设计施工平面图。

一、熟悉施工图纸，确定施工程序

1. 熟悉施工图纸

熟悉施工图纸是掌握工程设计意图，明确施工内容，了解工程特点的重要环节。它是选择合理施工程序、施工方案的基础，因此必须做好这项工作。在熟悉图纸时应注意以下几方面的内容：

(1) 核对图纸及说明是否完整、齐全、清楚，规定是否明确，图中尺寸、标高是否准确，图纸之间是否有矛盾。

(2) 检查设计是否满足施工条件，有无特殊施工方法和特殊技术措施要求。

(3) 弄清设计对材料有无特殊要求，及规定材料的品种、规格和数量等方面能否满足设计要求。

(4) 弄清设计是否满足生产和使用要求。

(5) 明确场外制备、加工的工程项目。

施工设计人员在熟悉图纸的过程中，对发现的问题应做出标记，做好记录，以便在图纸会审时提出。

在施工单位有关技术人员充分熟悉图纸的基础上，由单位技术负责人主持召集由建设单位、设计单位、施工单位参加的图纸会审会议。会审时，先由设计单位进行图纸交底，讲清设计意图和对施工的重点要求，然后由施工人员就施工图纸和与施工有关的问题提出咨询，各方对施工人员提出的问题，应作出解释，并做好详细记录。如需进行设计变更或补充设计时，应及时办理设计变更手续。未征得设计单位同意，施工单位不得擅自随意更改设计图纸。在会审会上，经过充分的协商，形成统一意见，载入图纸会审纪要，正式行文，由参加会议的各单位盖章，以此作为与设计图纸同时使用的技术文件。

2. 确定施工程序

施工程序是在施工中，不同阶段的不同工作内容的先后次序。反映了工序间循序渐进向前开展的客观规律及其相互制约关系。它主要解决时间搭接上的问题。

一个工程项目的施工程序一般为：接受任务阶段→开工前的准备阶段→全面施工阶段

→交工验收阶段。每一阶段都必须完成规定的工作内容，并为下阶段工作创造条件。考虑时应注意以下几点：

(1) 严格执行开工报告制度

工程开工前必须做好一系列准备工作，具备开工条件后还应写出开工报告，并由建设单位按照国家有关规定向工程所在地县级以上人民政府建设行政主管部门申请领取施工许可证后方能开工。

申请领取施工许可证，应当具备下列条件：

1）已经办理该建筑工程用地批准手续；

2）在城市规划区的建筑工程，已取得规划许可证；

3）需要拆迁的，其拆迁的进度符合施工要求；

4）已经确定建筑施工企业；

5）有满足施工需要的施工图纸及技术资料；

6）有保证工程质量和安全的具体措施；

7）建设资金已经落实；

8）法律、行政法规规定的其他条件。

(2) 遵守“先地下后地上”、“先主体后围护”、“先结构后装修”、“先土建后设备”的一般原则。

1）“先地下后地上”就是地上工程开始之前，尽量把管道、线路等地下设施、土方工程和基础工程完成或基本完成，为地上部分施工提供良好的施工场地。

2）“先主体后围护”就是指框架或排架结构应先进行主体结构，后围护结构的施工程序。

3）“先结构后装修”就是指先主体结构施工后装修施工。有时为了缩短工期，也可以部分搭接施工。

4）“先土建后设备”就是指土建施工应先于水暖电卫等建筑设备的施工。但它们之间更多的是穿插配合关系，应处理好各工作之间的协作配合关系。

(3) 安排好工程的收尾工作。

工程收尾主要是竣工验收和交付使用。工程结束，施工单位在确保合同内工作已全部保质保量完成的情况下，应及时向建设单位等有关部门出具竣工报告，提请竣工验收。验收时，应以工程承包合同等各类文件为依据，对照国家规定的规范、规程及质量标准全面或抽样进行。经验收合格后即可交付使用，并办理相应的手续。只有做到前有准备，后有收尾，才能安排出周密的施工程序。

二、施工起点和流向

施工起点和流向的确定是组织施工的重要环节，它涉及到一系列施工过程的开展和进程。因此，在确定时应考虑以下几个因素：

1. 生产工艺或使用要求

车间的生产工艺过程，往往是确定施工流向的基本因素。一般生产工艺上影响其他部位投产的或生产使用上要求急的部位先施工。如高层民用建筑、公共建筑，可以在主体施工到相应层数后，即进行地面上若干层的设备安装与室内装饰。

2. 施工的繁简程度和施工过程之间的相互关系

一般来说，技术复杂、施工进度较慢、工期较长的区段或部位，应先施工。密切相关的分部分项工程的流水施工，一旦前导施工过程的起点和流向确定了，则后续施工过程也就随之而定了。

3. 选用的施工机械

根据施工条件，垂直起重运输机械可选用固定式的井架、龙门架等，以及移动式塔吊、汽车吊、履带吊等，这些机械的布置位置或开行路线便决定了某些分部分项工程施工的起点和流向。

4. 施工技术与组织上的要求

施工层、施工段的划分部位，也是确定施工程序应考虑的因素。如图 5-2 所示为多层建筑其层高不等时的室内抹灰工程施工流向示意图。其中图 5-2（*a*）为从高层的第Ⅱ段开始施工，再进入较低层的施工段Ⅲ（或Ⅰ）进行施工，然后再依次进入第二层、第三层……顺序施工；图 5-2（*b*）为从有地下室的第Ⅱ段开始施工，接着进入第一层的第Ⅲ段施工，然后再进入第Ⅰ段，继而又从第一层的第Ⅱ段开始，由下至上逐层逐段依此顺序进行施工。采用这两种施工顺序组织施工时，更易使各施工过程的工作班组在各施工段上连续施工。

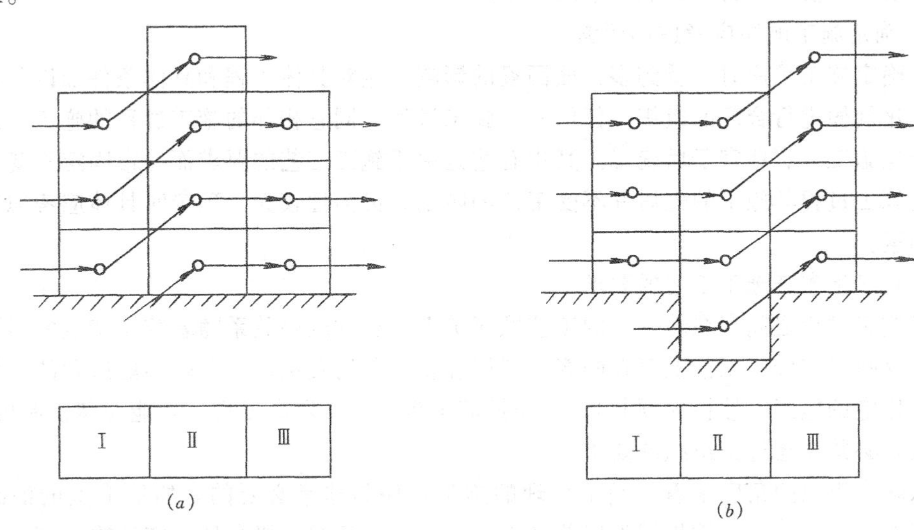

图 5-2　不等高多层房屋施工流向图

5. 分部工程或施工段的特点

对于多层砖混结构工程主体结构的施工起点流向，必须从下而上，从平面上看哪一边先开始均可以。对于装饰工程的施工起点流向一般分为：室外装饰可采用自上而下的流向；室内装饰则可采用自上而下，自下而上的流向。如图 5-3、图 5-4 所示。对于高层建筑也可采用自中而下再自上而中的流向。

三、施工段的划分

划分施工段时应有利于结构的整体性，尽量以伸缩缝或沉降缝、平面有变化处以及可以留施工缝处作为分界限。对住宅可按单元、楼层划分、建筑群可按区、幢划分。同时还要考虑各施工段劳动量大致相等并与施工过程相适应，保证每个技术工人能发挥最高的劳动效率，满足劳动组织及其生产能力的需要。

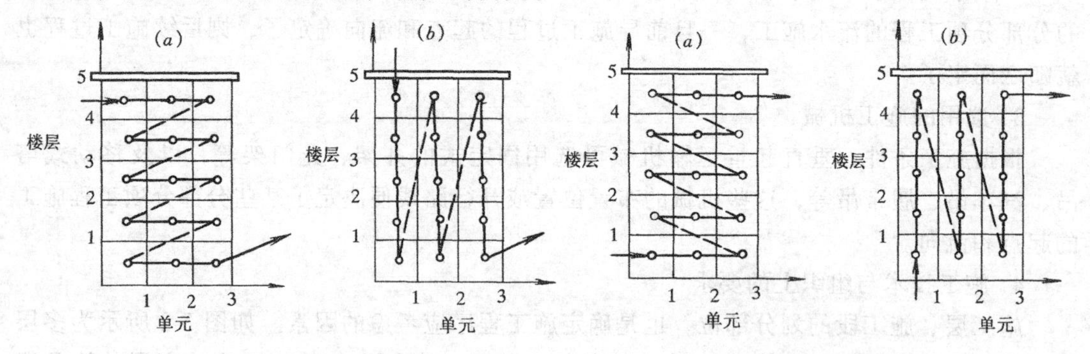

图 5-3 自上而下的施工流向
(*a*) 水平向下；(*b*) 垂直向下

图 5-4 自下而上的施工流向
(*a*) 水平向上；(*b*) 垂直向上

四、分部分项工程施工顺序

合理地确定施工顺序是编制施工进度计划、组织施工的需要，是为了更好地按照施工的客观规律组织施工、使各施工过程的施工班组紧密配合、平行、搭接、穿插施工，既保证施工质量和安全，又充分利用空间，争取时间，缩短工期。

1. 确定施工顺序应考虑的因素

在确定施工顺序时，受到多方面因素的影响，应对具体工程和具体条件加以分析，根据其变化规律进行合理的组织。任何一个施工过程，同它相邻的施工过程的施工，总是有些宜于先施工，有些宜于后施工。其中有些是由于施工工艺的要求而经常固定不变的，另外有些施工过程其施工的先后并不受工艺的限制，灵活性较大。确定时具体应考虑以下几方面因素：

(1) 必须遵守施工工艺的要求

各施工过程之间存在着一定的工艺顺序关系，这种顺序关系随着结构特点的不同而不同，它反映了在施工工艺上存在的客观规律和相互制约关系，一般是不能违背的。例如砖混结构住宅的施工（楼板为预制），应先把墙砌到一个楼层高度后，才能安装预制楼板。

(2) 必须考虑施工组织的要求

从施工组织的角度来看，制定合理的施工顺序是非常必要的。如地下室的混凝土地坪，可在地下室的上层楼板铺设以前施工，因为它便于起重机向地下室运输浇筑地坪所需的混凝土。又如多层框架结构工程完成后，由于框架承受围护墙的荷载，砌筑框架间各层墙体时，可采用自下而上或自上而下的砌筑顺序，同一层框架内外墙砌筑时，可采用先砌内墙，然后砌外墙的施工顺序，以方便材料的运输。

(3) 必须与施工方法和施工机械协调一致

施工顺序应该与工程采用的施工方法和选择的施工机械协调一致。如在安装装配式多层工业厂房时，如果采用塔式起重机，则可以自下而上地逐层吊装。又如采用井字架做垂直运输、采用单排脚手架时，宜先做室外抹灰，待填补脚手眼后再进行内墙抹灰。

(4) 必须考虑安全及施工质量的要求

合理的施工顺序，要以确保工程质量为前提，必须使各施工过程的平行搭接不至于引起安全质量事故。如基坑回填土，特别是从一侧进行室内回填土，必须在砌体达到必要的强度或完成一结构层的施工后才能开始，否则砌体质量会受到影响。

(5) 必须考虑当地气候条件

在不同地区施工应当考虑冬、雨季施工影响。冬、雨季到来之前，应尽量将室外各项施工过程完成，为室内施工创造条件。如土方、砌墙、屋面工程，应当尽量安排在冬、雨季到来之前施工，而室内工程则可以适当推后。

2. 多层砖混结构的施工顺序

多层砖混结构的施工顺序按施工阶段划分，一般可以分为基础、主体结构、屋面及装修与房屋卫生设备安装三个阶段。各阶段及其主要施工过程的施工顺序如图 5-5 所示。

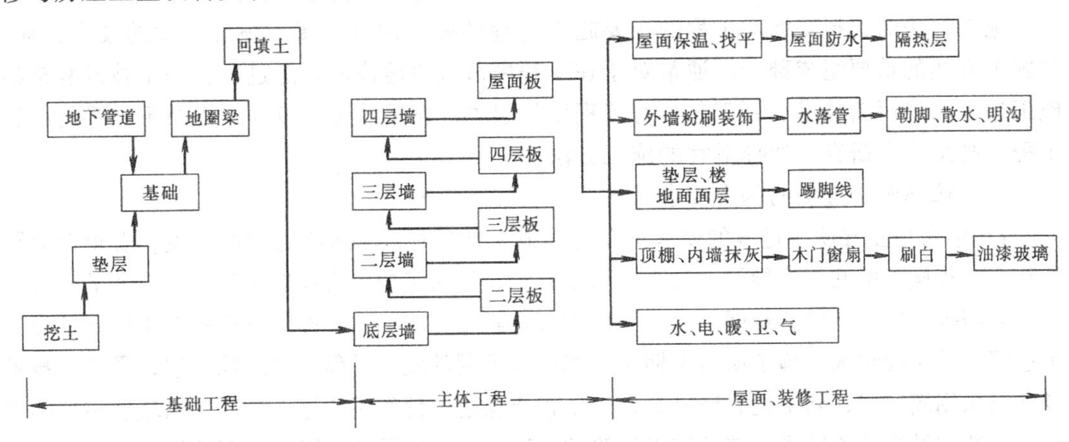

图 5-5 砖混结构住宅建筑施工顺序示意图

(1) 基础阶段施工顺序

基础施工顺序一般是：挖土→垫层→基础→防潮层→回填土。如有桩基，则应另加桩基工程施工。如有地下室，则在垫层完成后进行地下室底板、墙身施工，再做防水层，安装地下室顶板，最后回填土。各种管道铺设应尽量与基础施工配合，平行搭接进行。

(2) 主体阶段施工顺序

主体施工过程一般包括：搭脚手架及垂直运输设施、砌筑墙体，现浇钢筋混凝土圈梁和雨篷、安装楼板等。在主体施工阶段，砌墙和吊装楼板是主导施工过程，各层现浇混凝土等分项工程应与楼层施工紧密配合。砌墙施工过程应连续施工，吊装楼板，如能连续吊装，则可与砌墙施工过程组织流水施工，不能连续吊装，则和各层现浇混凝土工程一样，只要与砌墙工程紧密配合，做到砌墙连续进行，可不强调连续作业。

(3) 屋面、装修、房屋设备安装阶段的施工顺序

屋面防水层的施工顺序是：铺保温层→抹找平层→刷冷底子油→铺卷材→保护层施工。屋面工程在主体结构完成后开始，并尽快完成，为顺利进行室内装饰工程创造条件。

室外装修工程的施工顺序是从檐口开始，逐层往下进行，最后拆除脚手架并进行散水台阶施工。

室内装修顺序，当采用自上而下的施工顺序时，通常是指主体结构工程封顶，做好防水层以后，由顶层开始，逐层往下进行；当采用自下而上的施工顺序时，通常是指主体工程的墙砌到 3 层以上时，装修从一层开始，逐层往上进行。

房屋卫生设备安装工程的施工，在主体结构阶段，应在砌墙或现浇板的同时，预留电线，水管等的孔洞或预埋木砖和其他埋件；在装修阶段，应安装各种管道和附墙暗管，接

线盒等。水暖卫电等设备安装最好在楼地面和墙面抹灰之前或之后穿插施工。

五、选择施工方法和施工机械

各主要施工过程的施工可采取不同的施工方法和施工机械。应根据建筑基层结构特点，平面形状、尺寸、高度、工程量大小及工期长短，劳动力及各项资源供应情况，施工现场条件及周围环境，施工单位的技术、管理水平等，进行综合分析，选择合理的施工方法和先进的施工机械。

1. 施工方法的选择

施工方法的选择是针对工程的主要施工过程的施工而言，属于施工方案的技术方面，是施工方案的重要组成部分。通常对于在工程中占重要地位的施工过程，施工技术复杂的施工过程，采用新技术、新工艺、对工程质量起关键作用的施工过程，以及不熟悉的特殊工程，必须认真研究，选择适宜的施工方法。

(1) 选择施工方法的基本要求

1) 应考虑主导施工过程的要求。在选择施工方法时，应从施工全局出发，着重考虑影响整个工程施工的几个主导施工过程的施工方法，而对于按照常规做法和工人熟悉的施工过程，只需提出应注意的特殊问题，不必详细拟定施工方法。主导施工过程一般指以下几类施工过程：①工程量大，施工所占工期长，部位较重要的施工过程，如砌筑工程；②施工技术复杂或采用新技术，新工艺、新材料，对工程质量起关键作用的施工过程，如玻璃砖墙的施工；③特殊结构或不熟悉、缺乏施工经验的施工过程，如干挂花岗岩墙面的施工。

2) 应满足施工技术的要求。如模板的类型和支模的方法，应满足模板设计及施工技术的要求。如工具式钢模板当采用滑模施工时，应满足模板设计要求。

3) 应符合提高工厂化、机械化程度的要求。可以在预制构件厂制作的构配件，应最大限度实现工厂化生产，减少现场作业。同时，为了提高机械化施工程度，还要充分发挥机械利用效率，减少工人的劳动强度。

4) 应符合先进、合理、可行、经济的要求。在选择施工方法时，不仅要满足先进、合理的要求，还要针对施工企业的各方面条件，看是否可行，并且要进行多方案比较、分析，选择较经济的施工方法。

5) 应满足质量、工期、成本和安全等方面的要求。通过考虑施工单位的施工技术水平和实际情况，选择能满足提高质量、缩短工期、降低成本和保证安全等要求的施工方法。

(2) 主导施工过程施工方法的选择

1) 确定工艺流程和施工组织方法，组织流水施工，尽可能组织结构与装修穿插施工，以达到缩短工期的目的。

2) 选择材料的运输方式，确定场内临时仓库和堆场的布置位置。

3) 了解各工种的操作方法和要求，以便确定合理的施工方法。

2. 施工机械的选择

选择施工方法，必须涉及到施工机械的选择。合理选择施工机械，可以提高机械化施工的程度，而机械化施工是改变建筑业生产落后面貌，实现建筑工业化的重要基础。在选择施工机械时，应重点考虑以下几方面的内容：

(1) 根据工程特点选择最适宜的施工机械类型

在选择起重运输机械时，可根据工程量大小来决定，若工程量大而集中，宜采用生产效率较高的塔式起重机，反之，宜采用无轨自行式起重机。在选择起重机的型号时，要使起重机的性能满足起重量、安装高度、起重半径的要求。

（2）应充分发挥施工企业现有施工机械的能力

在选择施工机械时，应首先选用施工企业现有的机械，以提高现有机械的利用率。从而达到降低成本的目的。其次再考虑购置或租赁新型或多用途机械。这样做对提高施工技术水平和企业自身素质十分重要。

（3）各种辅助机械或运输工具应与直接配套的主导机械的生产能力协调一致

在选择与主导机械直接配套的各种辅助机械和运输工具时，应使其生产能力互相协调一致，以充分发挥主导机械的效率。如运输工具的数量和运输量，应能保证起重机的连续工作。

（4）在同一建筑工地上应力求建筑机械的种类和型号尽可能少一些

在同一建筑工地上，如果拥有大量同类而不同型号的机械，会给机械管理工作带来一定难度，同时也增加了机械转移的工时消耗。因此，对于工程量大的工程施工，宜采用大型专用机械，而对于工程量小而分散的工程，应尽可能采用多用途的机械。

六、制定各项技术组织措施

1. 技术措施

针对不同工程的施工特点，尤其是采用新材料、新工艺、新技术的工程施工，要编制出相应的技术措施。其一般包括以下内容：

（1）需要表明的各类平面、剖面等施工图及工程量一览表；

（2）施工方法的特殊要求和工艺流程；

（3）装饰材料、构件、半成品、机械、机具等的特点，使用方法和需要量。

2. 质量、安全措施

针对各工程不同的施工条件，建筑特征、技术及安全生产的要求，要制定出保证工程质量和施工安全的技术措施，明确施工的技术要求和质量标准，预防可能发生的各类质量或安全事故。通常考虑以下几方面问题：

（1）有关材料、构配件、半成品的质量标准，检验制度以及装卸，堆放，保管和使用要求；

（2）主要工种工程的技术操作要求，质量标准和检验评定方法；

（3）工程施工中容易产生的质量事故及其预防措施；

（4）保证质量的组织措施，如进行施工人员的培训，制定质量检查验收制度等；

（5）露天作业、高空作业和立体交叉作业中的安全措施，如机械设备、脚手架、室外垂直运输机械的稳定措施和安全检查；

（6）安全用电和机电设备防短路、防触电措施，易燃易爆有毒施工现场的防火、防爆、防毒措施；

（7）季节性安全措施，如雨期的防雨、排水，夏季的防暑降温措施，冬季的防冻、防滑、防火等措施；

（8）保证安全施工的组织措施，如进行安全施工的宣传、教育、检查及制定相应的制度。

3. 降低成本措施

(1) 采用先进技术，改进操作方法，提高劳动生产率；

(2) 限额领料，以减少不必要的损耗；选择经济合理的运输方式和运输工具；综合利用材料，提高再利用率；积极推广新型的优质廉价代用材料；

(3) 正确选择施工方案，科学地组织施工；

(4) 充分发挥施工机械的效率，提高利用率。

(5) 执行劳动定额制度，扩大定额执行面，以减少停工、窝工现象；同时应增加定额时间，消除或压缩非定额时间，提高劳动生产率。

4. 现场文明施工措施

(1) 施工现场设置围栏，道路畅通，场地平整，安全消防设施齐全；

(2) 临时设施按规划地点搭建，环境整洁卫生；

(3) 加强各种材料、构件、半成品的堆放管理以及施工机械、机具的保养维修；

(4) 搞好施工垃圾的存放、运输，防止环境污染。

第四节　单位工程施工进度计划

一、单位工程施工进度计划概述

(一) 施工进度计划的概念

施工进度计划是用图表的形式表明一个工程项目从施工准备到开始施工，再到最终全部完成，其各施工过程在时间上和空间上的安排及它们之间相互搭接、相互配合的关系。施工进度计划还反映出施工的全部工作内容及与电气安装的配合关系。

施工进度计划的图表形式有横道图和网络图两种。

1. 横道图形式的施工进度计划

横道图由表格组成。表格分左、右两个部分，左边部分反映拟工程所划分的施工项目、工程量、定额、劳动量、机械台班量、班制、施工人数及工序延续时间等内容，右边部分则用水平线段反映各施工项目施工的起止时间和先后顺序，以及平行、搭接、配合的关系。水平线段能清楚地表现出各施工阶段的工期和总工期。横道图的形式见表5-1。

施工进度计划（横道）　　表 5-1

序号	施工项目	工程量		定额	劳动量		需要的机械		每天工作班	每班工人数	工作天	施工进度（天）									
												月					月				
		单位	数量		工种	工日数	机械名称	台班数				5	10	15	20	25	30	35	40	45	50

2. 网络图形式的施工进度计划

网络图形式的施工进度计划由两部分构成。第一部分为表格部分，其内容包括拟建工程所划分的施工项目及其相应的紧后工程、定额、劳动量、机械台班量、班制、施工人数及工序延续时间等。第二部分为双代号网络图，其内容包括拟建工程所划分的施工过程（工序）的名称、工序持续时间、箭杆、节点及线路等。通过关键线路的计算可得出总工期。网络图形式的施工进度计划见表 5-2 和图 5-6 所示。

施工进度计划表（网络） 表 5-2

序号	施工项目	紧后工序	工程量		定额	劳动量		机械台班	班制	每班人数	工作天数
			单位	数量		工种	工日数				

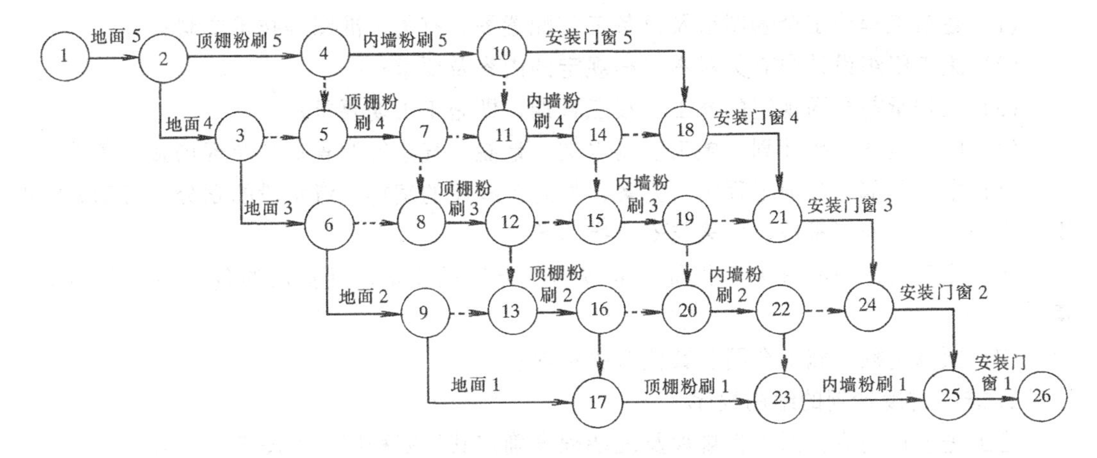

图 5-6 施工网络图

（二）施工进度计划的作用

施工进度计划是施工组织设计的重要组成部分，是施工方案在时间上的体现，也是编制施工作业计划及各项资源需用量计划的依据。其主要作用有以下几点：

（1）控制各分部工程、分项工程施工进度；

（2）确定各主要分部、分项工程名称及其施工顺序；

（3）根据工程项目的分项工程量，确定其延续时间；

（4）确定工序之间的搭接、平行、流水等协作配合关系；

（5）根据施工方案，在时间上协调现场施工安排，保证进度计划和施工任务如期完成；

（6）平衡劳动力需用量计划，月、旬作业计划及材料、构件等物资资源的需要量。

（三）施工进度计划的分类

施工进度计划根据施工项目划分的粗细程度分为控制性进度计划和指导性施工进度计划。

1. 控制性施工进度计划

控制性施工进度计划以分部工程作为施工项目划分对象，控制各分部工程的施工时间及它们之间相互配合、搭接关系的一种进度计划。

控制性施工进度计划主要适用于规模较大、施工工艺复杂、工期较长及采用招投标的工程。

2. 指导性施工进度计划

指导性施工进度计划是以分项工程或工序作为施工项目划分对象，明确各施工过程施工所需要的时间及它们之间相互搭接、配合关系的一种进度计划。

指导性施工进度计划主要适用于施工任务明确、施工条件落实、各项资源供应正常、施工工期较短的工程。

准备参加投标的企业，应先编制控制性施工进度计划，当中标后，在施工之前也应编制指导性施工进度计划。

（四）施工进度计划编制的依据及程序

1. 施工进度计划的编制依据

（1）建筑工程施工全套图纸及设备工艺配置图、有关标准图等技术资料；

（2）施工组织设计中有关对本工程规定的内容及要求；

（3）工程承包合同规定的开工、竣工日期，即施工工期要求；

（4）施工准备工作计划，施工现场水文、地貌、气象等调查资料及现场施工条件；

（5）主要分部、分项工程施工方案，如施工顺序的编排、流水段的划分、劳动力的组织、施工方法、施工机械、质量与安全措施等；

（6）预算文件中的有关工程量，或按施工方案的要求，计算出的各分项工程的工程量；

（7）预算定额、施工合同及其他有关资料；

2. 施工进度计划的编制程序

施工进度计划应根据工程规模及复杂程度确定其编制程序，如图5-7所示。

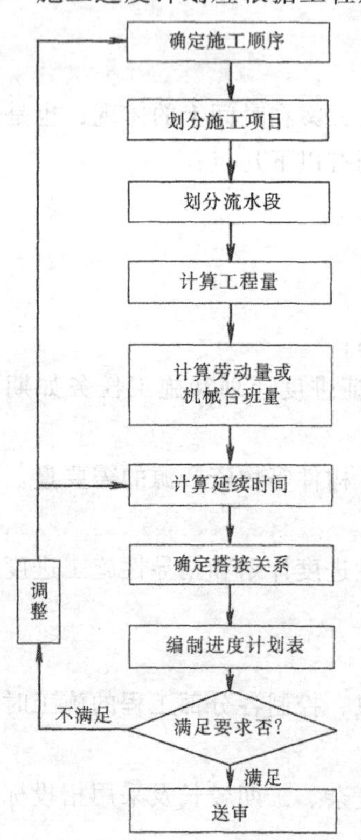

图5-7　施工进度计划编制程序

二、控制性施工进度计划

（一）控制性施工进度计划的编制原则

（1）合理安排施工顺序，保证在劳动力、物资以及资金消费量最少的情况下，按合同要求的工期完成施工任务；

（2）采用合理的施工组织方法，尽可能使施工保持连续、均衡、有节奏地进行；

（3）在安排全年度施工任务时，应尽可能按季度均匀分配建设费用；

（二）控制性施工进度计划的主要内容

一般包括：估算各主要项目的实物工程量，确定各分部、分项工程的施工期限，根据施工工艺关系，确定各分部、分项工程开竣工时间和相互搭接关系，编制控制性进度计划表。

（三）控制性施工进度计划的编制步骤和方法

1. 估算各主要项目的实物工程量

根据工程项目的特点及规模划分项目。项目划分不宜过多，应突出主要项目，对一些附属工程项目可以合并。估算上述项目的实物工程量时，可根据施工图纸并参考各种定额手册进行。如建筑工程概、预算定额。

按上述方法计算出的实物工程量应填入统一的工程量

汇总表中，见表5-3。

2. 确定各主要项目的施工期限

各主要项目的施工期限受很多因素影响，如建筑物结构类型、结构特征、工程规模、施工方法、施工复杂程度、施工管理水平以及当地气候条件、冬雨季施工要求等，同时劳动力、特殊材料供应情况以及施工现场的环境也是不容忽视的因素。因此，各主要项目的施工期限应综合考虑上述影响，并结合现场具体情况并参考有关工期定额或中标后予以确定。

实物工程量总表 表5-3

序号	分部、分项工程名称	单位	工程量	施工部位	材料运输形式	临时供水供电设施	临时生活福利设施

3. 确定各主要项目开竣工时间和相互搭接关系

在确定各主要项目开竣工时间和相互搭接关系时，要根据施工方案确定的工艺关系及施工条件进行安排，尽量使主要工种的工人基本上能连续、均衡地施工。具体安排时应注意以下几点：

(1) 根据使用要求和施工可能，结合物资供应情况及施工准备工作，分期分批地安排施工，明确每个施工阶段各主要项目的开竣工时间；

(2) 对于规模大、工艺复杂、施工工期较长且在使用上有重大意义的工程，应尽量先安排施工；

(3) 同一时期开工的项目不宜过多，以免人力、物力分散；

(4) 确定一些调剂项目（如附属或辅助建设项目），以便在保证重点工程项目进程的前提下更好地实现均衡施工；

(5) 根据施工图纸的要求和材料、设备的到货时间，合理安排每个施工项目在施工准备、施工、设备安装等各个阶段的时间和衔接；

(6) 在施工顺序的安排上，应考虑季节影响。一般大规模的室外施工应避开冬雨季，寒冷地区的冬季室内工程应做好室内保温工作。

4. 编制控制性施工进度计划

控制性施工进度计划的编制分两个步骤：第一，根据各主要施工项目的工期与搭接时间，编制初步进度计划；第二，按流水施工与综合平衡的要求，调整进度计划，最终编制主要分部、分项工程流水施工进度计划或网络计划，见表5-4。

主要分部（项）工程流水施工进度计划 表5-4

序号	分部、分项工程名称	工程量		机械			劳动力			施工延续天数	施工进度计划												
											××年												
		单位	数量	机械名称	台班数量	机械数量	工种名称	总工日数	平均人数		×月	×月	×月	×月	×月	×月	×月	×月	×月	×月	×月	×月	……

在施工中，不可预见的因素经常发生，施工条件也是多变的，况且在编制控制性进度计划时不可能考虑得很细致，因此项目划分不必很细，否则会给计划的调整带来不便。综合平衡是调整计划的关键，应力求做到均衡施工，从而保证计划的实现。

三、指导性施工进度计划

（一）指导性施工进度计划的编制步骤

1. 划分施工项目

施工项目是包括一定工作内容的施工过程，是进度计划的基本组成单元，施工项目的划分要求和方法一般包括以下几个方面：

（1）确定施工项目划分的内容

首先按施工图纸、施工顺序和施工方法，确定工程中可划分成哪些分部、分项工程，并将其一一列出，然后根据施工条件、劳动力组织等因素，加以适当调整，使其成为编制施工进度计划需要的施工项目。施工进度计划表中所列的施工项目，一般指直接在建筑物上进行操作的分部、分项工程，不包括建筑构配件的制作加工，如门窗的制作，预制构件的制作及运输等，也不包括灰浆的现场制备及运输工作。

（2）确定施工项目划分的粗细程度

施工项目划分为粗细程度主要取决于客观需要，一般情况下，对指导性施工进度计划应划分得细一些，特别是其中的主导工程和主要分部工程，以便及时掌握施工进度，起到指导施工的作用。

（3）施工项目的划分

根据施工方案所确定的施工程序、施工阶段的划分、各主要项目的施工方法，确定施工项目的名称、数量和内容。施工进度表中施工项目的排列方式，应按照施工工艺先后顺序列出。如多层建筑室内抹灰，当选择采用自上而下的施工方案时，则上层地面完成后，下一层的顶棚才能施工，而地面打底灰及罩面两个施工过程可以合并为一个施工项目，即“地面工程”。如果组织施工时，一个项目先做，另一个项目跟着后施工，也可分别列出两项。如门窗框安装完成后进行墙面抹灰，可列出两项，即“门窗框安装”和“墙面抹灰”。

（4）适当合并项目

为了便于计划的绘制及突出重点，对一些次要的施工过程应合并到主要施工过程中去，如基础防潮层可以合并到基础墙项目中去，这样既可简化施工进度计划的内容，又可使施工进度计划具有明确的指导意义。对一些非主要施工过程，由于工程不大，也可以合并到相邻的施工过程中去。如雨水管项目可以合并到屋面防水项目中去。当组织混合班组施工时，同一时间由同一工种施工的项目可以合并在一起，如各种油漆施工，包括各种门窗、楼梯栏杆等的油漆，均可合并为一项。对关系密切，不容易分出先后的施工过程也可合并为一项，如玻璃安装和油漆施工可合并为一项；次要的、零星的施工过程，可以合并为“其他工程”一项，在计算劳动量时给予适当的考虑即可。

（5）某些施工项目应单独列项

对某些施工项目当操作工艺复杂，工程量大，用工多，工期长时，均可单独列项，如挖土方、砌砖墙、安装楼板等。对有些施工项目影响下一道工序施工时也可以单独列项，如水电管线安装工程，脚手架工程等；对穿插配合施工的项目也要单独列项，如脚手架、安全网等。

(6) 抹灰工程的列项要求

多层结构的内、外檐抹灰应分别情况列出施工项目。外墙抹灰一般只列一项，室内的各种抹灰应分别列项，如地面抹灰、顶棚抹灰、楼梯抹灰等，以便组织施工和安排施工开展的先后顺序，使进度计划安排更加合理。

(7) 设备安装等工程的列项要求

在施工进度计划表的施工项目栏里，对有关的施工准备工作，水暖电工程和工艺设备的安装等应单独列项，以表明它们与建筑工程的配合关系。一般只需列出项目名称，不要细分，而由各专业施工队单独安排各自的施工进度计划。

(8) 施工项目的划分应结合施工方案

施工项目的划分与所采用的施工方案有关，如抹灰施工顺序采用自上而下施工项目时，室内抹灰应分为顶棚、墙面及地面三个施工项目；框架结构混凝土浇筑应分为柱混凝土浇筑、梁混凝土浇筑、板混凝土浇筑等施工项目。

(9) 施工项目排列顺序要求

确定施工项目，应按施工工艺顺序的要求排列，即先施工的排在前面，后施工的排在后面，并结合流水施工安排好工序之间的搭接关系，以便编制施工进度计划时，做到施工先后有序，横道进度清晰，网络计划合理。

2. 计算工程量

工程量计算应根据施工图和工程量计算规则进行。当工程预算已经完成，并且它采用的定额与施工进度计划一致时，可直接利用预算文件的工程量，不必重新计算。若个别项目有出入，但出入不大时，要结合工程项目的实际划分的需要作必要的调整和补充。归纳起来，计算工程量时应注意以下几个问题：

(1) 工程中所列的施工项目的计量单位必须与现行定额所规定的计量单位一致，以便在计算劳动量、材料、机械台班数量时直接套用定额。

(2) 某些工程项目的工程量要结合各分部、分项工程的施工方法和安全要求进行计算，以便使计算出的工程量与施工实际情况相符合。

(3) 组织流水施工时，应结合施工组织的要求来计算工程量。如流水施工一般按楼层组织，因此应分施工层计算工程量。若每层工程量不同时，应分别计算，最后累加得出总工程量；若各层工程量相等或出入不大时，可计算一层工程量，再分别乘以层数，即可得出该项目的总工程量。根据总工程量还可以求出每层的工程量。

3. 确定劳动量和机械台班数

根据各分部、分项工程的工程量和施工方法，套用主管部门颁发的定额，并参照施工单位的实际情况，确定劳动量和机械台班数量。

主管部门颁发的定额归纳起来一般有两种形式，即时间定额和产量定额。时间定额是指某专业、某技术等级的工人小组或个人在合理的技术组织条件下，完成单位合格产品所必需的工作时间。常用的计量单位有工日/m^2、工日/m 等。产量定额是指在合理的技术组织条件下，某专业、某技术等级的工人小组或个人在单位时间内完成的合格产品的数量。常用的计量单位有 m^2/工日、m/工日等。

时间定额与产量定额之间互为倒数关系，即：

$$H_i = \frac{1}{S_i} \quad 或 \quad S_i = \frac{1}{H_i} \tag{5-1}$$

式中 H_i——时间定额；

S_i——产量定额。

在套用有关定额时，应结合本企业工人的技术等级、实际操作水平、施工机械情况和施工现场条件等因素，做适当调整，使计算出的劳动量、机械台班需要量较为客观地反映实际情况。

对有些特殊的施工工艺或采用了特殊的施工方法的施工项目，其定额往往是查不到的，此时可套用类似项目的定额，并结合实际情况加以修正。

(1) 劳动量的确定

凡以手工操作为主的施工项目，其劳动量可按下列公式计算：

$$P_i = \frac{Q_i}{S_i} = Q_i H_i \tag{5-2}$$

式中 P_i——某施工过程所需的劳动量，单位为工日；

Q_i——该施工项目的工程量，单位为 m^3、m^2、m、t 等；

S_i——该施工项目采用的产量定额，单位为 m^3/工日、m^2/工日等；

H_i——该施工项目采用的时间定额，单位为工日/m^3、工日/m^2 等。

【例】 某工程内墙抹灰，其工程量为 8107.5m^2，产量定额为 12m^2/工日，则需劳动量为：

$$P_i = \frac{Q_i}{S_i} = \frac{8107.5}{12} = 675.6 \text{ 工日} \approx 676 \text{ 工日}$$

又如该工程楼地面面层，其工程量为 2551.4m^2，时间定额为 0.067 工日/m^2，则需劳动量为：

$$P_i = Q_i \cdot H_i = 2551.4 \times 0.067 = 170.9 \text{ 工日} \approx 171 \text{ 工日}$$

当施工项目由两个或两个以上的施工过程式内容合并组成时，其总劳动量可按下式计算：

$$P_{总} = \Sigma P_i = P_1 + P_2 + P_3 + \cdots\cdots + P_n \tag{5-3}$$

当合并的施工项目由同一工种的施工过程或内容组成，但施工做法不同或材料不同时，可计算其综合产量定额。

$$\overline{S_i} = \frac{\Sigma Q_i}{\Sigma P_i} = \frac{Q_1 + Q_2 + \cdots + Q_n}{P_1 + P_2 + \cdots + P_n} = \frac{Q_1 + Q_2 + \cdots + Q_n}{\frac{Q_1}{S_1} + \frac{Q_2}{S_2} + \cdots + \frac{Q_n}{S_n}} \tag{5-4}$$

式中 $\overline{S_i}$——某施工项目的综合产量定额，单位为 m^2/工日、m/工日、t/工日等；

ΣQ_i——总的工程量（计算单位要统一）；

ΣP_i——总的劳动量，工日；

$Q_1, Q_2, \cdots, Q_n$——同一工种但施工做法不同的各个施工过程的工程量；

$S_1, S_2, \cdots, S_n$——与 Q_1，Q_2，…，Q_n 相对应的产量定额。

(2) 机械台班量的确定

凡是以施工机械为主完成的施工项目，应计算其机械台班量。机械台班量可按下式计算：

$$D_i = \frac{Q'_i}{S'_i} = Q'_i \times H'_i \tag{5-5}$$

式中 D_i——某施工项目所需机械台班量，台班；

Q'_i——机械完成的工程量，单位为 m^3、t、件等；

S'_i——该机械的产量定额，单位为 m^3/台班、t/台班、件/台班等；

H'_i——该机械的时间定额，单位为台班/m^3，台班/t、台班/件等。

【例 1】 某建筑外墙采用挂铝合金墙板，采用井架摇头把杆吊运墙板，每个楼层安装 165 块，产量定额为 85 块/台班，试求吊完一个施工层墙板所需的台班量。

解： $D_{井架} = \frac{Q'_i}{S'_i} = \frac{165}{85} = 1.94$ 台班≈2 台班

对“其他工程”一项所需的劳动量，可结合工地具体情况，以总劳动量的百分比计算确定。一般约占劳动量的 10%～20%左右。

在编制施工进度计划时，一般不计算水暖电卫等项工程的劳动量和机械台班量，仅安排与装修工程配合的施工进度。

4. 选择工作班制

一般情况下施工多采用一班制，特殊情况下可采用两班制或三班制。两班制或三班制虽然大大加快了施工进度，并能充分发挥施工机械的作用，但也增加了相应的工人福利事业的投入及现场照明费用。

对于采用大型施工机械施工的一些施工过程，为了充分发挥其机械效能，可选择两班制。为了使机械保养和检修留有必要的时间，尽量不安排三班制。

对某些在施工过程中必须连续施工的工序，或某些重点工程要求迅速建成时，可安排三班制，但必须做好施工准备、物资供应、劳动力安排，及时制定保证工程质量和施工安全的技术措施。

5. 计算施工项目持续天数

按照工期的不同要求及施工条件的差异，确定施工项目的持续天数一般有二种方法：即经验估计法、定额计算法。

(1) 经验估计法

经验估计法，顾名思义就是根据过去的经验进行估计。对于新工艺、新技术、新材料及无定额可循的项目，可采用此法。为了提高经验估计的准确性，常采用“三时估计法”，即先估计出完成该施工项目的最乐观时间（A）、最悲观时间（B）和最可能时间（C），并按下式确定该施工项目的工作持续时间（t）：

$$t = \frac{A + 4C + B}{6} \tag{5-6}$$

(2) 定额计算法

这种方法就是根据施工项目需要的劳动量或机械台班量，以及需要的班组人数或机械台数，来确定其工作持续时间。

当施工项目所需劳动量或机械台班量确定后，可确定下式计算施工项目的持续时间：

$$T_i = \frac{P_i}{R_i \cdot b_i} \tag{5-7}$$

$$T'_i = \frac{D_i}{G_i \cdot b_i} \tag{5-8}$$

式中 T_i——某手工操作为主的施工项目持续时间，天；

P_i——该施工项目所需的劳动量，工日；

R_i——该施工项目所配备的施工班组人数，人；

b_i——该施工项目每天采用的工作班制（1~3班）；

T'_i——某以机械施工为主的施工项目的持续时间，天；

G_i——某机械项目所配备的机械台数，台；

D_i——某施工项目所需机械台班量，台班。

在组织分段、分层流水施工时，也可用上式计算每个施工段或施工层的流水节拍。

应用定额计算法时，必须先确定 R_i、G_i 和 b_i 的数值。

1）确定施工班组人数 R_i。确定施工班组人数时，应考虑最小劳动组合人数、最小工作面和可能安排的施工人数等因素。

最小劳动组合，就是对某一施工过程进行正常施工所必需的最低限度的班组人数及其合理组合。最小劳动组合决定了最低限度应安排多少工人，如砌砖墙就要按技工和普工的最少人数及合理比例组成施工班组，人数过多、过少或比例不当都将引起劳动生产率的下降。

最小工作面，就是施工班组为保证安全生产和有效地操作所必需的工作区域。在最小工作面内，决定了最大限度可能容纳的工人数。不能为了缩短工期而无限制地增加人数，否则将因为工作面的不足而产生窝工，甚至发生安全事故。

可能安排的施工人数，是指施工单位所能配备的人数。有时为了缩短工期，可以在保证足够的工作面的条件下组织非专业工种的支援。在最小工作面内，如果安排最高限度的工人数仍不能满足工期要求时，可采用两班制或三班制组织施工。

2）确定机械台班数 G_i。与确定施工班组人数的情况相似，也应考虑机械生产效率、施工工作面、可能安排的机械台数及维修保养时间等因素。

【例 2】 某工程内墙抹灰，其劳动量为 676 工日，采用一班制施工，每班出勤人数为 20 人。如果分 5 个施工层流水施工，试求完成该工程项目施工持续时间和流水节拍。

解： $T_{抹灰} = \frac{P_{抹灰}}{R_{抹灰} \cdot b_{抹灰}} = \frac{676}{20 \times 1} = 33.8$ 天，取 34 天

$t_{抹灰} = \frac{T_{抹灰}}{m_{抹灰}} = \frac{34}{5} = 6.8$ 天，取 7 天

上例流水节拍平均为 7 天，施工项目持续时间为 5×7＝35 天，则计划安排劳动量为 35×20＝700 工日，比计划定额需要的劳动量增加了 700－676＝24 个工日。一般情况下，应当尽量使定额劳动量和实际安排劳动量相接近，考虑到有施工机械配合施工，故在确定施工项目时间和流水节拍时，机械效率也是一个不容忽视的因素。

（二）指导性施工进度计划的编制方法

1．指导性施工进度计划初步方案的编制

以上各项工作都完成后，就可以着手编制施工进度计划的初步方案。在编制施工进度计划初步方案时，应尽量保证同一施工过程能连续进行，并最大限度地将各施工过程搭接起来。编制施工进度计划初步方案一般有以下两种方法：

（1）根据施工经验直接安排

这种方法是根据以往经验及有关资料，直接在进度表上画出进度线。此法较为简单实用，其一般步骤是：先安排主导分部工程的施工进度，然后再使其余分部工程尽可能地与主导分部工程相配合，形成各施工过程的合理搭接。

在主导分部工程中，应先安排主导施工项目的施工进度，力求其施工班组能连续施工，而其余施工项目尽可能与它配合、搭接或平行施工。

（2）用网络计划进行安排

这种方法是将所划分的施工项目，按施工工艺顺序列在表格中，再根据它们之间存在的逻辑关系排出搭接关系，最后根据表格中所列的逻辑关系绘制网络计划初步方案，并通过时间参数计算，初步确定该计划的工期。

2．指导性施工进度计划的编制

施工进度计划初步方案编出后，应根据、合同规定、经济效益及施工条件等进行检查，先检查各施工项目之间施工顺序是否合理，工期是否满足要求，劳动力等资源需用量计划是否使用均衡；然后进行调整，直至满足要求为止；最后编制正式施工进度计划。

（1）施工项目之间施工顺序的检查和调整

施工进度计划安排的施工顺序应符合建筑施工的客观规律，因此应从技术上、工艺上、组织上检查各施工项目的安排是否正确合理。此外还应从质量上、安全上检查平行搭接施工是否合理，技术、组织间歇时间是否满足。发现不当或错误之处，应予以修改或调整。

（2）施工工期的检查和调整

施工进度计划安排的计划工期首先应满足施工合同的要求，其次应具有较好的经济效益。评价工期是否合理的指标一般有以下两种：

第一，工期提前，费用较低。即计划安排的工期比施工合同规定的工期提前的天数和因工期压缩对应增加的费用较少。

第二，节约工期，费用较低。即与定额工期相比，计划工期少用的天数和对应该工期下的费用最低。

当工期不符合要求，即没有提前工期或节约工期时，应进行必要的调整。调整的重点是那些对工期起控制作用的施工项目，即首先安排缩短这些施工项目的时间，并注意增加的施工人数和机械台数。此外还应进行多种方案的比较，使增加的费用最少。

（3）资源消耗均衡性的检查与调整

施工进度计划的劳动力、材料、机械等供应与使用，应避免过分集中，尽量做到均衡。劳动力消耗的均衡问题，可通过施工进度计划表下面的劳动力消耗动态图来反映。如图 5-8 所示。

图 5-8（*a*）中出现短时期的高峰，说明这段时间内劳动力使用过于集中，为此将不得不增加为工人服务的各项临时设施。调整的方法一般是改变某些工序的开工时间，从而

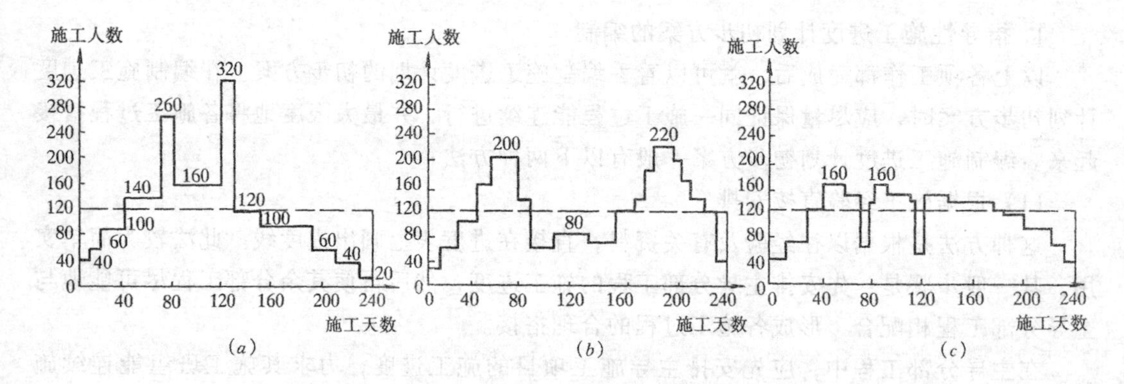

图 5-8　劳动力消耗动态图

(*a*) 短时期高峰；(*b*) 长时期低陷；(*c*) 短时期低陷

避开由于资源冲突而产生的劳动力消耗不均衡现象。图 5-8 (*b*) 中出现长时期的低陷，即长时期施工人数骤减，如果剩余工人不调出，将发生窝工现象；如果工人调出，则临时设施又不能利用。这也说明在劳动力使用上产生了不均衡现象。这种情况下，一般采用设"缓冲区"来安排临时多余的施工人员。图 5-8 (*c*) 中出现了短时期的，甚至是很大的低陷，这是允许的，只要把少数工人的工作重新安排一下，窝工现象就能消失。如把少数工人临时安排从事场外预制构件的制作等。

衡量劳动力消耗是否均衡的指标是均衡系数。均衡系数可是下式计算：

$$K = \frac{R_{\max}}{R_{\mathrm{m}}} \tag{5-9}$$

$$\overline{R}_{\mathrm{m}} = \frac{P}{T} \tag{5-10}$$

式中　K——劳动力均衡系数；

$R_{\max}$——施工期间的高峰人数；

$\overline{R}_{\mathrm{m}}$—施工期间的平均人数；

P——施工总工日数；

T——施工总工期。

劳动力均衡系数一般控制在 2 以下，当 $K>2$ 时说明劳动力消耗不均衡，此时可通过调整次要项目的施工人数、施工持续时间和施工起止时间，以及重新安排搭接等方法来实现均衡。

应当指出，施工进度计划并不是一成不变的，在执行过程中，由于工程施工本身的复杂性，使施工活动受到许多客观条件的影响。如劳动力、物资供应等情况发生变化，气候条件发生变化等等都会使原来的计划难以执行。所以我们在编制计划时要认真了解某一具体施工项目的客观条件，及时预见可能出现的问题，并经常不断地检查和调整施工进度计划，使计划尽可能符合客观条件，先进合理，留有余地。要避免将计划安排得过死，否则稍有变动便会引起混乱，陷入被动。

尽管如此，仍然很难保证施工进度计划从开工到竣工始终一成不变。通常总是需要我们及时地随环境和条件的变化，根据施工活动的实际发展，来修改进度计划。基层施工单位常常是通过月（旬）施工作业计划和施工现场碰头会来完成施工进度计划的控制和局部调整。

第五节　施工准备工作及各项资源需用量计划

施工进度计划编制完成后，应立即着手施工准备工作及编制各项资源需用量计划。如施工准备工作计划、劳动力需用量计划、主要材料需用量计划、施工机具需用量计划、构配件需用量计划、运输计划等。这些计划与施工进度计划密切相关，它们是根据施工进度计划及施工方案编制而成的，也是做好各种资源的供应、调度、平衡、落实的保证。

一、施工准备工作计划

单位工程施工前，应编制施工准备工作计划，内容包括现场准备、技术准备、资源准备及其他准备，其计划表格见表5-5。

二、劳动力需用量计划

施工准备工作计划表　　**表5-5**

序号	施工准备工作项目	工程量		负责队	进　度					
					×月			×月		
		单位	数量		1	2	……	1	2	……

劳动力需用量计划是根据施工预算、劳动定额和施工进度计划编制的，是控制劳动力平衡、调配的主要依据。其主要内容包括：工种名称，各工种所需总工日数，每月（旬）所需各工种工日数，各工种最高人数，每月（旬）所需各工种人数等。其编制方法是：将施工进度计划表上每天施工项目所需工人按工种分别统计，得出每天所需各工种数及相应工种的人数，再按时间进度要求汇总。劳动力需用量计划有两种形式：

1．以劳动工日数为单位统计的劳动力需用量计划

这种计划是通过对各工种劳动工日数的统计，来反映某工种在计划期内所需的工日数及某月、旬所需的工日数，见表5-6。

劳动力需用量计划表（以工日统计）　　**表5-6**

序号	日期 / 工日 / 工种	×　月			×　月			合　计
		上　旬	中　旬	下　旬	上　旬	中　旬	下　旬	
	合　计							

2．以劳动人数为单位统计的劳动力需用量计划

这种计划是通过对各工种劳动人数的统计，来反映某工种在计划期内人员的变化情况，见表 5-7。

劳动力需用量计划表（以劳动人数统计） **表 5-7**

序号	工种	最高人数	× 月			× 月			× 月		
			上旬	中旬	下旬	上旬	中旬	下旬	上旬	中旬	下旬

三、主要材料需用量计划

主要材料需用量计划是根据施工预算、材料消耗定额和施工进度计划编制的，包括要材料名称、规格、数量、需要时间等内容，见表 5-8。它主要反映施工中各种主要材料的需要量，以此作为备料、供料和确定仓库、堆场面积及运输量的依据。

主要材料需用量计划 **表 5-8**

序号	材料名称	需用量		需用时间												备注
		单位	数量	× 月			× 月			× 月			× 月			
				上	中	下	上	中	下	上	中	下	上	中	下	

材料需用量计划的编制方法如下：

(1) 根据施工预算求出某种材料需要总量 Q；

(2) 根据施工进度计划求出需要某种材料的施工项目施工天数总和 T'；

(3) 根据施工进度计划求出某月（旬）需要某种材料施工项目的施工天数 T_n；

(4) 求出某月（旬）某种材料需要量 Q_n。

$$Q_n = \frac{Q}{T} \cdot T_n$$

(5) 汇总列表

四、施工机具需用量计划

施工机具需用量计划是根据施工方案、施工方法及施工进度计划编制的，主要内容包括机具名称、规格、需要数量、使用起止时间等，见表 5-9。它主要作为落实机具来源、组织机具进场的依据。

施工机具需用量计划的编制方法如下：

根据施工方案要求确定施工机具的规格及数量，再根据施工进度计划表确定使用起止时间。

施工机具需用量计划　表 5-9

序　号	机具名称	规　格	单　位	需用数量	使用起止时间	备　注

五、构配件需用量计划

构配件需用量计划是根据施工图、施工方案、施工方法及施工进度计划要求编制的。主要内容包括构配件的名称、型号、规格尺寸、数量、供应起止时间等，见表 5-10。它主要作为落实加工单位按所需规格、数量和使用时间组织构配件加工和进场的依据。一般按金属构件、木构件、玻璃构件等不同种类分别编制列表。

构配件需用量计划　表 5-10

序号	构配件名称	图号和型号	规格尺寸（mm）	单位	数量	要求供应起止日期	备　注

构配件需用量计划的编制方法同施工机具需用量计划，在此不再赘述。

六、运输计划

当材料及构配件由施工单位供应时，还应编制运输计划。它是以施工进度计划及上述各项资源需用量计划为依据，并结合本企业运输能力进行编制的，主要包括运输项目、数量、货源、运距、运输量、运输工具、起止时间等内容，见表 5-11。这种计划可作为组织运输力量、保证资源按时进场的依据。

工 程 运 输 计 划　表 5-11

序号	需运项目	单位	数量	货源	运距 km	运输量 t·km	所需运输工具			需用起止时间
							名称	吨位	台班	

第六节　施 工 平 面 图

施工平面图是施工组织设计的重要组成部分，是施工现场的平面规划和布置图。在进行施工组织设计时，应根据拟建工程的规模、施工方案、施工进度及施工过程中的需要，结合现场条件，明确施工所需各种材料、构件、机具的堆放位置，以及临时生产、生活设施和供水、供电、消防设施等合理布置的位置。将这些施工现场的平面规划和布置绘制成图纸，即为施工平面图。施工平面图的设计是施工准备工作的一项重要内容，是施工过程中进行现场布置的重要依据，是实现施工现场有组织有计划进行文明施工的先决条件。施工时贯彻和执行合理的施工平面图，将会提高施工效率，保证施工进度有计划、有条不紊地实施。反之，如果施工平面图设计不合理或现场未按施工平面图布置要求组织施工，则会导致施工现场的混乱，直接影响施工进度、劳动生产率和工程成本。一般施工平面图绘制的比例是1:200～1:500。

对于局部项目或改建项目，由于现场可利用场地小，所需各项临时设施无法布置在现场，就要安排好材料运输供应计划及堆放的位置和道路走向等，以免影响整个工程按期完成。

一、施工平面图的设计依据和内容

（一）施工平面图设计的依据

在进行施工平面图设计之前，首先要认真研究施工方案及施工进度计划的要求，对施工现场进行深入细致的调查研究，然后对依据的各种原始资料进行周密的分析，使设计符合施工现场的具体情况，从而使设计出来的施工平面图真正起到指导施工现场平面布置的作用。设计施工平面图所依据的资料包括以下几方面：

1．建设地区的原始资料

（1）建设地区的自然条件资料。包括气象、地形、水文、地质等资料及建筑区域的竖向设计资料。主要用于决定水、电等管线的布置，解决由于冰冻、洪水、风雹等引起的相关问题，以及安排冬、雨季施工期间有关设施的布置位置。

（2）建设地区技术经济资料。包括建设地区的交通运输情况，水源、电源、物资资源供应情况以及建设单位及工地附近可供使用的房屋、场地、加工设施和生活设施情况。主要用于解决运输问题和决定临时建筑物及设施所需数量及其空间位置。

2．建筑设计资料

（1）建筑总平面图。图上包括已建和拟建的建筑物和构筑物。这主要用于正确确定临时房屋和其他设施的空间位置，以及为修建工地运输道路和解决排水等所用。

（2）一切已有和拟建的管道位置和技术参数。主要用于决定原有管道的利用或拆除，揭示新管线的敷设与其他工程的关系。

（3）拟建工程的有关施工图和设计资料。

3．施工组织设计资料

（1）施工方案。根据施工方案可确定垂直运输机械和其他施工机具的数量、位置及规划场地。

（2）施工进度计划。根据该资料可了解施工各阶段的情况，以便分阶段布置施工现场。

（3）各种材料、构件、半成品等资源需用量计划。掌握该资料可确定仓库和堆场的占地面积、平面形状和布置位置。

（二）施工平面图设计的内容

（1）建筑总平面图上已建和拟建的建筑物及构筑物，有关管线和各种设施的位置和尺寸。

（2）固定式垂直运输设施的位置和移动式起重机的开行路线及轨道布置。

（3）各种生产、生活临时设施的位置、大小及其相互关系，主要包括以下内容：

1）场内运输道路的布置及其与建设地区的铁路、公路和航运码头的关系。

2）各种材料、半成品、构件以及各种设备等的仓库和堆场。

3）各种加工厂、搅拌站、半成品制备站及机械化装置等的位置。

4）生产和生活福利设施的布置位置。

5）临时给水管线、供电线路、热源气源管道和通风线路的布置。

6）一切安全和防火设施的布置。

图中尚应注明图例、比例、方向及风向标记等。

二、施工平面图设计的原则

(1) 尽量减少施工占用场地，使现场布置尽量紧凑、合理，以便于管理，并可减少施工用的管线。

(2) 在保证施工顺利进行的前提下，尽可能减少临时设施的数量，降利临时设施费用。尽可能利用施工现场附近的原有建筑物作为施工临时用房，并利用永久性道路供施工使用。这些都是增产节约的有效途径。

(3) 最大限度地减少场内运输，尤其是减少场内材料、构件的二次搬运，各种材料、构件、半成品应按进度计划分期分批进场，充分利用施工场地。各种材料、构件、半成品堆放的位置，根据使用时间的要求，应尽可能靠近使用地点，以节约搬运劳动力并减少材料多次转运中的损耗。

(4) 临时设施的布置，应尽量便利工人生产和生活并有利于施工管理。福利设施应在生活区范围之内，生活区的布置应使工人们至施工区的距离最近，往返时间最少，但必须与现场分离。办公用房应靠近施工现场。

(5) 施工平面布置应符合劳动保护，安全技术和防火的要求。施工现场的一切设施都要有利于生产、保证安全施工。场内道路一定要畅通，机械设备的钢丝绳、电缆等不得妨碍交通运输，如必须横穿道路时，应采取必要的措施；工地内应布置消防设备，以满足防火要求；对工人健康有碍的设施和易燃的设施，应布置在现场的下风口，并离生活区远一些；施工现场的出入口应设警卫，做好保卫工作。

根据以上基本原则，并结合施工现场的具体情况，一般可设计出几种不同的施工平面图方案，因此需进行多方案的技术经济分析，从中选出费用最经济、技术最合理、施工最安全的方案。进行方案比较的技术经济指标主要有以下几个：施工用地面积，施工场地利用率，场内运输道路及各种临时管道线路总长度，临时房屋的面积，场内材料搬运量，临时工程量，是否符合国家规定的安全技术、防火、文明施工的要求等。

三、施工平面图设计的步骤

建筑工程施工平面图设计的步骤一般是：确定起重运输机械的位置→确定搅拌站、加工棚、仓库、材料及构件堆场的尺寸和位置→布置运输道路→布置临时设施→布置水电管线→布置安全消防设施→调整优化。

（一）起重运输机械位置的确定

常用的起重机械，固定式的有井架、门架、悬臂扒杆等；移动式的包括有轨与无轨两种，有轨的如塔吊，无轨的有轮胎吊、履带式起重机、汽车吊等。

起重运输机械的位置，直接影响着仓库、搅拌站以及材料、半成品、构件堆场的位置，还影响着场内运输道路和水电管线的布置，因此必须首先予以考虑。

1. 有轨式起重机（塔吊）的布置

有轨式起重机是集起重、垂直提升和水平输送三种功能为一身的机械设备。

(1) 塔吊的平面位置

塔吊可沿建筑物一侧或两侧布置，它的布置位置主要取决于建筑物的平面形状、尺寸、四周场地条件和起重机的性能、起重半径。一般应在场地较宽的一面沿建筑物长度方向布置，这样可充分发挥其效率。一侧布置的平面和立面，如图 5-9 所示。

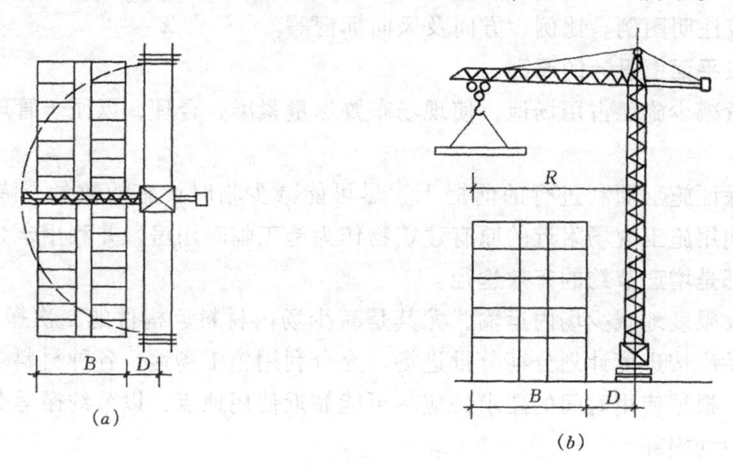

图 5-9 塔吊单侧布置示意图
(a) 平面图；(b) 立面图

塔吊的轨道路基必须坚实可靠，两旁应设置排水沟，保证雨季排水。在满足使用要求的条件下，要缩短塔轨铺设长度，这样既少占施工场地，又节约成本。当采用两台塔吊或一台塔吊另配一台井架施工时，每台塔吊的回转半径及服务范围应明确，在塔吊回转时不能碰撞井架及其缆风绳。

(2) 塔吊的起重参数及复核

塔吊一般有 3 个起重参数，即起重量（Q）、起重高度（H）和回转半径（R），有些塔吊还设有重力矩（起重量与回转半径的乘积）参数。

塔吊的平面位置确定后，应使其各项参数均满足起重运输要求。起重量应满足最重的材料或构件的吊装要求；起重高度应满足安装最高构件和运输的高度要求。塔吊高度取决于建筑物高度及起重高度。单侧布置时（图 5-9a），塔吊的回转半径 R 应满足下式要求：

$$R \geqslant B + D \tag{5-11}$$

式中 R——塔吊的最大回转半径，m；

B——建筑物平面的最大宽度，m；

D——建筑物外墙皮至塔轨中心线的距离，m，一般无阳台时，D = 安全网宽度 + 安全网外侧至轨道中心线距离；当有阳台时，D = 阳台宽度 + 安全网宽度 + 安全网外侧至轨道中心线距离。

塔吊的位置及尺寸确定后，应当复核起重量、起重高度、回转半径 3 个参数是否能满足施工吊装技术要求，如不能满足，则可适当减小式（5-11）中的 D 的距离。由于外墙边线与塔轨中心线的距离 D 取决于阳台、雨篷、脚手架等的尺寸，还取决于塔吊的性能、型号、轨距及所吊材料、构件的重量和位置，这与施工现场的地形及施工用地范围大小有关，如果 D 已经是最小安全距离时，则应采取其他技术措施，如采用双侧布置或结合井架布置等。塔吊3个参数计算简图见图5-10。

(3) 塔吊的服务范围

在以上各项工作（包括位置尺寸确定、工作参数复核）调整完成之后，就要绘制出塔吊的服务范围。以塔吊轨道两端有效行驶端点的轨距中点为圆心，最大回转半径 R 为半径画两个半圆形，再连接两个半圆，即为塔吊服务范围，如图5-11所示。

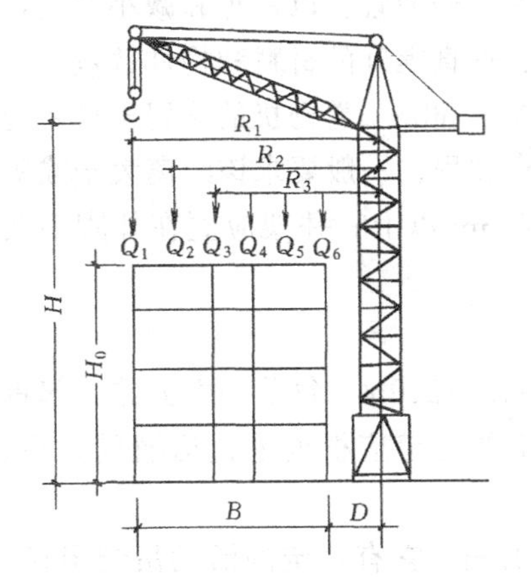

图5-10　塔吊工作参数计算简图

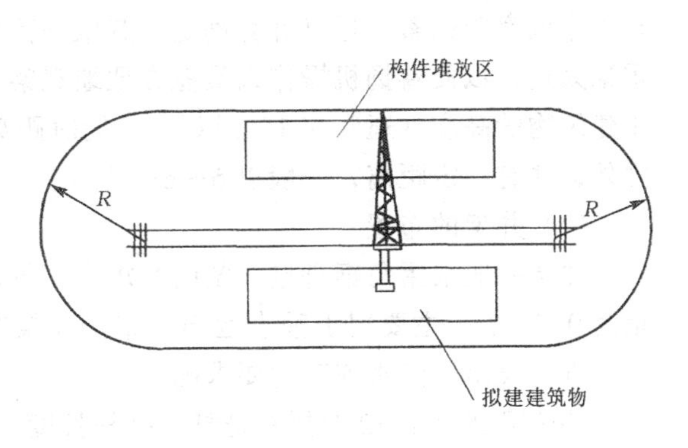

图5-11　塔吊服务范围

在确定塔吊服务范围时，要求最好将建筑物平面尺寸均包括在塔吊服务范围内，以保证各种材料和构件直接吊运到建筑物的设计部位上，尽可能不出现“死角”。“死角”是指建筑物处在塔吊范围以外的部分，如图5-12所示。如果无法避免，则要求“死角”越小越好，同时在“死角”上应不出现吊装最重、最高的预制构件、材料等。如果在起吊最远材料或构件时需作水平推移，则推移距离一般不得超过1m，并要有严格的技术安全措施。也可采取其他辅助措施，如布置井架、龙门架和塔吊同时使用，或在楼面进行水平转运等，以保证这部分“死角”部分的材料式构件能顺利就位，使施工顺利进行。

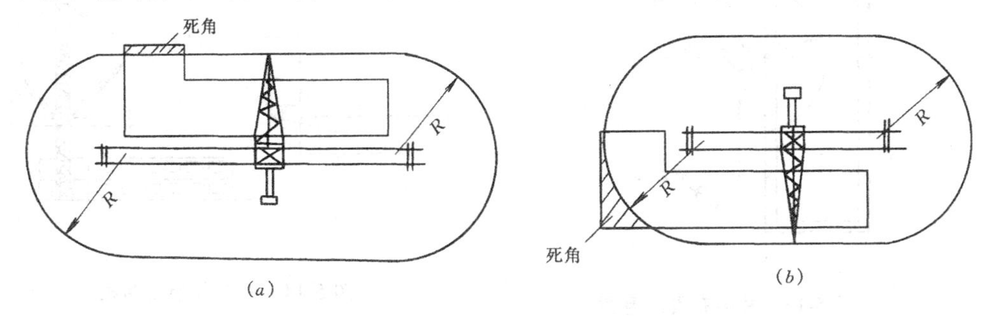

图5-12　塔吊施工的“死角”

(a) 南边方案布置；(b) 北边方案布置

2. 自行无轨式起重机械

自行无轨式起重机械分履带式、汽车式、轮胎式3种，它们一般不作垂直提升运输和水平运输之用，专作材料、构件装卸和起吊之用，一般只要考虑其行驶路线即可。行驶路线根据吊装顺序，材料和构件重量、堆放场地及建筑物的平面形状和高度等因素确定。

3. 固定式垂直运输机械

固定式垂直运输一般包括井架、龙门架等，它们的布置主要取决于建筑物的平面形状和尺寸、流水段的划分、建筑物高低层的分界位置和运输道路等因素。布置的原则是充分发挥起重机械的效率、能力，并使楼地面的水平运距最短。具体地说，当建筑物各部位的高度相同时，应布置在流水段的分界线附近，当建筑物各部位的高度不同时，应布置在高低分界线较高部位一侧；井架、龙门架的位置以布置在窗口处为宜，以避免和减小井架拆除后的修补工作；井架、龙门架的数量要根据施工进度、垂直提升的材料和构件数量、台班工作效率等因素，通过计算确定，其服务范围一般为50～60m。卷扬机的位置不应距起重架太近，以便卷扬机操作人员能方便地观察吊装的升降过程，一般要求该距离大于或等于建筑物的高度（通常在10m以上），同时距离外脚手架3m以上；井架应立在外脚手架之外，并有一定距离，一般以5～6m为宜。

(1) 井架的布置

井架一般采用角钢拼接，截面为矩形，每边长度为1.5～2.0m，每节呈立方体，起重量为0.5～2t，主要用于垂直运输。布置井架时，其数量的确定应根据垂直运输量大小、工程进度及组织流水施工的要求确定。

井架可装设1～2个摇头把杆，把杆长度一般为6～15m，它有一定的活动吊装半径，可将各种材料和构件直接吊装到相应设计位置上。井架可平行墙面架立，也可与墙面成45°架立，如图5-13所示，这是一根把杆为两个施工段服务的布置形式，服务半径为r。图5-14所示为一个井架装两根把杆的布置。当一个井架装两根把杆时，两根把杆要斜角对称架设，分别设置卷扬机穿引，以满足两个施工段垂直运输的需要。图中两个把杆的服务半径根据需要选择，以r_1、r_2表示。

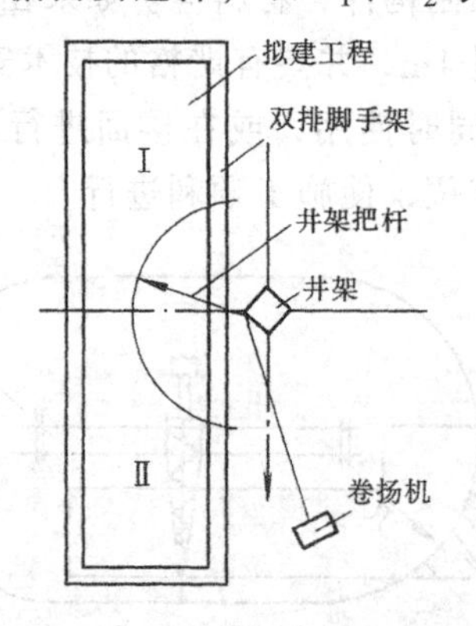

图5-13　井架布置示意图

Ⅰ、Ⅱ表示流水段，—·—·→表示缆风绳

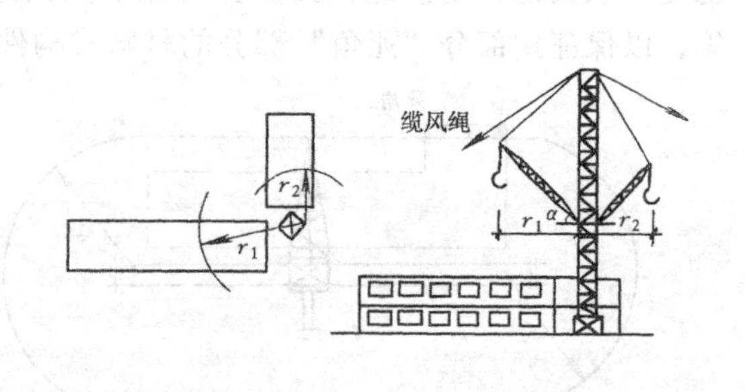

图5-14　一个井架装两根把杆示意图

一般井架离开拟建建筑物外墙距离，视屋面檐口挑出尺寸或双排脚手架搭设要求决定。摇头把杆与井架之间的夹角以45°为最佳，也可以在30°～60°之间变幅。因此把杆长度（L）与回转半径（r）的关系，用下列公式表示：

$$r = L\cos\alpha \tag{5-12}$$

式中　r——把杆回转半径，一般为4.5～11m；

L——把杆长度，一般为6～15m；

α——把杆与水平线的夹角 30°～60°。

井架把杆长与服务半径的关系如图 5-15 所示。井架至少应有 4 根缆风绳拉紧并锚固牢靠。如其高度超过 40m 时，要拉设两道缆风绳，顶部 4 根，把杆支承处不少于 2 根。

(2) 龙门架的布置

龙门架由两根门式立柱及附在主柱上的垂直导杆组成，使用卷扬机将吊篮提升到需要高度。吊篮尺寸较大，可用于提升材料，构件等。龙门架的平面布置与井架基本相同，其形式如图 5-16 所示。

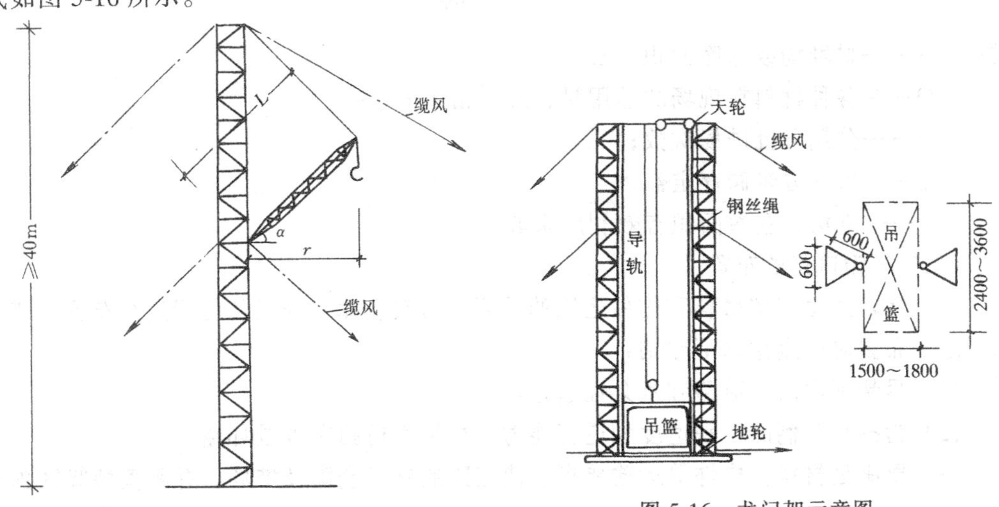

图 5-15　把杆长与服务半径的关系

图 5-16　龙门架示意图

(二) 搅拌站、加工棚、仓库及材料堆场的布置

搅拌站、加工棚、仓库及材料堆场的布置应尽量靠近使用地点或起重机服务范围之内，并考虑到运输和装卸的要求。

1. 搅拌站的布置

搅拌站常用混凝土和砂浆搅拌机，其型号、规格、数量，通常在施工方案与施工方法选择时确定。搅拌站布置时应考虑以下主要因素：

(1) 搅拌站应设置在施工道路近旁，以便砂、石及拌合物的运输。

(2) 搅拌站应尽量布置在垂直运输机械回转半径内，以减少混凝土及砂浆的运距。

(3) 搅拌站尽量与砂石堆场、水泥库一起参考布置。

(4) 搅拌台的面积要能满足要求。一般混凝土搅拌机所需面积约 $25m^2$，砂浆搅拌机所需面积约 $15m^2$，冬期施工应考虑保温供热设施，因此还应增加面积。

(5) 搅拌站四周应设有排水沟，以便排放清洗机械的污水，避免现场积水。

2. 加工棚的布置

木材、金属、水电等加工棚宜布置在建筑物四周稍远处，并有相应的材料及成品堆场。

3. 仓库及堆场的布置

仓库及堆场内面积应先通过计算确定，然后根据各施工阶段的需要及材料使用的先后来进行布置。水泥仓库应选择地势较高，排水方便，靠近道路或搅拌站的位置；各种易燃、易爆品仓库的布置要符合防火、防爆安全距离的要求；木材、金属，水电器材仓库应与加工棚结合布置；各种钢、木门窗及构件和较贵重的材料，不宜露天堆放，可放置在建筑物底层室内或另设仓库。各种主要材料堆场一般是根据其用量大小，使用时间长短、供应与运输情况来确定布置。对于用量较大，使用时间较长，供应与运输较方便者，在保证施工进度和连续施工的情况下，应安排分期分批进场，以减小仓库及堆场面积，达到节约施工费用的目的。仓库及堆场面积按下列公式计算：

$$F = \frac{Q}{nqk} \tag{5-13}$$

式中 F——材堆场或仓库面积，m^2；

Q——各种材料在现场的总用量，m^3、m^2、t 等；

n——分期分批进场次数；

q——每平方米储存定额；

k——堆场、仓库面积有效利用系数。

（三）运输道路的布置

施工运输道路应按材料和构件运输的需要，沿其仓库和堆场的位置进行布置，使之畅通无阻。布置时应遵循以下原则：

（1）尽量利用已有道路和永久性道路。

（2）为提高车辆的行驶速度和通行能力，尽量将道路布置成环路。

（3）要满足材料，构件等运输要求，使道路通到各仓库及堆场，并距离装卸区越近越好。

（4）要满足消防要求，使道路靠近拟建建筑物及木料场、材料库等易发生火灾的地方，以便车辆直接开到消防栓处，消防车道宽度不小于 3.5m。道路的最小宽度和转弯半径见表 5-12 和表 5-13。

施工现场道路最小宽度 **表 5-12**

序号	车辆类别及要求	道路宽度（m）	序号	车辆类别及要求	道路宽度（m）
1	汽车单行道	≥3.0	3	平板拖车单行道	≥4.0
2	汽车双行道	≥6.0	4	平板拖车双行道	≥8.0

施工现场道路最小转弯半径 **表 5-13**

车辆类型	路面内侧的最小曲率半径（m）		
	无 拖 车	有一辆拖车	有二辆拖车
小客车、三轮汽车	6		
一般二轴载重汽车	单车道 9 双车道 7	12	15
三轴载重汽车 重型载重汽车	12	15	18
起重型载重汽车	15	18	21

（四）行政管理及生活用临时设施的布置

管理及生活用临时设施布置时，应考虑使用方便，不妨碍交通，并符合防火保安要求。办公室一般紧邻现场布置；工人生活用房尽可能利用永久性设施或采用活动式、装拆式结构并设在现场附近；门卫、收发室设在现场出入口处。生活性与生产性临时设施要区分开，不能互相干扰。

（五）临时供水、供电设施的布置

在建筑工程施工中，临时供水、供电设施一般尽可能利用拟建工程永久性的上、下水管网和线路。必要时也可从建设单位的干管中引水或自行布置干管供水，此时应结合现场地形在建筑物周围设置排水沟。工地内要设置消防栓，消防栓距拟建建筑物不应小于5m，也不应大于25m，距路边不大于2m。如需设供电变压器时，应将其布置在现场边缘高压线接入处，四周用铁丝网围住，不宜布置在交通要道处。

四、施工平面图的管理

既然施工平面图是对施工现场科学合理的布局，是保证建筑工程的工期、质量、安全和降低成本的重要手段。那么施工平面图不仅要设计好，而且要管理执行好，忽视了任何一方面，都会造成施工现场混乱，使施工受到严重影响。因此，加强施工现场管理对合理使用场地，保证现场运输道路、供水、供电、排水的畅通，建立连续均衡的施工秩序，具有十分重要的意义。通常可采用下列管理措施：

（1）严格按施工平面图布置各项设施；

（2）道路、水电管线应有专人管理维护；

（3）在各阶段施工完成后，应做到料净、场清；

（4）施工平面图必须随着施工的进展及时调整，以适应变化情况。

第七节　单位工程施工组织设计实例

一、工程概况与施工条件

（一）工程概况

1.工程建设概况

本工程为某单位职工家属宿舍。经上级主管部门审核批准，投资××万元；基建手续完整，符合基建程序要求；建设征地完成并已申请施工执照。建设单位为××厂矿企业，设计单位为××市建筑设计院，施工单位为某建筑公司下属分公司，工程监理为××监理公司。图纸齐全并已会审，工程施工合同已签定，开工日期为2001年5月3日，竣工日期为11月30日，日历工期为140天。

2.建筑设计概况

本工程由四个标准单元组成，平面形状为一字型，6层楼。全长51.84m，宽12.54m建筑面积为3300m^2，层高2.8m，檐口标高16.80m，室内外高差为0.30m；平面图、剖面图及单元组合如图5-17所示。

室内墙面抹灰为普通抹灰，刷乳胶漆两道；水泥砂浆楼地面，外墙门窗均为钢门窗，室内为木门窗，外墙：檐口及窗台线、楼梯口的墙面上刷米黄色外檐涂料。阳台板立面刷浅绿色外檐涂料；其他各层墙面为水泥砂浆搓砂抹灰。门窗刷调合漆两遍；楼梯栏杆为钢管焊接。屋面：水泥砂浆找平层上做二毡三油防水层。

3.结构设计概况

砖混结构；砖砌大放脚条形基础、混凝土垫层，基础埋深1.70m；一砖半墙，预制钢

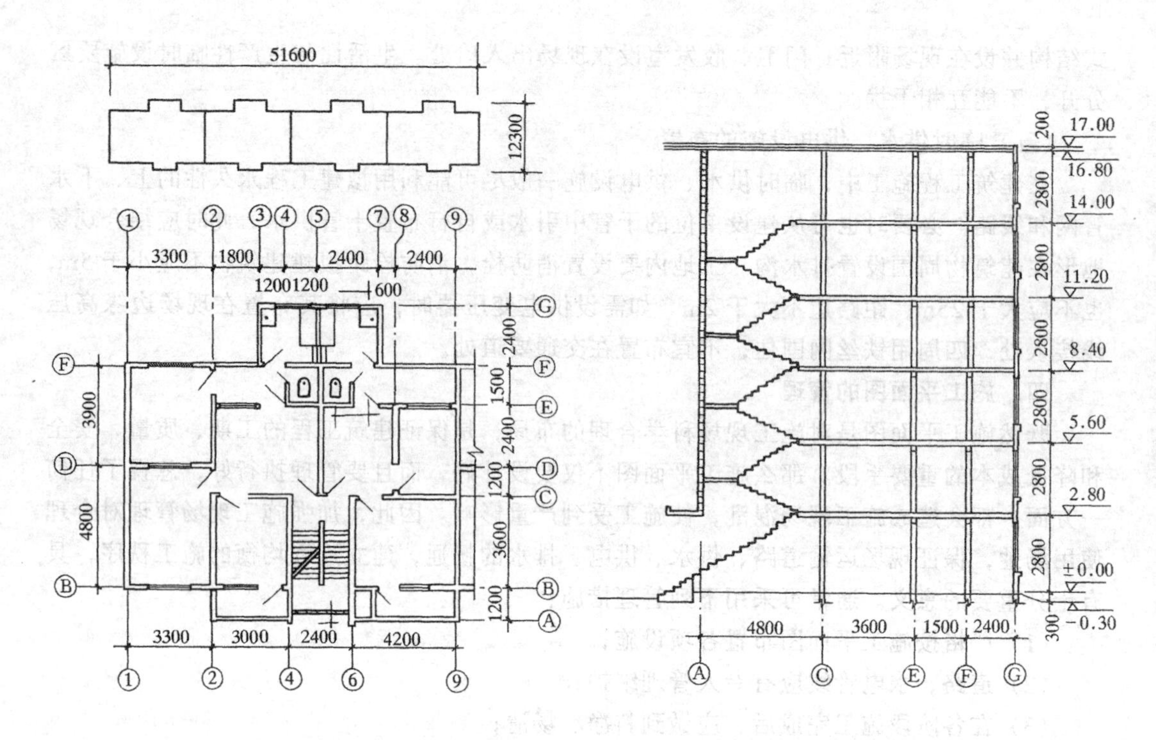

图 5-17　某家属宿舍平、剖面简图及单元组合

筋混凝土空心楼板及屋面板；设地圈梁一道，二、四、六层各设圈梁一道。

4. 水卫电、煤气设施

钢管上水及煤气、暖器管道，铸铁下水管；陶瓷便器；暗线电线及普通电器设施安装。

（二）施工特点及施工条件分析

1. 施工条件

本工程位于市中心，交通方便，施工现场有空地一块可利用。

气温及雨情：最低温度约 15℃，最高温度约 35℃，工程开工后，气温逐月上升，8 月初最高，以后开始下降。6 月下旬至 9 月为雨季，雨量：大暴雨最高记录为 150mm 左右，雨季雨量历年最高记录为 280mm。主导风向：北偏西。

土壤及地下水：三类土，−1.3m 以下为黄色亚粘土；4～6 月地下水位约 −3.5m；7～9 月约 −2.0m。

构件预制及供应：全部钢筋混凝土构件均由构件厂加工生产负责运输到现场；木门窗由木材加工厂生产并运输到工地；钢门窗由金属结构厂预订供应，钢栏杆在现场预制加工；水泥、钢材及地方大宗材料由公司材料科按计划负责供应并运送到施工现场。

施工用水用电：可从施工现场南面引入用水；从北面引入用电。均可满足施工需用。

本工程所需劳动力，各种所需用施工机械设备等，均已平衡落实。

水电卫生设备、管线安装均由水电队施工，并与土建施工协调配合施工。

由于工程在市中心，因此不在现场设置临时宿舍、食堂。其他临时设施见表 5-14 施工准备工作一览表所示。

施工现场准备工作一览表 表 5-14

序 号	准备工作名称	单 位	数 量	完成日期	执行单位	备 注
1	拆迁现场障碍物			2001.3.31	建设单位	
2	平整场地	m^2	867	4.8	施工单位	
3	施工道路	m^2/m	143/42	4.10	施工单位	砂、石路基，压实
4	施工用水管线	m	36	4.15	施工单位	
5	施工用电线路	m	35	4.20	施工单位	
6	架设混凝土输泵	台	1	4.28	施工单位	扬程 20m
7	搭设井字架	座	2	5	施工单位	角钢拼装
8	挖化灰池	个	1	5	施工单位	2.5×3 (m^2)
9	生产性临时设施				施工单位	
	水泥库	m^2	36	4.25	施工单位	砖木、密闭
	钢筋棚	m^2	54	4.25	施工单位	砖柱、半围护
	工具库	m^2	54	4.25	施工单位	砖木
	混凝土搅拌机棚	m^2	25	4.30	施工单位	轻钢骨架、棚
	卷扬机棚	m^2	2×6	4.30	施工单位	二 个
10	生活性临时设施				施工单位	
	办公室	m^2	36	4.25	施工单位	砖木、门窗
	休息室	m^2	54	4.25	施工单位	砖木、门窗
	警卫室	m^2	18	4.25	施工单位	砖木、门窗
	开水房	m^2	18	4.25		

2. 工程特点分析

本工程结构形式为一般砖混结构住宅，装修无特殊要求。由于六层楼，总高约 17m，各种材料垂直运输量较大；抹灰量，工期要求较紧，为保证按期竣工，除各项材料、构件等应按计划及时供应外，还应在施工中做好各项施工项目的相互交叉配合，组织流水施工，土建与水电卫等协调配合施工。

本工程各项主要实物工程量见表 5-15 所示；各门、窗、钢筋混凝土构件见表 5-16 及表 5-17。

工程主要实物量统计表 表 5-15

序 号	工 程 量 名 称	单 位	数 量	备 注
1	土方工程	m^3	1400	
	其中：挖土量	m^3	840	不包括明沟等零星挖土
	填土量	m^3	560	包括室内回填
2	混凝土及钢筋混凝土工程	m^3	517.6	
	其中：预 制	m^3	243.2	
	现 浇	m^3	274.4	
3	砌筑工程	m^3	1407.1	
4	钢木门窗	m^2	1371	
5	楼地面面层	m^2	2551.4	不包括楼梯抹灰
6	内墙抹灰	m^2	8108	
7	外墙抹灰、贴面	m^2	2567	
8	油毡屋面	m^2	537	
9	构件吊装	件	1439	
10	金属栏杆	t	2.1	

门、窗加工计划表

表 5-16

序号	名称代号	规格（mm）		单位	一个单元数量	总数量	总面积（m^2）	备注
		宽	高					
1	镶板门 X-0920	880	1990	樘	2	48	113.62	
2	镶板门 YX-0827	780	2690	樘	2	48	100.80	
3	镶板门 DX-0927	880	2690	樘	7	168	397.66	
4	镶板门 PX-0927	880	2690	樘	1	24	56.81	
5	门带窗 CX-1527	1580	2690	樘	1	24	86.64	每层西头加 1 个，共 78
6	门带窗 CHM33	2080	2690	樘	1	24	110.16	
7	门带窗 CHM34	2080	2690	樘	1	24	110.16	
8	钢窗 CP41	1200	1800	樘	3	78	168.48	
9	钢窗 CP42	1500	1800	樘	3	72	194.40	
10	中悬木窗 F·1007	980	680	樘	2	48	31.97	

钢筋混凝土预制构件需用量计划

表 5-17

序号	构件名称	构件代号	单位	数量	使用时间	备注
1	屋面板	WCB	块	4	（各种构件供应，按施工进度计划要求，分批配套供应。要求在使用前 3～5 天进场）	各种构件规格、尺寸较多。此表按构件名称列出，各种构件规格及数量另详
2	天沟板	TB	块	24		
3	门窗过梁	GL	根	178		
4	挑梁	XDL	根	54		
5	台口梁	DL	根	40		
6	搁板		块	24		
7	隔热板		块	1358		
8	花格块		块	350		
9	花格条		根	240		

二、主要分部分项工程施工方案

（一）施工顺序、流水段与施工起点

1. 分部工程划分及顺序

本工程为一般常见砖混结构。分部工程划分及其施工顺序为：基础→主体→屋面及内外装修→水卫电器管线敷设安装。为保证按期竣工，在主体结构完成后，各装修项目组织平行搭接流水施工；主要内外檐装修安排自上而下的顺序施工。

2. 流水段的划分及施工起点流向

（1）基础以两个单元为一段共分两段，自西至东流水施工。

（2）主体以每层两个单为一段，分两段，六层楼共 12 个流水段；自西至东，自下而上组织两个施工班组流水施工，保证瓦工不间断流水。

（3）屋面不分段，整体一次施工。

（4）外檐装修采用自上而下的施工顺序，一层一段，以墙面分格缝处为界，从北面开始，每层顺时针方向抹灰。

（5）内装修采用上而下的施工顺序由西向东流水施工。每层采用先顶棚，后墙面，再地面的施工顺序。

（二）施工方法及施工机械、技术措施

1. 基础工程

（1）施工顺序为：机械挖土→清底钎探→验槽处理→混凝土垫层→基础圈梁→砌砖基础→暖气沟管→回填土等。

（2）施工方法为：机械挖土采用整体开挖，弃土地点在工程现场北面约70m处的凹坑内。采用W-100型反铲挖土机，坑底四周各留0.5m宽的工作面，放坡坡度为1:0.75，基础挖土量为840m^3。

混凝土垫层及地圈梁混凝土选用强制式混凝土搅拌机一台，配4辆双轮小推车作水平运输。基坑设坡道，原槽浇捣混凝土垫层，用水平桩控制其厚度，平板式振捣器振捣抹平。

基槽两边对称回填土，每填30cm厚，用机械夯实；室内房心回填土用夯实机械压实至－0.15m。

（3）主要技术措施：挖槽后要测底、验宽，并进行钎探，不符合要求者应及时处理、修正，合格后方可做垫层。混凝土、砂浆等配合比与原材料质量均应符合设计规定；必要时，应做抽样测试；垫层上弹测墙基轴线及边线后，要再次复核检查，确保尺寸无误；各施工过程完成后，均应作出技术检查和质量验收，做好基础隐蔽验收记录。

2. 主体工程

（1）施工顺序为：砌砖墙→浇雨篷、圈梁等混凝土→现浇楼板及屋面板等

（2）施工方法：外墙采用双排钢管扣件脚手架，配合墙体砌筑逐层搭设。垂直运输及吊装机具选用角钢井字架两座，高约30m，摇头把杆长12m，回转半径7.5～9.0m（30°～60°内，摇头把杆变幅）；楼板采用现浇法施工。

模板均采用组合钢模板，尺寸不合处用木模镶拼。

砖墙砌筑每层楼分两个砌筑层；楼梯采用现浇钢筋混凝土施工方法；厨房间边上的洞口处，待室内抹灰后砌筑，留此口子作为每层单元运送灰浆等材料的入口。

（3）主要技术措施：每层楼竖向标高控制，采用在建筑物四个大角处设皮数杆；砖应在砌筑前一天淋水湿润，禁止干砖砌墙；墙面各转角部位每10皮砖应加2ϕ6拉接钢筋，长度不小于1m；门窗洞口处按设计要求砌入木砖或带预埋铁件的混凝土块，以便门窗框的固定。

钢筋混凝土板，在吊装前应严格检查质量尺寸，凡有裂缝的板禁止使用。

现浇雨篷、圈梁等，在钢筋绑扎后，必须经监理员验收合格后，才允许浇捣混凝土。

混凝土及砂浆每层楼应做两组试块，以备检查其是否符合设计要求的强度等级。

3. 屋面工程

（1）施工顺序为：保温层施工→水泥砂浆找平层→刷冷底子油→油毡防水层→铺隔热板等。

（2）施工方法及技术措施：按屋面设计构造层次施工，屋面板灌缝后，即做屋面保温层；砂浆找平层；水泥砂浆找平层待充分干燥后，再刷冷底子油及油毡防水层施工；绿豆砂应淘洗、预热干燥后才准使用；熬制沥青胶应控制温度，熬制时间不超过4小时。沥青胶满铺，油毡贴实，接头搭接长度：端头搭接不小于500mm，纵边搭接不小于100mm，接头必须粘结牢靠，不得有挠边现象。

4. 装修工程

（1）施工顺序为：混凝土地面垫层→门窗框及栏杆安装→楼地面面层→外墙装修→内

墙抹灰→门窗扇安装→厨、卫贴瓷砖→板底、墙面刷白→门、窗、栏杆油漆→玻璃安装→楼梯抹灰→勒角、散水、明沟→零星工程等。

(2) 施工方法及技术措施：以抹灰为主导施工过程，在保证质量和技术要求（如做好养护等）及有工作面的条件下，各施工过程均按照施工工艺要求，组织好内外及上下平行立体交叉流水施工；楼地面面层施工应做好提浆、抹平、收水后压实、抹光等施工过程；淋水养护7天左右，再开始室内其他施工；墙面抹灰做到棱直面平；各种油漆施工应严格按操作工序进行。

5. 水卫管线工程

基础砌砖后，回填土之前，各种地下给、排水管线均应一道配合施工，留出地面上的管口做好封口；主体工程完成三层后，由下而上安装下水管，待屋面板吊装后，将穿出屋面的出气下水管安好，保证屋面防水层一次完成；室内抹灰前要安装好各种上下水管、煤气、暖气管的管卡、配电箱等，避免二次打洞再修补。

三、施工进度计划

本工程根据施工方案及有关施工条件和工期要求等，经调整，其进度计划如图5-18所示。

四、劳动力及物资需用量计划

根据施工图纸、施工方案及施工进度计划，上述各项计划见表5-18～表5-20所示。

劳动力需要量计划 表5-18

序号	工种	人数	用工时期	序号	工种	人数	用工时期
1	砖工	10	（见表下注，本表从略）	8	防水工	7	（见表下注，本表从略）
2	混凝土工	12		9	玻、油工	8	
3	钢筋工	5		10	普工	28	
4	木工	10		11	管工		
5	架子工	6		12	电工		
6	抹灰工	56					
7	电焊工	3					

注：上表各工种人数，按最高使用出勤人数为准；用工时期以施工进度要求为准，做好平衡调度。

现场施工主要建筑材料需用量计划 表5-19

序号	材料名称	规格	单位	数量	进场日期	备注
1	木材	中枋、小枋、板	m^3	57.66	（各种材料，均按施工进度计划要求，组织分批进场。一般要求在施工需用前5～10天供应到工地）	
2	水泥	32.5R	t	33.98		
	水泥	42.5R	t	36.36		
3	钢筋	ϕ10以内	t	5.16		（规格较多，计划另详）
	钢筋	ϕ10以上	t	5.70		
4	红砖	240×115×53	千块	853.76		
5	砂子	中、细	m^3	873.0		
6	石子	2～8，0.5～4等各种	m^3	402.12		
7	油毡	300g	m^2	1606		
8	沥青	3号	t	9.16		
9	石灰		t	69		块、灰比以3:7为准
10	玻璃锦砖		m^2	82.2		彩色
11	玻璃	3mm	m^2	757.8		底层花玻璃
12	瓷砖	150×150×3	m^3	645.6		白色

施工机具需用量计划　　表 5-20

序号	机具名称	单位	数量	使用时期	进场时间
1	井字架（角钢组装）	座	2	5.18～11月	5.15
2	摇头把杆（$L=12m$）	根	2	5.18～11月	5.15
3	混凝土搅拌机（400L）	台	1	5.5～11月	4.25
4	砂浆搅拌机（200L）	台	1	5.5～11月	4.25
5	蛙式打夯机	台	1	5.15～20日	4.30
6	平板式振动器	个	1	5.5～11月	4.25
7	插入式振动器	个	2	5.5～8月	4.25
8	钢筋切断机	台	1	5.15～10月	4.30
9	钢筋成型机	台	1	5.15～10月	4.30
10	电焊机	台	1	8.20～9月	8.15
11	石灰淋灰机	台	1	7.25～8月	7.20
12	卷扬机	台	2	5.18～11月	5.15
13	砖　车	辆	5	5.15～9月	5.10
14	运灰浆车	辆	6	5.5～11月	4.30

五、施工平面图

根据施工现场条件，材料及构件分期分批进场，按施工进度计划、材料、构件等需用量计划要求，现场规划堆存1～1.5层楼的材料量；水电管线分别从北、西边引进施工现场，两座井字架布置在北边，分别承担两个单元的材料、构件吊运任务；根据施工需要，搭设水泥库、钢筋加工棚、工具库、工人休息室、办公室、警卫等临时设施。

主体阶段施工平面图如图5-19所示。

六、质量、安全措施

（一）质量措施

（1）施工前认真做好技术交底，各分部分项工程均应严格执行施工及验收规范。

（2）严格执行各项质量检验制度，认真开展施工队自检、互检、交接检，分层分段验收评定质量，及时办理隐蔽工程验收手续。

（3）严格执行原材料检验及试配制度，做到材料配合比准确。

（4）做好成品保护工作、技术档案资料整理工作，建立质量方面的奖、罚制度。

（5）做好施工收尾工作，施工最后阶段应逐层、逐间检查、发现问题及时返修。搞好一间或一层，立即清扫上锁。

（二）安全措施

（1）做好经常性安全施工教育工作；各工种操作人员必须严格执行安全操作规程。

（2）建筑物外墙四周安全网、脚手架、井字架应按规定技术要求搭设；进入施工现场的人员一律戴安全帽。

（3）现场各种机械、电气设施要完善，严禁非机电人员开动机具设备；专人专机管理。

(4) 消防设施应设明显标记，周围不准堆物。明火作业应经主管消防部门批准，并设专人看管。

(5) 加强雨季排水沟道的整修，使排水畅通；健全雨期施工各项安全措施。

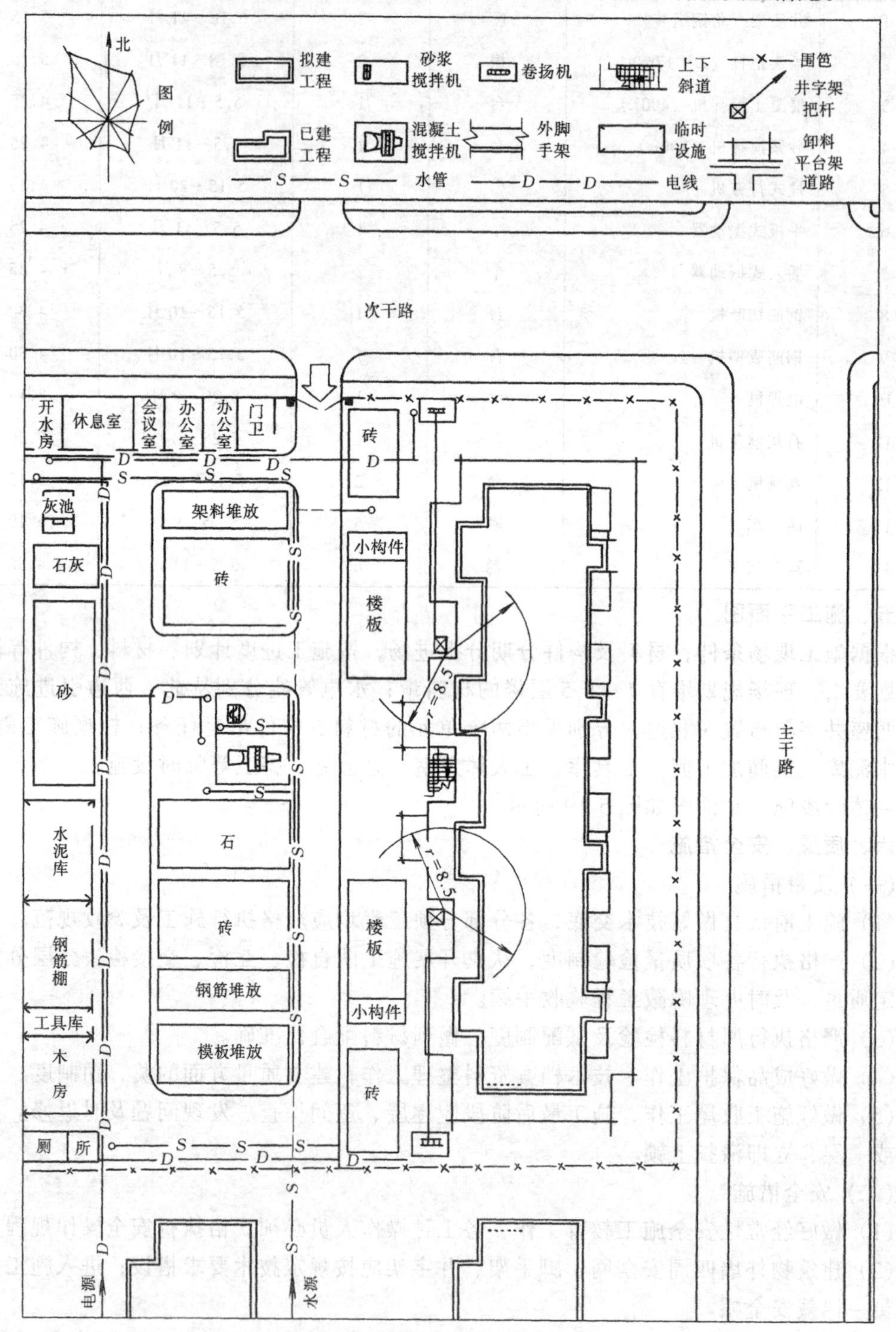

图 5-19 职工宿舍施工平面布置图

复习思考题

一、名词解释

1. 施工组织设计；

2. 施工程序；

3. 最小工作面。

二、填空

1. 在施工组织设计中，应根据各不相同的工程条件，分别拟订出______、______、和______的措施。

2. 多层砖混结构的施工顺序按施工阶段划分，一般可以分为______、______、______及______三个阶段。

3. 施工进度计划的图表形式有______、______两种。

4. 施工平面图是对施工现场科学合理的布局，是保证建筑工程的______、______、______和______的重要手段。

三、简答

1. 工程概况主要包括哪些内容？

2. 单位工程施工组织设计包括哪些内容？

3. 指导性施工进度计划的编制步骤是什么？

4. 施工平面图设计的步骤是什么？

第六章 建筑工程技术管理

施工生产活动是建筑企业生产经营过程的基本环节，而施工生产活动又必须以技术工作为基本条件。建筑工程技术管理为建筑工程施工项目的顺利实施提供了技术上的保证，如施工技术、安全技术等。

第一节 技术管理概述

一、技术管理的任务

建筑企业的技术管理，是指对建筑企业生产经营活动中各项技术活动和技术工作基本要素进行的各项管理活动的总称。生产经营活动过程中的技术活动，包括施工图纸会审、技术交底、技术试验、技术开发等。技术管理工作的基本要素又包括职工技术素质、技术装备、技术文件、技术档案等。技术管理的目的，就是要把这些基本要素科学地组织起来，去做好各项技术工作，通过开展各种技术活动推动企业技术进步，保证工程质量，提高经济效益，全面完成技术管理的任务。

建筑企业技术管理的基本任务是：正确贯彻执行国家的各项技术政策、标准和规定，利用技术规律科学地组织各项技术工作，建立正常的生产技术秩序，充分发挥技术人员和技术装备的积极作用，不断改进原有技术和采用先进技术，保证工程质量，降低工程成本，推动企业技术进步，提高经济效益。

二、技术管理的内容

建筑工程技术管理的内容可以分为基础工作、业务工作和技术经济分析与评价等三大部分的内容。

（一）基础工作

技术管理的基础工作，是指为开展技术管理活动创造前提条件的最基本的工作。它包括技术责任制、技术标准与规程、技术的原始记录、技术档案、技术信息、技术试验等工作。

（二）业务工作

技术管理的业务工作，是指技术管理中日常开展的各项具体的业务活动。它包括以下几个方面：

（1）施工技术准备工作。施工技术准备工作就是为创造正常的施工条件，保证施工生产顺利进行而做的各项技术方面的具体工作。如：施工图纸会审、编制施工组织设计、技术交底、材料及半成品的技术试验与检验、安全技术等等。

（2）施工过程中的技术管理。施工过程中的技术管理是指建筑工程项目在施工生产过程中所进行的技术方面的管理工作。如：施工过程中的技术复核、质量检验、技术处理等工作。

(3) 技术革新与技术开发工作。技术革新与技术开发工作是指将科研成果进一步应用于生产实践，拓展出新的技术、材料、结构、工艺和装备等所进行的工作。如：科学研究、技术革新、技术引进、技术改造、技术培训及新技术、新材料、新结构、新工艺、新设备的推广和应用等。

（三）技术经济分析与评价

通过技术经济分析与评价，确保各项技术活动在技术上的可行性和经济上的合理性，以保证施工生产活动的顺利进行，取得良好的经济效益。

基础工作、业务工作和技术经济分析三者是相互信赖和并存的，缺一不可。首先，基础工作为业务工作提供了必要的条件，任何一项技术业务工作都必须依靠基础工作才能进行；其次，企业搞好技术管理的基础工作不是最终目的，技术管理的基本任务必须要由各项具体的业务工作才能完成；最后，通过技术经济分析与评价可以保证基础工作和业务工作在技术上的可行和经济上的合理。

三、技术管理的要求

(1) 正确贯彻执行国家的各项技术政策和法令、法规，认真执行国家和有关部门制定的技术规范和规定。

技术管理工作应结合建筑业的技术政策，施工技术的发展方向，并根据我国的自然资源和地区特点，围绕建筑产品改革，积极采用新材料、新工艺、新技术、新结构、新设备；大力发展社会化生产和商品化供应，组织专业化、协作和配合，加速实现建筑工业和现代化。

(2) 科学地组织各项技术工作，建立企业正常的生产技术秩序，保证施工生产的顺利进行。

(3) 充分发挥各级技术人员和工人群众的积极作用，促进企业生产技术的不断更新和发展，推动技术进步。

(4) 加强技术教育，不断提高企业的技术素质和经济效益，以达到保证工程质量、节约材料和能源、降低工程成本的目的。

四、技术管理的原则

1. 认真贯彻执行国家的技术政策、规范、标准和规程

科学技术的发展有一定的规律性和客观性，涉及社会经济的各个领域。为了协调各方面的工作，保证科学技术沿着正确的道路发展，推动整个社会的技术进步，国家制定并颁发了一系列的技术政策、规范、标准和规程。如技术档案制度、材料检验标准、施工验收规范、施工操作规程等。企业必须贯彻执行这些技术规定，才能保证技术管理工作顺利进行，也才能使企业的技术发展与整个社会的技术进步紧密联系在一起。

2. 尊重科学技术，按客观规律办事

正如前所述，技术工作有一定的规律性。科学技术的发展规律是客观存在的，我们只有去发现它、认识它和掌握它，才能促进企业技术的发展。如果不尊重科学技术的客观性，不按科学技术的客观规律办事，必然会导致失败。建筑企业要遵循的科学技术是多方面的，企业应特别注意施工技术规律、设备运转规律、材料试验规律、新技术的开发和应用规律等。

3. 讲求技术工作的经济效益

施工生产活动中的任何一项工作方案，都必须是技术和经济的统一，才能可行。在商品经济社会中，如果一味强调技术上是否先进，而忽略经济上是否合理，这种方案注定会被淘汰。技术和经济是辩证的统一，它们有矛盾的一面，也有统一的一面。因此，在技术管理中必须讲求经济效益，当使用某一项技术时，必须考虑它的经济效果，尽量使二者达到统一。讲求经济效益，还应注意企业效益和社会效益，当前利益和长远利益的结合。

第二节　技术管理的基础工作

一、建立和健全技术管理机构和相应的责任制

（一）建立和健全技术管理机构

搞好建筑施工企业的技术管理工作，必须有健全的组织系统作为保证。建筑企业技术管理组织应和企业的行政管理组织相统一，按统一领导、分级管理的原则，建立以总工程师为首的技术管理系统。公司、分公司、施工项目都应设立相应的技术管理职能部门，配备相应的技术人员，从而加强企业和施工项目的技术管理与控制。

图 6-1 为直线-职能制的技术管理机构。

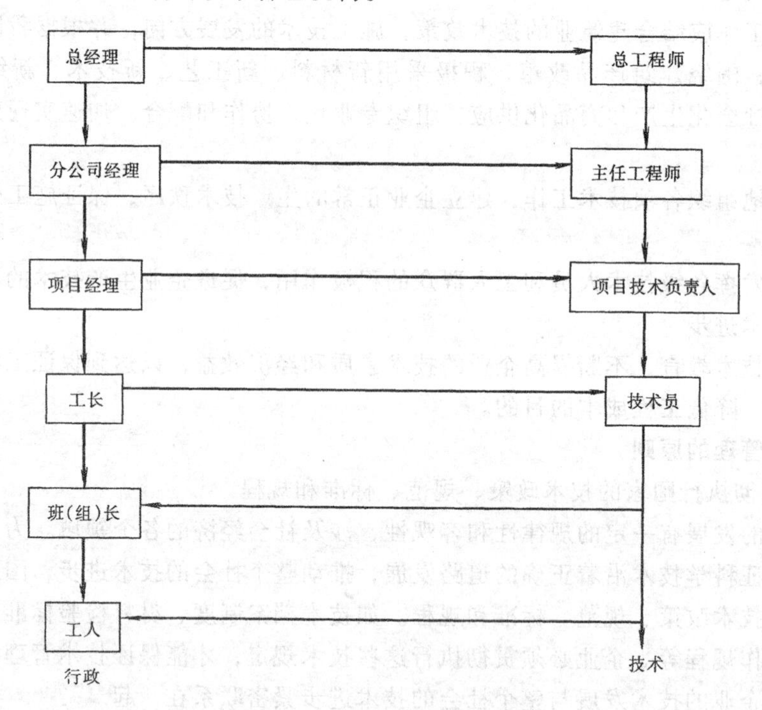

图 6-1　建筑企业技术管理机构

（二）建立和健全技术责任制

技术责任制是建筑企业责任制的重要组成部分，它对企业技术管理系统的各级技术人员规定了明确的职责范围和职权，使技术人员的工作制度化、规范化，并与个人利益联系在一起，以保证各方面技术活动的顺利开展。

建筑企业的技术责任制，是以技术岗位责任制为基础，规定各岗位的职责和职权的制度。

1. 总工程师的主要职责

（1）全面领导企业的技术管理工作；

（2）组织贯彻国家的各项技术政策、标准、规范、规程和企业的各项技术管理工作；

（3）组织编制和执行企业的年度技术计划；

（4）领导开展技术革新活动，审定企业的重大技术革新和技术改造方案，组织编制和实施科技发展规划；

（5）组织重点工程施工组织设计的编制，审批重大的施工方案，参加大型工程的图纸会审、技术交底；

（6）领导企业的全面质量管理工作，负责处理重大质量事故；

（7）主持技术会议，审定企业的技术制度、规定；

（8）领导安全技术工作和培训工作，审定企业技术培训计划；

（9）考核各级技术人员，对技术人员的工作、晋级、奖惩等提出意见；

（10）参加国外引进项目的考察、谈判工作；

（11）领导技术总结工作。

2. 主任工程师的主要职责

（1）组织中小型工程项目施工组织设计的编制，审批单位工程的施工方案；

（2）参加图纸会审，主持重点工程的技术交底；

（3）组织本单位技术人员贯彻执行各项技术政策、标准、规范、规程和企业的技术管理制度；

（4）负责本单位的全面质量管理工作，组织制定质量、安全的技术措施，检查和处理主要工程的质量事故；

（5）监督施工过程，督促施工负责人遵守规范、规程、标准，按图施工，及时解决施工中的问题；

（6）主持本单位的技术会议；

（7）领导编制本单位技术计划，负责本单位科技信息、技术革新、技术改造等工作；

（8）对本单位的科技成果组织鉴定，对本单位技术人员的晋级、奖惩提出建议。

3. 项目技术负责人的主要职责

（1）编制项目的施工组织设计，并组织贯彻执行；

（2）参与工程预算的编制和审定工作；

（3）负责技术复核工作，如核定轴线、标高等；

（4）负责技术核定工作，签发核定单，提供质量资料；

（5）负责图纸审查，参加图纸会审，组织技术交底；

（6）负责贯彻执行各项技术规定；

（7）组织质量管理工作，检查控制工程质量，处理质量事故；

（8）负责项目的材料检验工作和各种复合材料试配工作，如混凝土的配合比；

（9）管理项目的技术档案工作；

（10）参加项目的竣工检查和验收工作。

二、贯彻技术标准和技术规程

建筑技术标准化是加强技术管理的有效方法。现代建筑施工，技术上日趋复杂，对建筑材料、施工工艺、施工机械的要求越来越高。为保证施工质量，不断提高技术水平，在技术上必须要有检查、控制的标准和方法。建筑企业的技术标准化的规定大致可以分为技术标准和技术规程两个方面。

（一）技术标准

建筑企业施工生产中的技术标准包括各种施工验收规范和检验标准。技术标准由国家委托有关部委制定，属于法令性文件，不允许各企业随意更改。

(1) 施工及验收规范。规定了建筑安装工程各分部分项工程施工上的技术要求、质量标准和验收的方法、内容等。

(2) 建筑工程施工质量验收统一标准。它是根据施工及验收规范制定的用以检验和评定工程质量是否合格的标准。

(3) 建筑材料、半成品的技术标准及相应的检验标准。它规定了各种常用材料的规格、性能、标准及检验方法等。例如：水泥检验标准，混凝土强度等级检验评定标准。

（二）技术规程

建筑安装工程技术规程是建筑安装工程施工及验收规范的具体化。在贯彻国家施工及验收规范时，由于各地区的操作习惯不完全一致，有必要制定符合本地区实际情况的具体规定。技术规程就是各地区（各企业）为了更好地贯彻执行国家的技术标准，根据施工及验收规范的要求，结合本地区（本企业）的实际情况，在保证达到技术标准要求的前提下，对建筑安装工程的各个施工工序的操作方法，施工机械及工具，施工安全所制定的技术规定。

技术规程属于地方性技术法规，施工中必须严格遵守，但它比技术标准的适用范围要窄一些。

常用的技术规程有：

(1) 施工操作规程。规定了各主要工种在施工中的操作方法、技术要求、质量标准、安全技术等。工人在生产中必须严格遵守和执行操作规程，以保证工程质量和生产安全。

(2) 设备维护和检修规程。它是依据各种设备的磨损规律和运转规律，对设备的维护，保养，检修的时间、内容、方法等所作的规定。其主要目的是为了使设备保持完好，能够正常运转，减少磨损和损坏，尽量降低修理费用。

(3) 安全技术规程。它是指对施工生产中安全方面所作的规定。它根据安全生产的规律，对各工种，各类设备的安全操作作了详细规定，以保证施工过程中的人身安全和设备的运行安全。如：《建筑安装工程安全操作规程》就规定了建筑施工生产中的安全操作问题。

技术标准和技术规程一经颁发，就必须维护其权威性和严肃性，不得擅自修改和违反，要严格执行。但技术标准和技术规程也并非是一成不变，随着技术水平的发展和适用条件的变化，需要不断地修订和完善。技术标准和技术规程的修订，一般由原颁发单位组织进行，其他单位不得私下修改。

三、建立和健全技术原始记录

技术原始记录是企业生产经营管理原始记录的重要组成部分。它反映了企业技术工作的原始状态，为开展技术管理提供依据，是技术分析、决策的基础。技术原始记录包括：材料、构配件及工程质量检验记录；质量、安全事故分析和处理记录；设计变更记录；施工日志等。

技术原始记录中，施工日志是反映施工生产过程的重要的原始记录，施工中必须严格建立和健全施工日志制度。施工日志详实地记录了从工程开工直到竣工整个施工过程的技术动态，反映了技术上的各类问题。如：施工中的各种技术变更，事故调查记录，各类经验总结等。施工日志的记录内容一般有：修改设计情况，技术组织措施，隐蔽工程验收记录，质量、安全、机械事故的处理过程和分析的原因，技术上的改进建议，落实情况，以及各种对工程施工有影响的事情。

四、建立工程技术档案

工程技术档案是国家技术档案的重要组成部分，它记载和反映了本施工企业在施工、技术、科研等活动的历史和成果，具有保存价值。工程技术档案必须按科技档案管理的有关规定，进行分类整理后，归档集中管理，不得散失。

建筑企业的工程技术档案包括工程交工验收的技术档案和施工企业自身保存的技术档案等两部分。

（一）工程交工验收的技术档案

工程交工验收的技术档案就是有关建筑产品合理使用、维护、改建、扩建的技术文件，也即是竣工验收时所应提供的交工技术资料。一般应包括以下技术档案资料：

（1）竣工工程项目一览表，如：单位工程名称、面积、开竣工日期、工程质量验收证明和竣工图等；

（2）图纸会审记要，包括技术核定单、设计变更通知单；

（3）隐蔽工程验收单，工程质量事故的发生经过和处理记录，材料、半成品的试验和检验记录，永久性水准点和坐标记录，建筑物的沉降观测记录等；

（4）材料、构件和设备的质量检验合格证或检测依据；

（5）施工的试验记录，如：混凝土、砂浆的抗压强度试验、地基试验、主体结构的检查及试验记录等；

（6）施工记录，如：地基处理、预应力构件及新材料、新工艺、新技术、新结构的施工记录、施工日志；

（7）设备安装记录，如：机械设备、暖气、卫生、电气等工程的安装和检验记录；

（8）施工单位和设计单位提供的建筑物使用说明资料；

（9）上级主管部门对工程的有关技术决定；

（10）工程竣工结算资料和签证等。

以上技术档案资料随同工程交工，提交建设单位保存。

（二）施工企业自身保存的施工技术档案

建筑施工企业自身保存的技术档案，是供施工单位今后施工时的参考技术文件，主要是施工生产中积累的具有参考价值的经验资料。其主要内容包括施工组织设计，施工经验总结，新材料、新工艺、新技术、新结构、新设备的试验和使用效果；各种试验记录；重大质量、安全、机械事故的发生原因，情况分析和处理意见；重要的技术决定、技术管理的经验总结等。

工程技术档案来源于平时积累的各种技术资料。因此，施工生产和技术管理中，应注意广泛地征集各种技术资料。比如：混凝土和砂浆的强度试验报告；钢材的物理化学试验报告；构件荷载试验结论；地基处理记录；施工日志；各工程的施工组织设计等。技术资料收集起来后，要按照档案管理的要求进行分类整理。一般按工程项目分类，使同一工程的技术资料集中在一起，再在每个工程项目下按专业进行分类，便于归档后使用时查找。

技术档案工作要求做到资料完整、准确，便于查找和使用，能及时解决技术管理工作中的问题。

五、加强技术信息管理

建筑企业的技术信息是指与建筑生产、建筑技术有关的各种科技信息。包括有关的科技图书、科技刊物、科技报告、学术文章和论文、科技展品等。

现代建筑技术发展异常迅速，新材料、新工艺、新技术、新结构、新设备不断地涌现，建筑企业必须随时掌握其发展动态，及时地获得先进的技术，善于在别人探索和实践的基础上，有所借鉴和创新，在技术上才能少走弯路，取得事半功倍的效果。如果闭关自守，什么事都全靠自己探索，不善于借鉴别人成功的经验，不了解科技发展的动态，势必跟不上形势的发展，迟早会被淘汰。

技术信息管理工作，就是有计划、有目的、有组织地收集、整理、存储、检索、报道、交流有关的科技信息，为企业生产经营活动提供各方面有价值的科技信息资料，促进企业的技术进步。科技信息工作应当做到：有针对性，针对企业生产中的薄弱环节收集有关信息，促进企业改进技术，力求走在科研和生产的前面，利用科技带动技术发展；准确可靠，收集的信息一定要真实，避免给技术工作造成失误；完整，收集的信息要系统、完整，不要疏漏，尽量给技术管理提供全面的分析资料，保证企业的技术工作全面发展。

第三节　技术管理制度

技术管理制度是开展各项技术活动所必须遵循的工作准则。建立和健全技术管理制度，是企业搞好技术管理工作的重要保证。企业的技术管理制度主要包括以下几个方面：

一、建立图纸会审制度

（一）图纸会审的目的

图纸会审，是指由建设单位或委托的监理单位组织其相关的设计单位和施工单位共同对施工图纸进行审查的工作。图纸会审一般是在施工单位对施工图纸进行了初审的基础上进行。其目的是为了领会设计意图，熟悉施工图纸的内容，明确技术要求，及早发现并消除图纸中的错误，以便正确无误地进行施工。

（二）图纸会审的要点

图纸会审的要点详见本教材第四章。

二、建立技术交底制度

（一）技术交底的目的

技术交底是指在工程开工前，由上级技术负责人就施工中的有关技术问题向执行者进行交待的工作。技术交底的目的，在于把设计要求、技术要领、施工措施等层层落实到执行者，使其做到心中有数，以保证工程能够顺利进行，从而保证工程质量和施工进度。

（二）技术交底的主要内容

技术交底的主要内容包括：技术要求、技术措施、质量标准、工艺特点、注意事项等。交底工作从上到下逐级进行，交底内容上粗下细，越到基层越应具体。凡技术复杂的重点工程，应由公司总工程师就施工中的难点向分公司的主任工程师或项目技术负责人进行交底；一般的工程项目由分公司的主任工程师向项目技术负责人或技术人员进行交底；项目技术负责人或技术人员再对各分部分项工程向工人班组进行具体交底。上述各级交底中，以项目技术负责人或技术人员向工人班组进行交底最为重要，一般涉及到实际操作。其主要内容有：

（1）工程项目的各项技术要求；

（2）尺寸、轴线、标高、预留孔洞、预埋铁件的位置等；

（3）使用材料的品种、规格、等级、质量标准、使用注意事项等；

（4）施工顺序、操作方法、工种配合、工序搭接、交叉作业的要求；

（5）安全技术；

（6）技术组织措施，产量、质量、消耗、安全指标等；

（7）机械设备使用注意事项及其他有关事项。

技术交底的形式是多种多样的，应视工程项目的规模大小和技术复杂程度以及交底内容的多少而定。一般采用口头、文字、图表等形式，必要时也可以用样板、实际操作等方式进行。

三、建立技术复核制度

（一）技术复核

技术复核，是指对施工过程中的重要部位的施工，依据有关标准和设计要求进行复查、核对等工作。技术复核的目的是避免在施工中发生重大差错，以保证工程质量。技术复核工作一般是在分项工程正式施工前进行，复核的内容根据工程情况而定。一般土建工程施工重点复核以下内容：

（1）建筑物、构筑物的位置、坐标桩、标高桩、轴线尺寸等；

（2）基础：土质、位置、标高、轴线、尺寸；

（3）钢筋混凝土工程：材料质量、等级、配合比设计，构件的型号、位置、钢筋搭接长度、接头长度、锚固长度，预埋件的位置，吊装构件的强度；

（4）砖砌体：轴线、标高、砂浆配合比；

（5）大样图：各种构件及构造部位大样图的尺寸和要求。

（二）技术核定

技术核定，是指在施工过程中依照规定的程序，对原设计进行的局部修改。在建筑工程的施工过程中，当发现设计图纸有错误，或施工条件发生了变化而不能照原设计施工时，就必须对设计进行修改，即为技术核定。例如：材料代换，构件代换，改变施工做法等。技术核定必须依照有关规定按程序进行，一般应在工程施工合同中写明，以分清责任和权限，保证施工生产顺利进行。通常情况下，不影响工程质量和使用功能的材料代换由施工单位自行核定。如：钢筋直径不同的代换。当变更较大，影响原设计标准、结构、功能、工程量时，必须经设计单位和建设单位认可并签署意见后方可实施；如建设单位、设计单位主动要求修改，应在规定的时间内以书面形式通知施工单位。

技术核定的实施对于大多数企业采取技术核定单的形式下达。按规定程序签署下达的技术核定单，具有同施工图纸相同效力，必须严格执行。

四、建立材料及构配件检验制度

建筑材料、构配件、金属制品和设备的好坏，直接影响着建筑产品的优劣。因此，企业必须建立和健全材料及构配件检验制度，配备相应人员和必要的检测仪器设备，技术部门要把好材料检验关。

（一）对技术部门、各级检验试验机构及施工技术人员的要求

（1）工作中要遵守国家有关技术标准、规范和设计要求，要遵守有关的操作规程，提出准确可靠的数据，确保试验、检验工作的质量。

（2）各级检验试验机构应按照规定对材料进行抽样检查，提供数据存入工程档案。其所用的仪器仪表和量具等，要做好检修和校验工作。

（3）施工技术人员在施工中应经常检查各种材料的质量和使用情况，禁止在施工中使用不符合质量要求的材料、构配件，并确定处理办法。

（二）对原材料、构配件、设备检验的要求

（1）用于施工的原材料、成品、半成品、设备等，必须由供应部门提出合格证明文件。对没有证明文件或虽有证明文件但技术人员、质量管理部门认为有必要复验的材料，在使用前必须进行抽样、复验，证明其合格后才能使用。

（2）钢材、水泥、砖、焊条等结构用的材料，除应有出厂证明或检验单外，还要根据规范和设计要求进行检验。

（3）高低压电缆和高压绝缘材料，要进行耐压试验。

（4）混凝土、砂浆、防水材料的配合比，应先提出试配要求，经试验合格后才能使用。

（5）钢筋混凝土构件及预应力钢筋混凝土应按《钢筋混凝土施工及验收规范》的有关规定进行抽样试验。

（6）新材料、新产品、新构件，要在对其做出技术鉴定、制定出质量标准及操作规程后才能在工程上使用。

（7）在现场配制的建筑材料，如防水材料、防腐材料、耐火材料、绝缘材料、保温材料等，均应按试验室确定的配合比和操作方法进行施工。

常用土建工程施工中原材料的检验项目，见表 6-1。

常用材料检验项目 表 6-1

<table>
<tr><th>序号</th><th colspan="2">材料名称</th><th>一般检验项目</th><th>其他检验项目</th></tr>
<tr><td>1</td><td colspan="2">水泥</td><td>标准稠度、凝结时间、抗压和抗折强度</td><td>细度、体积安定性</td></tr>
<tr><td rowspan="2">2</td><td rowspan="2">钢材</td><td>热轧钢筋、冷拉钢筋、型钢、扁钢和钢板</td><td>拉力、冷弯</td><td rowspan="2">冲击、硬度、焊接件（焊缝金属、焊接接头）的机械性能</td></tr>
<tr><td>冷拔低碳钢丝、碳素钢丝和刻痕钢丝</td><td>拉力、反复弯曲</td></tr>
<tr><td>3</td><td colspan="2">木材</td><td>含水率</td><td>顺纹抗压、抗拉、抗弯、抗剪等强度</td></tr>
<tr><td>4</td><td colspan="2">普通粘土砖、页岩砖、空心砖、硅酸盐砌块</td><td>抗压、抗折</td><td>抗冻</td></tr>
<tr><td>5</td><td colspan="2">天然石材</td><td>密度、孔隙率、抗压强度</td><td>抗冻</td></tr>
<tr><td rowspan="2">6</td><td rowspan="2">混凝土用砂、石</td><td>砂</td><td rowspan="2">颗粒级配、密度、松散密度、空隙率、含水率、含泥量</td><td>有机物含量、三氧化硫含量、云母含量</td></tr>
<tr><td>石</td><td>针状和片状颗粒、软弱颗粒</td></tr>
</table>

续表

序号	材料名称	一般检验项目	其他检验项目
7	混凝土	坍落度或工作度、密度、抗压强度	抗折、抗弯强度、抗冻、抗渗、干缩
8	砌筑砂浆	流动度（沉入度）、抗压强度	
9	石油沥青	针入度、延伸度、软化点	
10	沥青防水卷材	不透水性、耐热度、吸水性、抗拉强度	柔度
11	沥青胶（沥青玛琋脂）	耐热度、柔韧性、粘结力	
12	保温材料	密度、含水率、导热系数	抗折、抗压强度
13	耐火材料	密度、耐火度、抗压强度	吸水率、重烧线收缩、荷重软化温度等
14	水		pH 值，油、糖含量
15	塑料	耐热性、低温耐折、导热系数、透水性、抗拉强度及相对伸长率等	线膨胀系数、静弯曲强度、压缩强度
16	水硬性耐火混凝土	耐热度、密度、热间强度、混凝土强度等级	荷重软化点、残余变形、线膨胀系数、耐急冷急热性
17	耐酸耐碱混凝土	耐酸或耐碱度、密度、28 天的抗压强度	
18	石膏	标准稠度、凝结时间、抗压、抗拉	
19	石灰	产浆量、活性氧化钙和活性氧化镁含量	细度、未消化颗粒含量
20	回填土	干密度、含水率、最佳含水率和最大干密度	
21	灰土	含水率、干密度	

注：一般检验项目是指必须做的项目，而其他检验项目是指必要时才做的检验项目。

五、建立工程质量检查和验收制度

质量检查是根据国家或主管部门颁发的有关质量标准，采用一定的测试手段，对原材料、构配件、半成品、施工过程的分部分项工程以及交工的工程进行检查、验收的工作。

质量检查和验收工作可以避免不合格的原材料、构配件进入施工过程，从而保证各个分项工程质量，进而保证整个工程的质量。它是维护国家和用户利益，维护企业信誉的重要手段，是企业质量管理中的一项重要工作。

（一）工程质量检查验收的依据

（1）施工验收规范、操作规程，质量评定标准，有关主管部门颁发的关于保证工程质量的规章制度和技术文件；

（2）批准的单位工程施工组织设计；

（3）施工图纸及设计说明书，设计变更通知单，修改后图纸和技术核定单；

（4）材料试验、检验报告、材料出厂质量保证书和证明单；

（5）施工技术交底记录、图纸会审的会议记要和记录；

（6）各项技术管理制度。

（二）工程质量检查制度和方法

（1）自检制度。自检制度是指由班组及操作者自我把关，保证交付合格产品的制度。自检必须建立在认真进行技术交底，真正发动群众和依靠群众的基础之上。班组要有一套完整的管理办法，包括建立质量管理小组，实行严格的质量控制。

（2）互检制度。互检制度是指操作者之间互相进行质量检查的制度。其形式有班组互检，上下工序互检，同工序互检等。互检工作开展的好坏是班组管理水平的重要标志，也是操作质量能否持续提高的关键。

（3）交接检查制度。交接检查制度是指前后工序或作业班组之间进行的交接检查制度。一般应由工长或施工技术负责人进行。这就要求操作者和作业班组树立整体观念和为下道工序（或作业班组）服务的思想，既要保证本工序（或本班）的质量，又要为下道（或下一作业班组）创造有利条件，而下道工序（或作业班组）也重复如此，形成环环相扣，班班把关的局面。

（4）分部、分项工程质量检查制度。由企业的质量检查部门和有关职能部门负责进行。对每个分部、分项工程的测量定位、放线、翻样、施工的质量以及所用的材料、半成品、成品的加工质量，进行逐项的检查，及时纠正偏差，解决有关问题，并做好检验的原始记录。

（5）技术工作复核制度。即在各个分项工程施工前，由有关部门对各项技术工作进行严格的复核，发现问题，及时纠正。

（三）质量检验的内容

质量检验的内容主要包括施工准备工作中的检验、施工过程中的质量检验和交工验收中的质量检验等三个阶段的质量检验。

（1）施工准备工作中的检验。包括基准点、标高、轴线的复核；机械设备安装的开箱检验、预组装；原材料、构配件的外形、规格、强度等物理、化学性能的检验，加工件的放样下料、图纸复核等。

（2）施工过程中的质量检验。包括分部分项工程和隐蔽工程的检验。如：地基基础工程的土质、标高的检验；打桩工程中桩的数量、位置的检验；钢筋混凝土工程中的钢筋种类、规格、数量、强度等级、尺寸位置、焊接、绑扎、搭接情况的检验；模板的位置、尺寸、标高及稳定性的检验；管道工程的标高、坡度、焊接、防腐情况的检验；锅炉的焊接、试压等的检验。上道工序不合格，就不能转入下道工序施工。分部工程和隐蔽工程的检验记录是工程交工验收的重要凭证，也是重要的质量信息资料，应按有关技术档案规定妥善保管。

（3）交工验收中的质量检验。建筑施工（包括土建、装饰、水、暖、通风、电气照明等）完工后，施工单位要进行自检，通过自检，发现问题及时纠正，并在自检合格的基础上，由施工单位提出《验收交接申请报告》（即竣工报告，见表6-2）。然后再由建设单位组织设计单位、监理单位、施工单位及有关部门共同参与对竣工工程项目进行检查验收，包括检查建筑物的标高、轴线、预留孔洞、建筑物的外观状况和使用功能是否符合设计和有关规范的要求，交工的技术资料是否齐全、是否符合有关规定等。在这些检查内容符合要求的基础上，由施工单位向建设单位办理交工手续，并向建设单位移交全部的技术资料。

竣工报告 表 6-2

施工单位：__________

建设单位				
主管部门				
工程地点				
工程名称				
简　　称		工程造价（元）	全部	
用　　途			土建	
结　　构			装饰	
层　　数			卫生	
幢　　数			暖气	
建筑面积			电气	
其中：地下室			通风	
实际开工日期	年　月　日			
实际竣工日期	年　月　日			
日历工作天		实际作业天		
预制构件		吊装方法		
工程质量评价：		甩项、停工、交接情况：		

项目负责人：　　　　　　　　　　　　　　　　　　统计员：

六、建立技术组织措施计划制度

在施工过程中，必须结合工程项目的实际情况和降低工程成本、推广新技术、新材料、新结构的任务，在技术上和组织上采取一系列的措施，以达到上述目的，而以这些措施及其效果为主要内容制定的计划，就是技术组织措施计划。

建立技术组织措施计划制度的目的是为了更好地提高工程质量，节约原材料，降低工程成本，加快施工进度，提高劳动生产率，改善劳动条件，进而提高企业的经济效益和社会效益。

在实际工作中，常见的技术组织措施主要有以下几种：

（1）加快施工进度，缩短工期方面的技术组织措施；

（2）保证和提高工程质量的技术组织措施；

（3）节约原材料、动力、燃料的技术组织措施；

（4）充分利用地方材料、综合利用工业废料、废渣的技术组织措施；

（5）推广新技术、新材料、新工艺、新结构的技术组织措施；

（6）革新机具、提高机械化程度的技术组织措施；

（7）改进施工机械设备的组织和管理，提高设备完好率、利用率的技术组织措施；

（8）改进施工工艺和技术操作的技术组织措施；

（9）保证安全施工的技术组织措施；

（10）改善劳动组织、提高劳动生产率的技术组织措施；

（11）发动群众广泛提出合理化建议，献计献策的技术组织措施；

（12）各种技术经济指标的控制数字。

七、建立施工技术资料归档制度

施工技术资料是建筑施工企业进行技术工作、科学研究、生产组织的重要依据，也是企业生产经营活动的技术标准，它能系统地反映企业长期生产实践的科技工作成果，因此加强对技术资料的管理是企业一项重要的技术基础工作。

建立施工技术资料归档制度，是为了保证工程项目的顺利交工，保证各项工程交工后的合理使用，为今后工程项目的维修、维护、改建、扩建提供依据，也是为了更好地积累施工技术经济资料，不断提高施工技术水平的需要。因此施工技术部门必须从工程施工准备工作开始就建立起工程技术档案，不断地汇集整理有关资料，并把这一工作贯穿于整个施工过程，直到工程竣工交工验收结束。

凡是列入技术档案的技术文件、资料，都必须经有关技术负责人正式审定。所有的资料、文件都必须如实地反映情况，不得擅自修改、伪造或事后补作。工程技术档案必须严格加强管理，不得遗失和损坏。人员调动时要及时办理有关的交接手续。

施工技术资料归档内容，包括工程交工验收的技术档案和施工企业自身保存的技术档案等两部分，其具体内容详见本章第二节所述。

第四节 技 术 经 济 分 析

在施工前拟定的技术组织措施、技术方案应进行技术经济分析工作，在分析的基础上选择最佳的技术方案；而在工程完工后，也应进行技术经济分析，以便不断地总结经验和教训，提高企业的管理水平。技术经济分析是技术决策的基本方法，也是评价技术方案效果的基本方法。

一、开工前的技术方案分析

在工程开工前，应对工程对象拟定各种各样的技术组织措施和技术方案，在此基础上应对这些技术方案进行相关的技术经济分析。对技术方案进行分析，应设置一系列的技术经济指标，以反映技术方案的技术和经济特征。这些技术经济指标可分为两大类：一类是技术指标；另一类是经济指标。

技术指标反映技术方案的技术状况，不同性质的技术方案须用不同的技术指标体系。如技术装备方案，其主要技术指标就有：工作效率、工作质量、安全性能、灵活性、适用性、维修性和耐用性等。

经济指标反映技术方案的经济效果。主要有成本、资金占用、经济效益等。

技术方案的一般技术经济分析指标参见表6-3。

二、施工项目完工后的技术经济分析

施工工程项目通过施工生产，在交工验收后，作为施工企业自身，也应进行有关的技术经济分析工作，这些工作主要是针对施工活动进行全面系统的技术评价和经济分析，以不断地总结经验，吸取教训，从而不断提高企业的技术水平和管理水平。

（一）施工项目的综合分析

综合分析，是对施工项目实施中各个方面都作分析，从而综合评价项目的经济效益和

技术方案的技术经济分析指标　　表 6-3

序号	分析项目		指标名称
一	技术指标	施工方案	技术可行程度 施工难易程度 机械设备施工率
		进度计划	总工期 交叉作业率 施工连续程度 施工均衡程度
		施工平面图	占地面积 交通运输可靠程度 水电供应保证程度 平面布置对施工的满足程度
二	经济指标		工程总成本 主要材料消耗量 机械设备消耗量 人工消耗量 临时设施费 二次搬运费 环境污染防治费 现场设备利用率 劳动生产率

管理效果。综合分析一般从两个方面进行分析评价，即效果指标和消耗指标。

1. 效果指标

反映施工项目施工的效果指标主要有：

(1) 工程质量评定等级。指单位工程在竣工验收后，最后评定的质量等级是合格还是优良。优良级为施工质量效果好，而合格级则说明质量效果为一般。

(2) 实际工期与工期缩短（拖延）指标。实际工期是指从开工到竣工的日历天数。工期缩短（拖延）是指实际工期与合同工期的差额，若实际工期小于合同工期，则工期缩短（提前），项目实施效果较好；反之，则工期拖延，实施效果差。当然，对工期缩短（拖延）要作具体分析，因为影响工期的因素很多。

(3) 利润和成本利润率。利润是指承包价格与实际成本的差额；成本利润率是利润额与实际成本之比，用成本利润率可以分析成本与利润之间的关系。利润额的大小与工程成本的高低成反比，利润指标从正反两个方面反映出劳动消耗的情况。而成本利润率则可以从正反两个方面反映劳动消耗的经济效果。

(4) 劳动生产率指标。该指标是指工程承包价格与实际用工日数之比，能反映项目实施的生产效果。劳动生产率高则说明生产效果好。

2. 消耗指标

这里所说的消耗是指用工、材料及机械台班量的消耗。

(1) 单方用工、劳动效率以及节约工日

$$单方用工=\frac{实际用工（工日）}{建筑面积（m^2）}$$

$$劳动效率=\frac{预算用工（工日）}{实际用工（工日）}\times 100\%$$

(2) 主要材料节约量及材料成本降低率（即钢材、木材、水泥等）

$$主要材料节约量=预算用量-实际用量$$

$$材料成本降低率=\frac{承包价中的材料成本-实际材料成本}{承包价中的材料成本}\times 100\%$$

(3) 主要施工机械利用率及机械成本降低率

$$主要施工机械利用率=\frac{预算台班数}{实际台班数}\times 100\%$$

$$施工项目机械成本降低率=\frac{预算机械成本-实际机械成本}{预算机械成本}\times 100\%$$

(4) 成本降低额和成本降低率

$$成本降低额 = 承包成本 - 实际成本$$

$$成本降低率 = \frac{承包成本 - 实际成本}{承包成本} \times 100\%$$

通过以上相对指标和差额指标的计算所表示的效果与消耗的关系，从中就可以分析施工项目的管理水平和效益。同时，这种建立在效益分析基础上的全面分析，是用数据资料判断项目施工全过程的管理状况，并及时加以总结分析，这样，为以后的项目管理提供客观依据，从而不断地提高管理水平。

（二）施工项目单项分析

施工项目单项分析是针对某项指标进行剖析，从而找出在施工项目管理中所取得的成绩或存在问题的具体原因，并且提出应该如何加强和改善的具体内容。单项分析主要应对质量、工期、成本等三大基本目标进行分析。比如，工程质量等级评定的优良，就可以总结质量管理中的经验，如果有普遍的适用性，则可以加以推广。如工程质量等级评定为合格，那么应进一步找出影响项目质量的某分部、分项工程中所存在质量管理上的原因，在分析原因的同时，提出整改措施，在今后的质量管理中引以为戒。

通过单项分析，就能及时了解和掌握项目经理部存在的各种不足或优势何在，以便在今后的项目管理中注意扬长避短。同时，通过对企业施工的相应指标的对比，还可以了解企业各方面不足的改进和完善情况，增强了企业自身发展的能力。

第五节　技术革新和技术开发

一、技术革新

技术革新，是指在技术进步的前提下，把科学技术的成果转化为现实的生产能力，应用于企业生产的各个环节，用先进的技术对企业现有的落后技术进行改造和更新。建筑企业要提高技术素质，就必须不断地进行技术革新，通过技术革新，可以提高企业的施工技术水平，确保工程质量、缩短施工工期、降低工程成本，提高经济效益。

（一）技术革新的主要内容

（1）改进施工工艺和操作方法。随着建筑技术的飞速发展，新技术、新材料、新工艺、新结构、新设备的不断涌现，建筑施工企业必须在施工中不断地改进施工工艺和操作方法，以新的施工工艺和操作方法来适应现代建筑的发展需要，才能保证工程施工质量，提高施工进度，降低工程成本。

（2）改进施工机械和工具。针对现在落后的施工过程，特别是劳动强度大、劳动条件差、生产效率低的工种，应积极地有计划地进行施工机械和工具的改革、更新，用工作效率高的施工机械和工具代替原有的落后施工机械和工具，以提高劳动生产率，改善工人的作业条件。

（3）改进材料的使用。在保证工程质量的前提下，大力推广新型的、节能的、优质的建筑材料；推行材料的综合利用，努力降低消耗，节约使用资源。特别是针对我国人口多土地少的现实情况，应禁止或减少使用粘土砖，用新型的墙体材料代替，以节约使用耕地。

（二）技术革新的组织管理

（1）领导和群众相结合。对技术革新，领导必须首先要重视，要把技术革新视为提高企业竞争力的重要措施来抓。此外，还必须依靠群众，想方设法调动各方面的积极性，发挥群众的创造力，才能取得良好的效果。

（2）紧密结合施工生产实际。针对现在施工生产中的关键问题和薄弱环节，有重点地进行技术改造。

（3）注意技术和经济的统一。在拟定、评价技改方案时，应注意从技术和经济两方面进行，要选择那些技术上先进可靠，经济上合理可行的方案推广使用。

（4）充分发挥奖励的作用。利用精神和物质等奖励手段，鼓励对技术革新有贡献的职工，在企业造就人人提建议、搞革新的局面，推动企业的技术进步。

二、技术开发

（一）技术开发的意义

技术开发，是指把科学技术的研究成果进一步应用于生产实践的开拓过程。技术开发主要包括新技术、新材料、新工艺、新结构、新设备的开发，它的目的在于运用科学研究中所获得的知识，以试验为主要手段，验证技术可行性和经济合理性，通过实验室试验和中间试验（有些还要进行工业性试验）等一系列步骤，提供完整的技术开发成果，使科学技术转变为直接生产力，并不断以科研成果推动生产持续发展。

（二）技术开发的途径

技术开发必须走在生产的前面，以源源不断的新技术推动生产发展。建筑企业只有依靠技术开发，不断地采用新技术、新材料、新工艺、新结构、新设备和新的管理技术，才能改善企业的技术状况，提高企业的竞争能力，使企业取得新的发展。

建筑企业的技术开发的途径主要是施工技术和管理技术两方面。

（1）施工技术的开发。施工技术开发包括施工机械设备的改造、更新换代和施工工艺水平的提高。通过施工机械设备的改造、更新换代和施工工艺水平的提高，不断地适应生产发展的需要。这是企业技术开发的核心。

（2）管理技术的开发。管理技术的开发主要是引进各种先进的管理方法和手段，完善管理制度。先进技术和施工工艺水平的发挥，还必须依靠先进的管理手段，只有两者的共同结合，才能发挥出它们应有的水平。引进各种先进的管理方法和手段，完善管理制度是提高建筑工程质量，降低工程成本，提高劳动生产率的重要途径。

（三）技术开发的程序

技术开发工作应遵循以下开发程序：

（1）技术预测。建筑施工企业进行技术开发，必须首先对建筑的发展动态，企业现有技术水平、技术薄弱环节等进行深入的调查分析，预测施工技术未来的发展趋势。

（2）选择技术开发课题。选择技术开发课题，是技术决策的问题，它是技术开发工作的关键环节。课题选择恰当，成功的可能性就大。不论是上级主管部门提出的课题，还是企业自选的课题，都应通过可行性论证，由适当的学术组织（如常设的专业技术学会或临时组成的专家组）就拟议中的课题在生产上的必要性、技术上的先进性，现有科研条件和预期的经济、社会、环境效益等提出审议意见，最后由主管部门或企业技术领导作出决策。

选择技术开发课题，应注意以下几点：

1）应从本企业的生产实际出发，研究和解决生产技术上的关键问题；

2）必须和本企业的技术革新活动相结合；

3）充分利用已有技术装备和技术力量，必要时与科研机构、大专院校协作，共同进行攻关；

4）要给科研人员创造良好的学习、研究环境和必要的生产条件，使他们能集中精力，致力于开发工作。

(3) 组织研制和试验。开发课题一旦选定，就应集中人力、物力、财力，加速研制和试验，按计划拿出成果。

(4) 分析评价。对研制和试验的成果进行分析评价，提出改进意见，为推广应用作准备。

(5) 推广应用。将研究成果在生产实践中加以应用，并对推广应用的效果加以总结，为今后进一步开发积累经验。

技术开发的程序如图 6-2 所示。

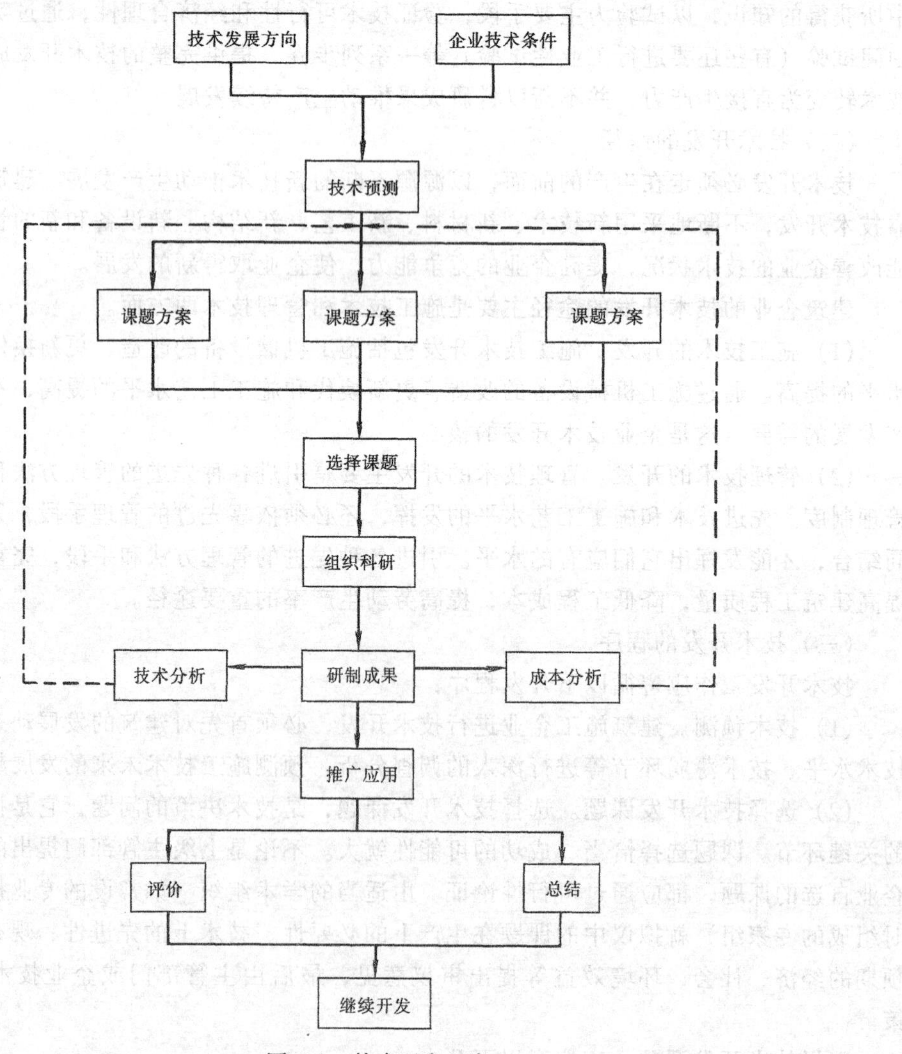

图 6-2　技术开发程序

（四）技术开发的组织管理

企业的技术开发工作应紧密联系企业的生产实际需要，开发的课题要经一定的学术组织审议，进行可行性论证，再由主管领导作出决策；研究试验方案要经本单位的技术主管审查批准，人力配备、器材供应、试验条件以及资金供应等保证按计划逐项落实，对工作进展情况要定期检查，并及时协调各方面的关系，解决出现的问题；研究或开发成果要及时组织专家进行鉴定和评议，内容比较复杂、研究周期较长的项目，还应组织阶段和分项成果的评议；通过鉴定的成果要在施工中推广应用，并对应用情况进行跟踪，及时发现并解决应用中出现的问题，帮助企业切实掌握新技术。

复 习 思 考 题

一、名词解释

1. 技术管理；2. 施工日志；3. 技术责任制；4. 技术交底；5. 技术核定；6. 技术革新；7. 技术开发。

二、填空

1. 技术管理工作的内容包括：______、______和______等几个方面。

2. 技术交底的内容主要有______、______、______、______和______等五个方面。

3. 施工项目的综合分析一般是从______和______等两个方面进行分析评价。

4. 建筑企业技术开发的途径主要是______和______等两个方面的技术开发。

5. 常见的工程质量检查制度有______、______、______、______和______等几种制度。

三、简答

1. 技术管理工作的原则是什么？

2. 技术交底的目的是什么？

3. 一般土建工程施工中技术复核的主要内容有哪些？

第七章　建筑工程质量管理

第一节　质量管理概述

一、质量的概念

质量有广义与狭义之分，狭义的质量是指产品的自身质量；广义的质量是指除产品自身质量外，还包括形成产品全过程的工序质量和工作质量。

（一）产品质量

产品质量是具有满足相应设计和使用的各项要求的属性。一般包括以下五种属性。

（1）适用性　指产品所具有的满足使用者要求所具备的特性。

（2）可靠性　指产品具有的坚实稳固的属性，并能满足抗风、抗震等自然力的要求。

（3）耐久性　指产品在材料和构造上满足防水防腐要求，从而满足使用寿命要求的属性。

（4）美观性　指产品在布局和造型上满足人们精神需求的属性。

（5）经济性　指产品在形成中和交付使用后的经济节约属性。

（二）工序质量

工序质量是人、机器、材料、方法和环境对产品质量综合起作用的过程所体现的产品质量。

（三）工作质量

工作质量是指在建筑安装工程项目施工中所必须进行的组织管理、技术运用、思想政治工作、后勤服务等对提高工程施工质量的属性。

一般来说，产品质量、工序质量、工作质量三者存在以下关系：工作质量决定工序质量，而工序质量又决定产品质量；产品质量是工序质量的目的，而工序质量又是工作质量的目的。因此，必须通过保证和提高工作质量，在此基础上达到工程项目施工质量，最终生产出达到设计要求的产品质量。

二、质量管理的概念

质量管理，指企业为了保证和提高产品质量，为用户提供满意的产品而进行的一系列管理活动。

施工企业质量管理的发展，一般认为经历了三个阶段，即质量检验阶段、统计质量管理阶段和全面质量管理阶段。

（一）质量检验阶段

质量检验是一种专门的工序，是从生产过程中独立出来的对产品进行严格的质量检验为主要特征的工序。其目的是通过对最终产品的测试与质量对比，剔除次品，保证出厂产品的质量是合格的。

质量检验的特点：事后控制，缺乏预防和控制作用，无法把质量问题消灭在产品设计和生产过程中。

(二) 统计质量管理阶段

统计质量管理阶段是第二次世界大战初期发展起来的。主要是运用数理统计的方法，对生产过程中影响质量的各种因素实施质量控制，从而保证产品质量。

统计质量管理的特点：事中控制，即对产品生产的过程控制，但统计质量管理过分强调统计工具，忽视了人的因素和管理工作对质量的影响。

(三) 全面质量管理阶段

全面质量管理是在质量检验和统计质量管理的基础上发展起来的，它按照现代生产技术发展的需要，以系统的观点来看待产品质量，注意产品的设计、生产、售后服务全过程的质量管理工作。

全面质量管理的特点：事前控制，预防为主，能对影响质量问题的各类因素进行综合分析并进行有效控制。

以上三个阶段的本质区别是，质量检验阶段靠的是事后把关，是一种防守型的质量管理；统计质量管理阶段，靠在生产过程中对产品质量进行控制，把可能发生的质量问题消灭在生产过程之中，是一种预防型的质量管理；全面质量管理阶段是保留了前两者的长处，对整个系统采取措施，不断提高质量，可以说是一种进攻型或全攻全守的质量管理。

三、质量管理工作的主要内容

质量管理工作应贯穿施工过程的始终，也是企业、全体职工的共同责任。工程质量管理工作的主要内容有以下几个方面：

(1) 认真贯彻国家和上级有关质量工作的方针政策，贯彻国家和上级颁发的各项技术标准、施工规范和技术规程等。

(2) 组织贯彻保证工程质量的各项管理制度和运用全面质量管理等科学管理方法。

(3) 制定保证工程质量的技术措施，推行新技术、新结构、新材料中保证工程质量的技术措施。

(4) 进行工程质量检验，坚持事前控制、预防为主，组织班组检、互检、交接检，加强施工过程中的检查、做好预检和隐蔽工程检查工作，把质量问题消灭在施工过程中。

(5) 进行工程质量的检验评定，按合同约定及质量标准和设计要求，对材料、成品、半成品进行验收；对结构工程质量、暖卫、电气、设备和协作单位承担的分项工程进行验收；组织分项工程，分部工程和单位工程竣工的质量检验评定工作。

(6) 做好质量反馈工作，工程交付使用后，要进行回访，听取用户意见，检查工程质量变化情况，及时总结质量方面存在的问题，采取相应的技术措施，不断提高工程质量水平。

第二节　全面质量管理

一、全面质量管理的基本观点

(一) 为用户服务的观点

凡是接收和使用建筑产品的单位和个人，都是建筑企业的用户，为用户服务就是为人民服务；凡是接收上道工序的产品进行再生产的下道工序，就是上道工序的用户，为用户服务就是为下道工序服务。如在抹灰或地面工程中，如果清底工序清理不彻底、下道工序地面干的再好，也避免不了空鼓裂纹。因此“为用户服务”、“下道工序就是用户”是全面质量管理的一个基本观点。

（二）预防为主的观点

在施工过程中，每个分部分项工程的质量随时受到操作者、施工工艺、原材料、施工机具、施工环境等的影响。只要其中某个因素发生异常，工程质量就随之波动，从而出现不同程度的质量问题。所谓预防为主的观点就是在建筑工程中把质量事故苗头消灭在萌芽状态，使它不能成为事实，使每道工序都处在控制状态中。

（三）全面管理的观点（“三全”的观点）

全面管理就是在实施的工程项目中，进行全企业的管理、全过程的管理、全员参加的管理。

(1) 全企业管理　质量管理工作不限于质量管理部门，企业的各部门都要参与质量管理工作，共同对产品的质量负责。

(2) 全过程的管理　在施工企业，对于每件建筑产品必须从设计、施工准备、正式施工、竣工验收、交付使用、售后服务等全过程实施质量控制

(3) 全员管理　质量控制工作必须落实到每一位职工，让他们都关心产品质量，把提高产品质量和本人的工作结合起来，通过全体职工的努力工作，提高产品质量。

(4) 用数据说话的观点

数据是科学管理的基础。没有数据，或者资料不全、不准、科学管理就无从谈起。过去一些企业在管理中，不重视数据，不注意搜集和积累数据，不懂得通过数据去控制质量，只“凭经验”，“大概齐”等不科学的管理方法，结果使工程质量严重失真。作为工程技术人员一定要懂得假的数据比没有数据更有害，只有采取实事求是的科学态度，认真对待每一个数据，把它作为控制质量的基础，才能掌握工程质量控制的主动权。

二、全面质量管理的基础工作

1. 标准化工作

所谓标准化是以制定、修订标准与贯彻执行标准，达到统一为主要内容的活动过程。标准化工作主要有三个方面，一是技术标准，二是管理标准，三是工作标准。管理标准保证了技术标准的贯彻执行，工作标准是管理标准具体化。

2. 计量工作

计量工作是确保工程质量的重要手段和方法。工程质量依靠计量测试来保证。具体要求是：保证计量用的化验、分析仪器和设备做到配备齐全、完整无损、采值准确。同时也要求管理工作强化计量意识，对计量工作认真考核，使数据为决策提供依据。

3. 质量信息工作

质量信息是指在质量管理活动中的各种数据、报表、资料和文件。包括产品质量、工序质量和工作质量信息。质量信息是质量管理活动中非常重要的资源，也是质量管理不可缺少的依据。

4. 质量责任制

质量责任制是企业质量管理工作有关职责划分的工作制度。建立质量责任制就是把质量管理工作落实到企业的各个部门、各级机构、各个岗位和每个人，规定相应的责任和权

力，用规章制度把各项质量管理工作组织起来，形成严密的管理体系。质量责任制按质量管理工作内容分为：企业领导责任制、工序质量责任制，质量检查责任制、质量事故处理责任制、质量管理部门责任制。

5. 质量教育工作

人是决定产品质量的关键因素，任何质量管理工作，都要依靠人去做。因此，应把对职工的教育，对人的资源开发，视为战略任务。质量教育工作一般包括质量意识教育，质量管理知识教育和专业技术教育三方面的内容。

三、全面质量管理的保证体系

1. 质量保证体系的概念

质量保证，就是指企业在产品质量方面向用户提供的担保，保证用户购买的产品在寿命期内符合规定要求，能正常使用。用户对产品质量的要求是多方面的，要求质量保证必须满足用户的要求。如反映质量目标的标准能满足用户要求；要求企业对产品在规定使用期限内提供的质量保证满足用户的要求。

质量保证体系就是施工企业建立的长期稳定的能保证工程质量满足用户要求的系统。工程质量保证体系是施工企业以保证和提高工程质量，给用户提供满意服务为目标，用系统的概念和方法，将设计、施工中，各环节的质量职能组织起来，形成一个有机整体，保证企业经济合理地生产出用户满意的产品。

2. 质量保证体系的内容

(1) 施工准备阶段的质量管理　包括：图纸审查；编制施工组织设计；技术交底；材料、预制构件、半成品等的检验；施工机械设备的检修等。

(2) 施工过程中的质量管理　包括：施工工艺管理；施工质量检查和验收；质量信息管理；现场文明施工管理。

(3) 产品使用阶段的质量管理　包括：及时回访；建立保修制度。

3. 质量保证体系的运行

(1) 质量保证体系的运转方式　包括：计划（P）、实施（D）、检查（C）、处理（A）四个阶段并严格按照科学的程序运转。

1）计划阶段：就是通过市场调查及用户要求、制定出质量目标计划，经过分析和诊断确定达到这些目标的具体措施和方法。具体分为四个步骤。

第一步：分析现状，找出影响质量的主要问题。

第二步：分析产生质量问题的各种影响因素。

第三步：从中找出影响质量问题的主要因素。

第四步：针对影响质量的主要因素，制定措施，提出改进计划，并预计其效果。措施和活动计划应该具体明确。如为什么要制定这个措施；制定这个措施的目的是什么；这个措施在什么地方执行；这个措施在什么时间执行；这个措施由谁来执行；这个措施采用什么方法来执行。

2）实施阶段：就是按照计划和方法去实施。这个阶段只有一个步骤。

第五步：执行计划

3）检查阶段：就是对照计划与执行结果，检查执行效果，及时发现问题，不断总结经验。这个阶段也只有一个步骤。

第六步：检查计划实施效果

4）处理阶段：就是把经验加以总结，制定成标准、规程、制度，加以固定，作为今后工作的依据。对于遗留问题，作为改进的目标。这个阶段有两个步骤。

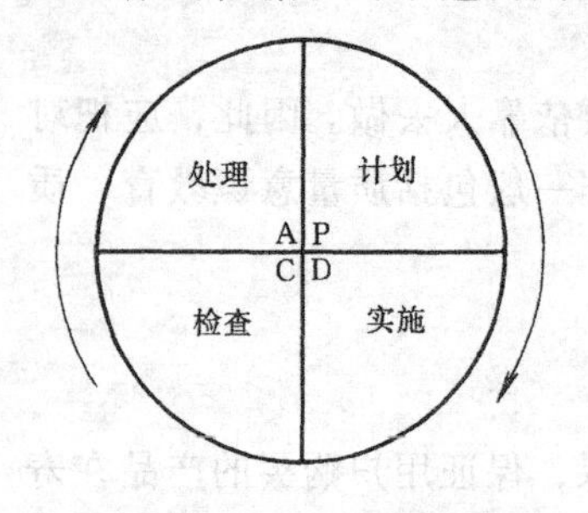

图 7-1 PDCA 循环

第七步：根据检查结果总结经验，制订出标准或制度，以便遵照执行。

第八步：将遗留问题转入下一循环。

（2）质量保证体系的运转特点

1）周而复始，循环不停：PDCA 循环是一个科学管理循环，每次循环都会把质量管理活动向前推进一步。如图 7-1 所示。

2）步步高：PDCA 循环每一次都在原水平上提高一步，每一次都有新的内容和目标。就爬楼梯一样，步步高，如图 7-2 所示。

3）大环套小环：PDCA 循环由许多大大小小的环嵌套组成，大环就是整个施工企业，小环就是施工项目班子。各环之间互相协调，互相促进，如图 7-3 所示。

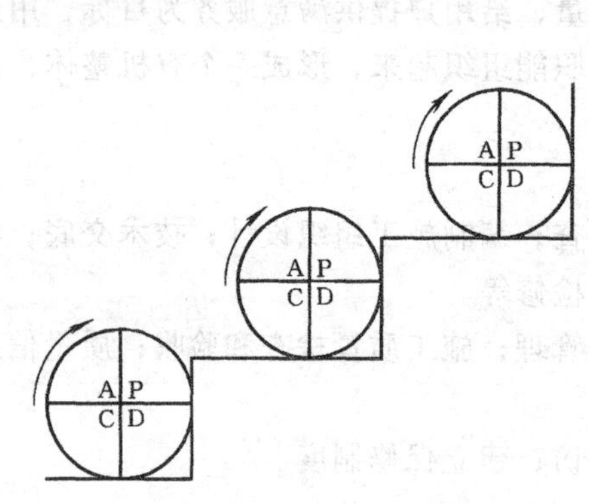

图 7-2 PDCA 循环提高过程图示

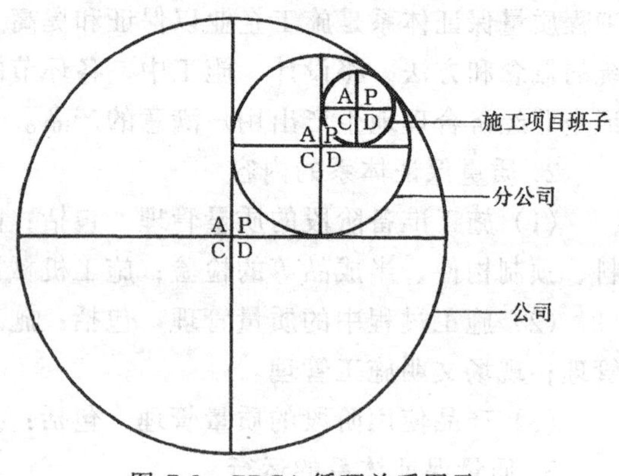

图 7-3 PDCA 循环关系图示

四、全面质量管理的常用统计分析方法

1．频数直方图法

频数直方图简称直方图。它是分析质量数据分布的状态，以便掌握整体质量情况的一种重要工具。用直方图法可以从繁杂的质量数据中找出质量运动的规律，预测工序质量的好坏和估算工序质量的不合格率，进而分析判断整个生产过程是否正常。直方图的作图步骤如下：

1）收集整理数据　数据至少 30 个，一般 100 个左右。数据越多，就越能代表总体的状态。

2）求数据的极差值　用公式表示：

$$R = X_{\max} - X_{\min}$$

式中　R——极差值；

$X_{\max}$——数据最大值；

$X_{\min}$——数据最小值。

3）确定组数和组距　组数的确定应根据数据的多少而定。组数太少，会掩盖组内数据的变动情况；组数太多，又会使各组参差不齐，从而看不出规律性。一般当数据为50～200时，可分6～12组；数据在200以上时可分为12～20组。

设K为组数，则组距h按下式计算：

$$h=\frac{R}{K}$$

4）确定分组的界限　分组的组界是根据组距决定的。为了避免出现数据与组的边界值重合而造成频数计算的困难，可采取各组的边界值比原测定精度高半个最小测量单位的办法。

第一组的下、上界限值按下式计算：

$$第一组下界限值=X_{min}-\frac{h}{2}$$

$$第一组上界限值=第一组下界限值+h$$

第二组的下界限值就是第一组的上界限值，第二组的上界限值就是该组的下界限值加组距，以此类推。

5）确定组中值

组中值就是各组的中心值。组中值按下式计算：

$$某组组中值=\frac{某组下界限值+某组上界限值}{2}$$

6）编制频数统计表　根据分组情况，分别统计出各组数据的个数。

7）作直方图根据频数统计表画直方图

【例1】　某钢筋混凝土结构工程，共做试块60组，检验其抗压强度见表7-1。用频数直方图判断产品质量是否稳定。

混凝土试块强度统计表　　**表7-1**

序号	强　度　等　级（N/mm²）						最大值	最小值
1	21.2	21.5	16.5	17.3	18.2	22.1	22.1	16.5
2	20.2	20.9	19.8	21.3	21.7	20.2	21.7	19.8
3	19.6	19.5	22.3	23.5	16.2	19.7	23.5	16.2
4	14.0	18.6	27.2	29.0	23.4	21.7	29.0	14.0
5	19.6	27.3	23.8	24.2	16.2	20.5	27.3	16.2
6	18.0	14.1	23.8	23.4	15.2	25.9	25.9	14.1
7	21.2	19.8	21.6	22.0	27.0	27.7	27.7	19.8
8	23.4	26.7	22.4	24.3	24.9	21.3	26.7	21.3
9	25.4	22.8	20.9	27.2	25.2	17.9	27.2	17.9
10	21.7	19.1	17.9	15.5	17.6	15.3	21.7	15.3

解：（1）收集数据。如表7-1所示混凝土试块强度统计表。

（2）求数据的极差值。从表7-1中整理出最大值$X_{max}=29.0N/mm^2$，最小值$X_{min}=14.0N/mm^2$，则：

$$R=X_{max}-X_{min}=29.0-14.0=15N/mm^2$$

（3）确定组数和组距。因为数据个数是60，固设组数$K=7$。则组距值为：

$$h=\frac{R}{K}=\frac{15}{7}\approx2.1$$

(4) 确定分组界限。从最小数据值开始：

第一组下限值$=X_{\min}-\frac{h}{2}=14-\frac{2.1}{2}=12.95\text{N/mm}^2$

第一组上限值$=$第一组下限值$+h=12.95+2.1=15.05\text{N/mm}^2$

其余各组界限值以此类推，见表 7-2。

(5) 确定组中值。根据表 7-2 内组中按下式计算：

$$第一组组中值=\frac{第一组下限值+第一组上限值}{2}=\frac{12.95+15.05}{2}=14.0$$

其余各组组中值以此类推，见表 7-2。

频数统计表 **表 7-2**

序　号	分组区间	组　中　值	频数统计	频　　数	频　　率
1	12.95～15.05	14.0	T	2	0.033
2	15.05～17.15	16.1	正一	6	0.100
3	17.15～19.25	18.2	正下	8	0.133
4	19.25～21.35	20.3	正正正T	17	0.283
5	21.35～23.45	22.4	正正T	12	0.200
6	23.45～25.55	24.5	正T	7	0.117
7	25.55～27.65	26.6	正一	6	0.100
8	27.65～29.75	28.7	T	2	0.033
				60	1.000

(6) 根据分组情况，编制频数统计表见表 7-2。

(7) 根据频数统计表绘出直方图，如图 7-4 所示。

直方图的观察分析：

通过观察形状，来判断混凝土质量是否稳定。一般直方图中部最高，越往两侧越低，两边大致对称，如果把每个长方形顶端中点用虚线连起来形如一口倒扣的大钟。如果整个“钟”的位置偏右说明混凝土总体强度较高；反之，说明混凝土总体强度较低。如果“钟”瘦高，说明混凝土的强度值集中，强度稳定；如果“钟”矮胖，则说明混凝土的强度值分散，强度不稳定。本例中混凝土强度基本稳定。关于对数据进行精密的定量分析，本书从略。

2. 排列图法

排列图是在影响工程质量的诸多因素中分析寻找主要影响因素的一种简单有效的方法。排列图由两个纵坐标和一个横坐标，若干个矩形及一条曲线组成。

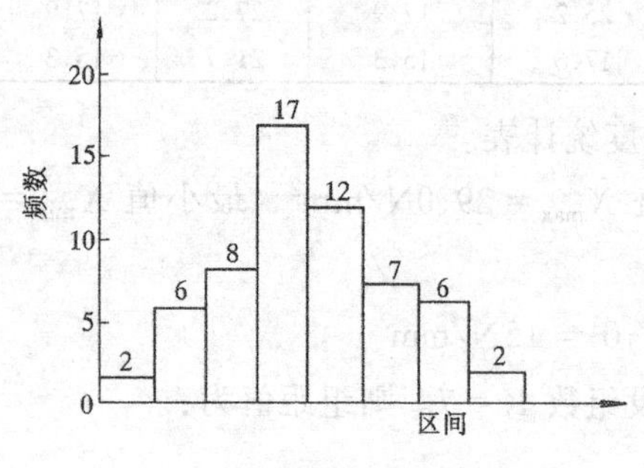

图 7-4　混凝土强度直方图

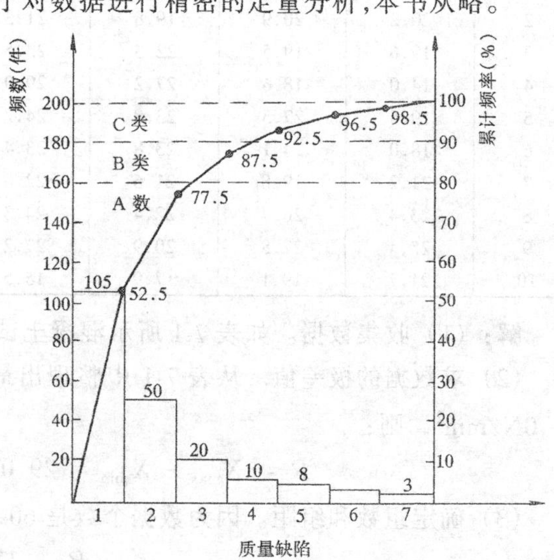

图 7-5　混凝土构件质量影响因素排列图

如图 7-5 所示。左边纵坐标表示频数，右边为累计频率，横坐标表示工程质量缺陷，按各影响因素的频数大小，将直方形从左到右排列。曲线表示影响因素的累计百分数。

下面用一个实例来说明排列图的画法。

【例 2】 某施工企业构件厂对一批构件进行检查，发现有 200 个检查点不合格，影响其质量的因素或缺陷及统计发生的次数见表 7-3。试分析影响构件质量的主要因素。

不合格项目统计分析表 表 7-3

构件批号	混凝土强度	截面尺寸	侧向弯曲	钢筋强度	表面平整	预 埋 件	表面缺陷
1	5	6	2	1			1
2	10		4		2	1	
3	20	4		2		1	
4	5	3	5		4	1	
5	8	2		1			1
6	4		3		1		1
7	18	6		3			
8	25	6	4		1		
9	4	3		2			
10	6	20	2	1		1	
合 计	105	50	20	10	8	4	3

解：(1) 收集整理数据并按频数由大到小排序，见表 7-4。

(2) 计算频率及累计频率。如混凝土强度不足的频率为 $\frac{105}{200}=52.5\%$。以此类推计算出各质量缺陷的频率并累加后依次填入表 7-4 中。

频 率 计 算 表 表 7-4

序 号	影响质量的因素	频 数	频 率 (%)	累计频率 (%)
1	混凝土强度	105	52.5	52.5
2	截面尺寸	50	25	77.5
3	侧向弯曲	20	10	87.5
4	钢筋强度	10	5	92.5
5	表面平整	8	4	96.5
6	预埋件	4	2	98.5
7	表面缺陷	3	1.5	100
合 计		200	100	

(3) 画排列图。按表 7-4 从上到下的次序在图中横坐标上从左向右标出各质量缺陷，依照频数及累计频率画出排列图，如图 7-5 所示。

(4) 确定影响质量的主要因素。通常将累计频率在 0～80%之间定为 A 类，是影响产品质量的主要因素；在 80%～90%之间定为 B 类，是影响产品质量的次要因素；在 90%～100%之间定为 C 类，是影响产品质量的一般因素。本例中 A 类因素有混凝土强度和截面尺寸两项为影响构件质量的主要因素，如图 7-5 所示。

3. 因果分析图法

为了寻找导致某一质量问题的原因，可以借助于因果分析图。因果分析图又叫鱼刺图、树枝图。在实际施工生产过程中，任何一种质量因素的产生原因往往都由于多种原因造成的，这些原因可归纳为五个方面：

(1) 人（操作者）的因素；

(2) 工艺（施工程序、方法）因素；

(3) 机械的因素；

(4) 原材料（包括半成品）的因素；

(5) 环境（地区、气候、地形等）因素。

绘制因果分析图步骤大体如下：

第一步，明确要分析的质量问题，广泛征求意见，集思广益，并把质量问题表示在因果分析图中的主干线上。

第二步，确定影响质量的五个方面的基本因素，并将其表示在因果分析图的枝干上。

第三步，把基本因素进一步分解，找出中、小原因，细分为树枝。

第四步，从图上找出主要原因并制订改进措施。

图 7-6 为混凝土强度问题的因果分析图。

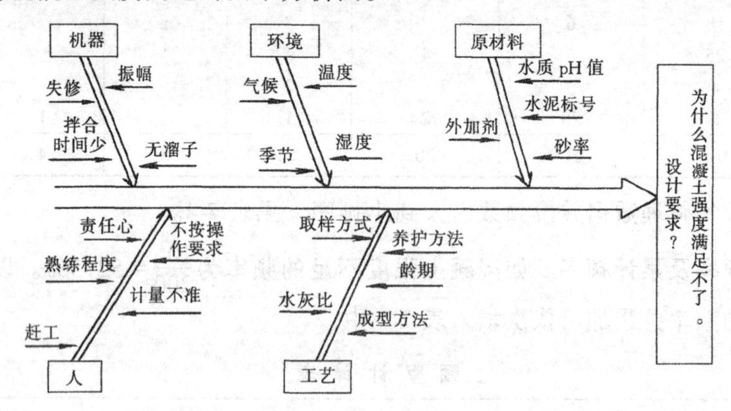

图 7-6 分析混凝土强度问题的因果图

4. 控制图法

控制图又叫管理图，是分析和控制质量分布动态的一种方法。产品的生产过程是连续不断的，产品质量的波动也是连续不断的。因此，对产品质量的形成过程进行动态监控是十分必要的。控制图法就是对质量分布进行动态监控的有效方法。

(1) 控制图的基本格式。如图 7-7 所示，横坐标表示样本的编号或测试时间，纵坐标表示质量特征。坐标内有三条线，中间一条为控制中心线，上下两条分别为上下控制界限，分别由统计原理确定。中心线就是统计数据平均值 μ；上下控制界限分别取 $\mu \pm 3\sigma$。σ 表示标准差。如果考虑偶然因素影响的生产过程，最多有千分之三的数据分布在控制界限以外。这种控制方法称为“千分之三”法则。

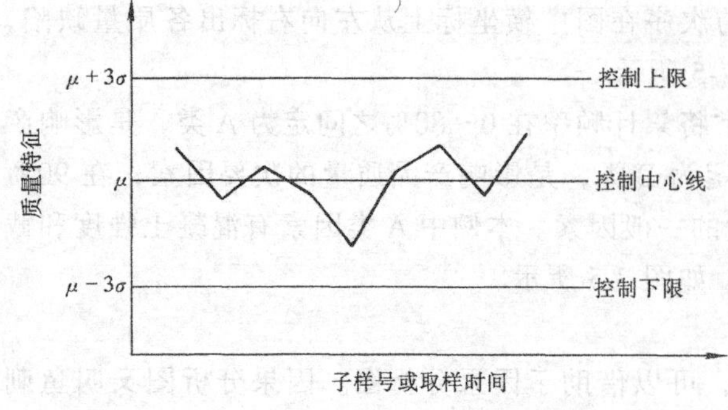

图 7-7 控制图基本格式

μ—统计数据平均值；σ—标准差

(2) 控制图的分析与应用

正常的控制图是质量特征数据值落在控制上下限之内，围绕中心线无规律地波动，则表明生产过程是正常的。如果质量特征数据值落在控制界限以外或仍在控制界限以内，但排列发生异常，则表明生产过程可能出现问题，并及时进行检查，针对异常原因采取相应措施，排除故障，使生产过程恢复正常。

质量特征数据排列异常通常包括以下情况：

1）有连续 7 个数据值在中心线一侧，如图 7-8（a）所示。

2）有连续 7 个数据值连续上升或下降，如图 7-8（b）所示。

3）连续 11 个数据中，至少有 10 个数据值在中心线一侧，如图 7-8（c）所示。

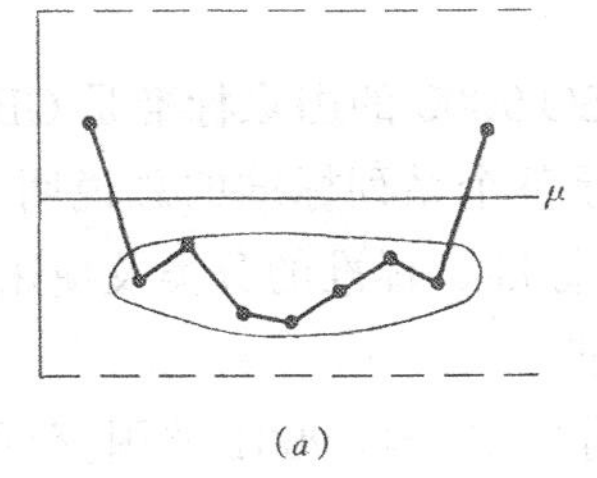

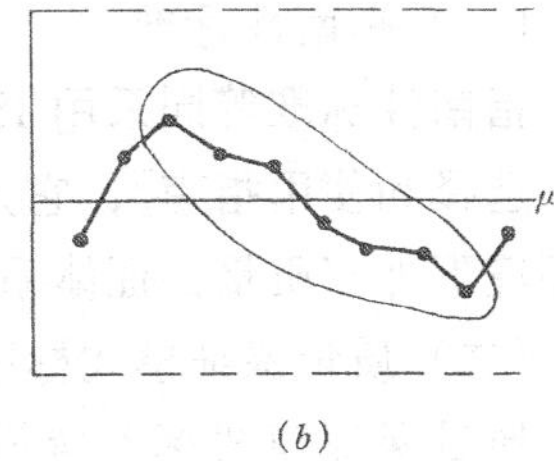

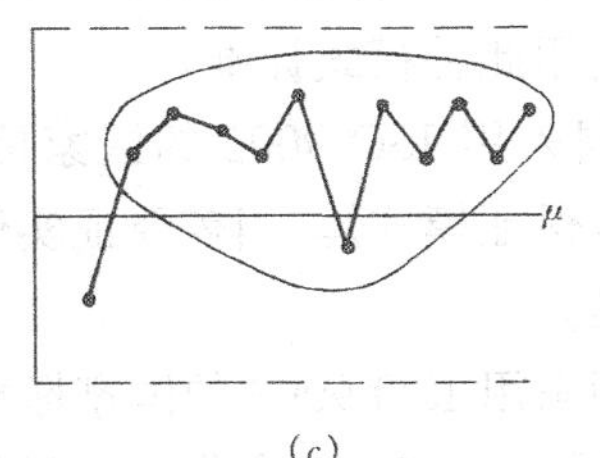

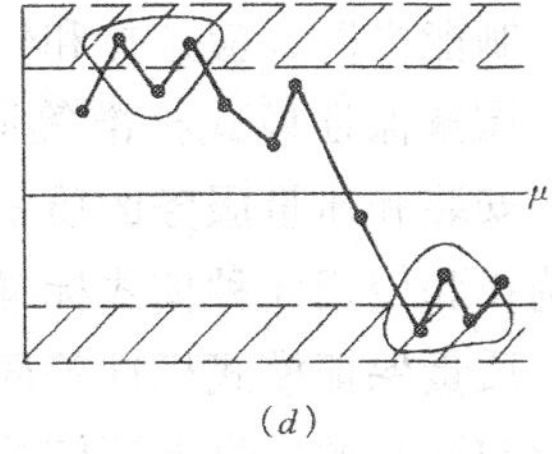

图 7-8　控制图的判断

4）在接近控制界限的连续 3 个数据中，有 2 个数据值在控制界限的外部$\frac{1}{3}$范围内，如图 7-8（d）所示。

5）数据值围绕中心线周期性波动。

以上介绍的频数直方图法、排列图法、因果分析图法和控制图法是建筑施工质量管理中应用较多的四种统计方法，其余方法还有统计分析表法、分层法及相关图法，读者可参考有关书籍。

第三节　ISO 9000 系列标准简介

一、ISO 9000 系列标准的概念

国际标准化组织质量管理和质量保证技术委员会（ISO/TC176），于 1987 年 3 月正式发布《质量管理和质量保证标准系列》即 ISO 9000 系列标准。该系列现已被国际社会及众多企业认可和采用。我国于 1989 年 8 月实施了等效采用 ISO 9000 系列标准的 GB/10300系列标准。为了使我国经济和企业管理迅速国际化，在贸易往来和技术合作中要求用 ISO 9000 作为相互认可的条件。1992 年 5 月，在国家技术监督局召开的“全国质量工作会议”上，决定等同采用 ISO 9000 系列标准，把 GB/T 10300 修订为等同采用 ISO 9000 系列标准，即 GB/T 19000 系列标准。

二、ISO 9000 系列标准内容简介

ISO 9000 系列标准是一套内容丰富，结构严谨、规定具体、可操作性强和适用范围较广的“质量管理和质量保证”国际标准。这类标准的总编号为 ISO 9000，总标题是“质量管理和质量保证”，每个部分的标准再加上该分标准的部分编号和具体名称。目的是为质量管理和质量保证标准的选择和使用提供指南。

ISO 9000 系列标准由指南性标准、质量保证模式标准、管理指南标准三类组成。

（一）指南性标准

指南性标准等同采用 ISO 9000 的国家标准是 GB/T 19000《质量管理和质量保证标准——选择和使用指南》，它是整个系列标准的总说明。该标准由基本术语及相互关系、合同环境下外部质量保证体系标准、标准的分类及使用说明等项内容组成。

（二）质量保证模式标准

质量保证模式标准等同采用 ISO 9001 的国家标准是 GB/T 19001《质量体系——设计/开发、生产、安装和服务的质量保证模式》。当需要证实供方设计和生产合格产品的过程控制能力时，应选择和使用此种模式标准。

质量保证模式标准等同采用 ISO 9002 的国家标准是 GB/T 19002《质量体系——生产、安装和质量服务的质量保证模式》。当需要证实供方生产合格产品的过程控制能力时，应选择和使用此种模式标准。

质量保证模式标准等同采用 ISO 9003 的国家标准是 GB/T 19003《质量体系——最终检验和试验的质量保证模式》。当需要证实供方在最终检验和试验期间发现和控制不合格产品及处理能力时，应选择和使用此种模式标准

（三）质量管理体系标准

这类标准的总编号为 ISO9004，等同采用的标准是 GB/T 19004《质量管理和质量体系要素指南》，它是企业内部质量管理体系标准，使企业明确了质量体系的目标、任务以及应包括的要素，为企业建立质量管理体系而提供了基础标准。该标准适用于产品的开发、设计、生产和安装的企业及组织，其他行业领域的单位也可以照此执行。

三、建筑施工企业推行 ISO 9000 系列标准的必要性

1. 对保护消费者合法权益具有重要意义

目前，产品的生产正向高科技、多功能、高性能和复杂化发展。这就需要消费者在采购和使用这些产品时，有对产品进行技术鉴别的能力，由于建筑产品的生产，对于一般的消费者很难鉴别其质量，只能依靠对建筑施工企业、产品的信赖程度和企业产品的质量保证程度。因此，贯彻 ISO 9000 系列标准，建立完善的质量体系，生产出用户满意的建筑产品，对维护消费者合法权益无疑具有重大意义。

2. 对提高企业经营管理水平，增强市场竞争能力具有深远的现实意义

我国现阶段建筑市场竞争非常激烈。建立有效的质量体系，保证产品质量的稳定，严格各项管理制度，降低成本、节约消耗才能在激烈的竞争中立于不败之地。

3. 有利于促进企业与世界经济的交流与接轨

ISO9000 系列标准作为在国际经济技术合作中相互认可的技术基础，各国在合作开发、合作生产、技术转让、产品贸易经营等方面，都采用该标准作为确认质量保证能力的依据。因此，贯彻 GB/T 19000—ISO 9000 系列标准，建立适合国际市场的质量体系，是企业进入国际经济体发展的必然趋势。

第四节　质量检验与质量验收

一、建筑安装工程的质量检查

工程质量检查是建筑企业质量管理的重要措施，其目的是掌握质量动态，发现质量隐

患，对工程质量实行有效的控制。

1. 工程质量检查的依据

工程质量检查主要依据国家颁发的建筑安装工程施工及验收规范、施工技术操作规程和质量验收统一标准；原材料、半成品、构配件的质量检验标准；设计图纸及有关文件。

2. 工程质量检查的方法

工程质量检查就是对检验项目中的性能进行量测、检查、试验等，并将结果与标准规定要求进行比较，以确定每项性能是否合格。检查时可采用在监理单位或建设单位监督下，由施工单位有关人员现场取样，并送至具备相应资质的检测单位进行检测的方法。

由于工程技术特性和质量标准各不相同，质量的检查方法也有多种，归纳起来有两大类：

(1) 直观检查　指凭检查人员的感官，借助于简单工具进行实测。通常有“看”、“摸”、“敲”、“照”、“靠”、“吊”、“量”、“套”等八种方法。

“看”，指通过目测并对照规范和标准检查工程的外观；

“摸”，指通过手感判断工程表面的质量，如抹灰面光洁度等；

“敲”，指用工具敲击工程的某一部位，从声音判断质量情况，如墙面瓷砖是否空鼓；

“照”，指人眼看不到的高度、深度、或亮度不足之处，借助照明或测试工具检查；

“靠”，指用工具紧贴被查部位，测量表面平整度；

“吊”，指用线锤等测量工具测量垂直度；

“量”，指用度量工具检查几何尺寸；

“套”，指运用工具对棱角或线角进行检查。

(2) 仪器检查　是指用一定的测试设备、仪器进行检查。如测试混凝土的抗压强度、钢材的抗拉强度试验、管道容器的水压、气压试验、电气设备的绝缘耐压试验、钢结构焊缝检验等。

二、建筑工程施工质量验收

(一) 建筑工程施工质量验收的基本规定

根据《建筑工程施工质量验收统一标准》的基本规定。建筑工程施工质量应按下列要求进行验收：

(1) 建筑工程施工质量应符合本标准和相关专业验收规范的规定。

(2) 建筑工程施工应符合工程勘察、设计文件的要求。

(3) 参加工程施工质量验收的各方人员应具备规定的资格。

(4) 工程质量验收均应在施工单位自行检查评定的基础上进行。

(5) 隐蔽工程在隐蔽前应由施工单位通知有关单位进行验收，并形成验收文件。

(6) 涉及结构安全的试块、试件以及有关材料，应按规定进行见证取样检测。

(7) 检验批的质量应按主控项目和一般项目验收。主控项目是指建筑工程中对安全、卫生、环境保护和公众利益起决定性作用的检验项目。一般项目是指除主控项目以外的检验项目。

(8) 对涉及结构安全和使用功能的重要分部工程应进行抽样检测。

(9) 承担见证取样检测及有关结构安全检测的单位应具有相应资质。

(10) 工程的观感质量应由验收人员通过现场检查，并应共同确认。

（二）建筑工程质量验收的划分

建筑工程质量验收划分为单位（子单位）工程、分部（子分部）工程、分项工程和检验批。

单位工程划分应遵循具有独立施工条件，并能形成独立使用功能的建筑物或构筑物为原则。对规模较大的单位工程，可将其能形成独立使用功能的部分为一个子单位工程。

分部工程的划分应按下列原则确定：分部工程划分按专业性质、建筑部位确定。当分部工程较大或较复杂时，可按材料种类、施工特点、施工程序、专业系统及类别等划分为若干分部工程。

分项工程应按主要工种、材料、施工工艺、设备类别等进行划分。

（三）建筑工程质量验收合格标准

1. 检验批合格质量标准：

主控项目和一般项目的质量经抽样检验合格；并具有完整的施工操作依据、质量检查记录。

2. 分项工程质量验收合格标准

分项工程所含的检验批均应符合合格质量的规定；且分项工程所含的检验批的质量验收记录应完整。

3. 分部（子分部）工程质量验收合格标准

分部（子分部）工程所含分项工程的质量均应验收合格；质量控制资料应完整；地基与基础、主体结构和设备安装等分部工程有关安全及功能的检验和抽样检测结果应符合有关规定；观感质量验收应符合要求。

4. 单位（子单位）工程质量验收合格标准

单位（子单位）工程所含分部（子分部）工程的质量均应验收合格；质量控制资料应完整；单位（子单位）工程所含分部工程有关安全和功能的检测资料应完整；主要功能项目的抽查结果应符合相关专业质量验收规范的规定；观感质量验收应符合要求。

（四）建筑工程质量验收程序和组织

检验批及分项工程应由监理工程师（建设单位项目技术负责人）组织施工单位项目专业质量（技术）负责人等进行验收。

分部工程应由总监理工程师（建设单位项目负责人）组织施工单位项目负责人和技术、质量负责人等进行验收；地基与基础、主体结构分部工程的勘察、设计、单位工程项目负责人和施工单位技术、质量部门负责人也应参加相关分部工程验收。

单位工程完工后，施工单位应自行组织有关人员进行检查评定，并向建设单位提交工程验收报告。建设单位（项目）负责人组织施工（含分包单位）、设计、监理等单位（项目）负责人进行单位（子单位）工程验收。质量验收合格后，建设单位应在规定时间内将工程竣工验收报告和有关文件，报建设行政管理部门备案。

复习思考题

一、名词解释

1. 质量管理；2. 质量保证；3. 排列图法；4. 频数直方图法；5. 主控项目。

二、填空

1. 施工企业质量管理的发展经历了______阶段、______阶段、______阶段。

2. 根据工程技术特性和质量标准不同，质量检查方法归纳起来包括______检查、______检查。

3. 建筑工程质量验收划分为______工程、______工程、______工程和检验批。

4. ISO 9000 系列标准由______标准、______标准、______标准三类组成。

5. 质量保证体系的运转方式包括______、______、______、______四个阶段。

三、简答

1. 全面质量管理的特点是什么？

2. 全面质量管理的基本观点有哪些？

3. 分项工程质量验收合格的标准是什么？

4. 分部工程质量验收的程序是什么？

第八章 建筑工程安全、环保、料具管理与文明施工

第一节 建筑工程安全管理

一、安全管理的基本原则

在生产和其他活动中，没有危险，不受威胁，不出事故，这就是安全。安全是相对于危险而言。危险事件一旦发生，便会造成人身伤亡和财产损失。因此，安全不但包括人身安全，也包括财产（机械设备、物资）安全。

劳动者首先要生产。改善劳动条件，保证劳动者在生产过程中的安全和健康，是我们国家的一项重要政策，也是企业取得良好经济效益的重要保证。

建筑施工生产常年处于露天、高空、地下作业，施工现场多工种进行立体交叉作业施工，施工面狭小，生产条件差，从而存在许多不安全的因素。因此，在企业管理工作中搞好安全管理工作就显得更加重要和复杂。

安全管理工作是企业管理工作的重要组成部分，是保证施工生产顺利进行，防止伤亡事故发生，确保安全生产而采取的各种对策、方针和行动等的总称。搞好安全管理应遵循下列基本原则：

（1）安全管理工作必须符合国家的有关法律、法规。长期以来国家为保护劳动者的身体健康和安全，改善劳动者的劳动条件，制定了许多相关法律、法规。如：《建筑安装工人安全技术操作规程》、《锅炉压力容器安全监察条例》、《劳动保护条例》、《工程建设重大事故报告和调查程序规定》等。这些法律、法规对改善生产工人的劳动条件，保护职工身体健康和生命安全，维护财产安全，起着法律保护作用，同时也是企业进行安全管理工作的基本准则。

（2）安全管理工作应以积极的预防为主。安全管理必须坚持“预防为主”的原则，要在全体职工中牢固地树立“安全第一，预防为主”的指导思想，坚决贯彻管生产必须管安全的原则，认真落实有关“安全生产，文明施工”的规定，切实保障职工在安全条件下进行施工生产。

（3）安全管理工作应建立严格的安全生产责任制度。通过严格的安全生产责任制度的建立和贯彻实施，落实具体的责任主体，加强对职工的安全技术知识的教育、培训，坚决制止违章作业，保证施工生产的顺利进行。

（4）安全管理工作中应时常检查和严肃处理各种安全事故。安全工作应经常进行检查，及时发现安全事故的隐患，采取积极措施，防止事故的发生。而一旦发生安全事故，就应针对安全事故产生的原因进行分析，在此基础上追究责任，严肃处理，要使安全工作警钟长鸣。

二、安全管理工作的技术组织措施

（一）建立安全生产责任制，实施责任管理

安全生产责任制是企业责任制度的重要组成部分，是安全管理制度的核心。建立和贯彻安全生产责任制，就是把安全与生产在组织上统一起来，把“管生产必须管安全”的原则在制度上明确固定下来，做到安全工作层层有分工，事事有人管。企业安全生产责任制的内容，概括地说就是企业各级领导、各级工程技术人员、各个职能部门以及岗位工人在各自的职责范围内对安全工作应负的责任。安全生产责任制的具体内容一般包括：各级领导安全生产责任制、有关部门的安全生产责任制、操作岗位的安全生产责任制、安全专业管理责任制等。

（二）加强安全教育与培训

为了保证职工在生产活动中的安全与健康，企业全体人员必须具备基本的安全知识、操作技能和安全意识，生产管理中管理人员和安全专职人员还需具备丰富的安全管理知识。因此，应加强对职工队伍的安全技能和安全知识的培训，组织职工学习安全技术规程，掌握各种安全操作要领。特别是特殊工种，应当组织专门的安全技术教育。通过安全技术教育，让全体职工从思想上高度重视安全技术问题，懂得安全技术的基本要领，掌握所从事工作的安全技术知识。安全知识的范围很广，内容很复杂，应针对不同的岗位和不同的需要进行安全教育。

（三）建立安全检查制度

安全检查是安全管理工作的重要内容，是发现安全事故隐患，获得安全信息的重要手段。无论过去、现在还是将来，安全检查在安全管理中都占有极重要的地位。在建筑企业的施工生产过程中，由于生产作业条件、生产环境、施工生产对象等经常在发生变化，产生的问题事前也很难预料；加之一部分职工对安全生产的认识不足、安全管理办法和安全措施的一些漏洞，违章现象时有发生。对于这些可能导致阻碍生产、危害人身安全和财产安全的危险因素，如不及时发现、制止和采取措施，就有可能造成伤亡事故。因此，对施工生产过程中的人、物、管理等情况必须经常进行监督检查，随时发现隐患，收集并传递信息，控制事故的发生。

1. 安全检查的内容

（1）查思想、查领导

查思想、查领导，就是检查企业全体职工对安全生产的思想认识，而各级领导的思想认识是主要的，是检查的重点。“安全工作好不好，关键在领导”的说法，实践证明是很有道理的，所以在安全检查中，首先要从查思想、查领导入手。检查各级领导在日常工作中能否正确地执行安全生产的有关政策和法规；是否树立了“安全第一，预防为主”的思想，把安全工作摆到了重要日程，切实履行了安全职责；是否坚持了“管生产必须管安全”的原则等。事实证明，凡是在检查中从领导者的安全生产指导思想的高度进行分析的，安全检查活动的效果就好，否则就抓不到关键，只能就事论事，检查工作就无法深入，也难以取得良好的效果。

（2）查制度、查管理

企业的安全生产制度是全体职工的行动准则之一，是维护生产秩序的重要规范。查制度、查管理，就是检查企业安全生产的规章制度是否健全，在生产活动中是否得到了贯彻执行，符合不符合“全、细、严”的要求。企业安全规章制度一般应包括下列几个方面：安全组织机构；安全生产责任制；安全奖惩制度；安全教育制度；特种作业管理制度；安全技术措施管理制度；安全检查及隐患整改制度；违章违制及事故管理制度；保健、防护品的发放管理制度；职工安全守则与工种安全技术操作规程等。

在安全检查中，必须考察上述各项规章制度的贯彻执行情况。随时考核各级管理人员和岗位作业人员对安全规章制度与操作规程的掌握情况，对不遵守纪律，不执行安全生产规章制度的人员，要进行严肃的批评、教育和处理。

(3) 查隐患、查整改

查隐患、查整改，就是检查施工生产过程中存在的可能导致事故发生的不安全因素，对各种隐患提出具体整改要求，并及时通知有关单位和部门，制定措施督促整改，保持工作环境处于安全状态。这种检查，一般是从作业场所，生产设施、设备、原材料及个人防护等方面进行考察的。如作业场所的通道、照明、材料堆放、温度等是否符合安全卫生标准；生产中常用的机电设备和各种压力容器有无可靠的保险、信号等安全装置；易燃易爆和腐蚀性物品的使用、保管是否符合规定；对有毒有害气体、粉尘、噪声、辐射有无防护和监测设施；高空作业的梯子、跳板、架子、栏杆及安全网的架设是否牢固；吊装作业的机具、绳索保险是否符合技术要求；个人防护用品的配备和使用是否符合规定等。对随时有可能造成伤亡事故的重大隐患，检查人员有权下令停工，并同时报告有关领导，待隐患排除后，经检查人员签证认可方可复工。

2. 安全检查的组织

企业应建立起各级安全检查的专门机构，负责施工生产过程的安全检查工作。专职安全机构应按国家和建设部的有关规定进行设置，并配备适当的专、兼职安全人员。一般在公司设安全技术部，在分公司设安全技术科，在施工项目上设专职安全员，而在工人班组设兼职安全员。

安全工作的技术性很强，责任很重大，对各级专、兼职安全人员的素质要求很高。企业应选择文化技术素质好，热爱安全工作敢于坚持原则，有较好身体素质和丰富实践经验以及组织管理能力的职工来担任专、兼职安全员。总之，通过层层设置安全检查和管理的机构，并配备相应的人员，负责企业安全工作的检查和管理，从而保证企业施工生产活动的顺利进行。

3. 安全检查的方法

安全检查的方法有一般安全检查方法和安全检查表法两种。

(1) 一般的安全检查方法。一般的安全检查方法是通过看、听、嗅、问、查、测、验、析等手段来对安全工作进行检查。

看：指看现场环境和作业条件，看实物和实际操作，看记录和资料等。

听：指听汇报、听介绍、听反映、听意见、听机械设备的运转响声和承重物发出的微弱声等。

嗅：指对挥发物、腐朽物、有害气体等进行辨别。

问：指详细询问，寻根究底地进行检查。

查：指查明问题，查对数据，查清原因，追究责任等。

测：指测量、测试、监测等。

验：指进行必要的试验或化验。

析：指分析安全事故的隐患、原因等。

(2) 安全检查表法

安全检查表法是一种定性分析方法。它通过事先拟定的安全检查明细表或清单，对安全生产进行初步的诊断和控制。

安全检查表一般包括检查项目、检查内容、检查结果、存在问题、改进措施、检查人员姓名等内容。其基本格式见表 8-1。

安全检查表 表 8-1

检查项目	检查内容	检查结果	存在问题	处理意见
脚手架	稳定性			
照明用电	线路、负荷			
混凝土预制构件	堆放、保护			
……	……			

4. 安全检查的方式

安全检查的方式主要有：定期安全检查、不定期安全检查、日常安全检查、专业安全检查等几种方式。

定期安全检查：是根据指定的日程和规定的周期进行的全面安全大检查。大型建筑施工企业一般都分级进行，各级定期安全大检查，都应由该级主要负责人亲自组织和领导，安全、保卫、施工、设备等有关部门的专业人员和工会职工代表共同参与。

不定期安全检查：施工企业的安全生产常常受到作业环境、作业条件、作业对象、作业人员以及气象条件等复杂情况的影响，不安全因素随时都有可能出现。因此，只靠定期检查远远不够，必须根据这些客观因素的变化，开展不定期安全检查。包括：开工前的安全检查、试车工作的安全检查、季节性的安全检查（如：季节防寒、防冻、防滑、防火的检查，夏季防暑、防洪、防雷电的检查，雨季或台风季节的防台风、防汛的检查等）。不定期安全检查的组织形式，类似于定期检查，其规模可大、可小。这种检查的特点是迅速、及时、解决问题快，效果好。

日常安全检查：日常安全检查，是以安全专（兼）职检查人员、施工管理人员和岗位工人为主，在日常施工生产中进行的安全检查。在安全检查中，这是最基本、最重要的部分，它发现隐患量大，最能反应企业生产过程中安全状况的真实水平。这种检查的优点是可能随时随地发现问题、及时进行整改。日常检查的形式一般有：巡回检查和岗位检查。

专业安全检查：专业安全检查是企业根据安全生产的需要，组织专业人员用仪器和其他监测手段，有计划、有重点地对某项专业工作进行的安全检查。通过专业安全检查，可以了解某专业方面的设备可靠程度、维护管理状况、岗位人员的安全技术素质等情况。如：对锅炉及压力容器的安全检查；电气安全检查；起重机具检查等等。

以上各种形式的检查，都应作好详细记录，对不能及时整改的隐患问题，除采取临时安全措施外，还要填写“隐患”整改通知书，按企业规定的职责范围分级落实整改措施，限期解决，并定期进行复查。每次定期、不定期或专业检查，都应写出小结，提出分析、评价和处理意见。

(四) 坚持作业标准化

坚持作业标准化是指按照相关作业标准进行施工生产，以确保施工生产的安全。

（五）生产技术与安全技术相统一

生产技术与安全技术是息息相关的，在组织生产的过程中，采取某一生产技术时必须考虑相应的安全措施，将生产技术与安全技术两者统一起来，以保证安全。

（六）正确对待和处理安全事故

施工生产过程一旦发生安全事故，基层施工人员首先要保持冷静，及时向上级领导进行报告，并积极采取措施，保护好现场，排除险情，积极进行抢救，防止事故扩大。

安全事故根据其性质不同一般可分为：责任事故、非责任事故和破坏事故三种。而按事故严重程度又分为无伤害事故、微伤事故、轻伤事故、重伤事故、重大伤亡事故、特大伤亡事故等六类。

安全事故一旦发生，首先，应根据事故的严重程度按有关规定及时向上级主管部门进行报告和登记，以便上级领导和主管部门及时掌握有关情况。事故报告总的要求是快和准，“快”是指报告要迅速及时，事故一发生，应按事故严重程度及时向有关领导和主管部门进行报告；“准”是指事故报告的内容要准确，一般来讲，事故报告时要求讲明事故发生的时间、地点、伤亡者姓名、性别、年龄、工种、伤害部位、伤害程度、事故简要经过和原因等。其次，进行事故调查和分析。为了查明事故原因，分清事故责任，拟定防范措施，必须组织人员进行事故的调查，对事故原因进行分析和得出正确的结论，并采取措施防止同类事故的发生。最后，在调查分析掌握了事故真实情况后，应根据事故产生的原因分清责任，对事故责任者进行处理，并制定相应的事故防范措施，杜绝类似事故的发生。同时，对受伤害者及其家属进行安抚，处理有关善后工作。

第二节　环境保护与文明施工

一、施工现场的环境保护

（一）环境保护的意义

随着社会的发展，人们在更广阔的范围内，以空前的规模改造着自然，创造出史无前例的人间奇迹和物质文明。与此同时，人类的生存环境却遭到严重破坏，日益恶化起来，大气、水、土壤被严重污染，自然界的生态平衡受到严重影响，自然资源也受到难以弥补的损失。面对环境的这些变化，都无一例外地威胁着人类的生存和发展。保护环境，维持生态平衡，珍惜宝贵的自然资源，是当今每一个企业和公民应尽的社会义务和责任，也是企业发展的根本前提。

（二）施工现场环境保护的措施

施工现场作为建筑产品的生产场所，应采取积极措施，保护环境。这些措施包括：

（1）使用新型材料替代落后材料。随着建筑材料的不断发展，新型建筑材料在不断地涌现，采用这些新型建筑材料既可以改善建筑产品的使用功能，又可以降低污染，节约有限的自然资源。如：利用煤渣为主要材料而生产的煤渣空心砌块，用以代替黏土实心砖，既解决了煤渣对环境的污染，又可节约大量耕地。

（2）控制施工现场的噪声污染。在施工过程中对于一些噪声大的施工机械（如打桩机械，推土机械），应尽量避免在夜间进行施工。有条件的企业可以用先进的施工机械代替落后的施工机械。以减少和控制噪声对环境的污染。

(3) 控制施工现场的有害气体的污染。在施工中一些原材料具有挥发性有害气体的产生，如：沥青、苯等，应采取改进生产工艺和操作方法进一步减少有害气体对环境造成的污染。

(4) 控制施工现场的各种粉尘和渣土污染。施工生产中应采取措施控制各种粉尘的产生，对于大量建筑渣土应及时运出施工现场。

二、文明施工

(一) 文明施工的意义

文明施工是指在生产过程中，严格遵守有关法规，以规范的施工生产操作方法组织建筑产品的施工生产，并做到施工现场文明与安全。施工现场实行文明施工，是社会发展的客观需要，也是为了改善劳动者的劳动条件，有利于安全生产，树立企业形象，提高企业经济效益和社会效益的需要。

(二) 施工现场文明施工的措施

(1) 合理布置施工现场。合理布置和利用施工现场是文明施工的重要措施，应将施工用的建筑材料、机具等按施工平面规划的要求，堆放在指定地点，并堆码整齐，做到现场整洁有序。

(2) 临街工地设置护栏或者围布遮挡。为了维护城市环境，减少对施工现场周边的视觉污染，树立施工企业的形象，应在临街的工程项目上设置护栏或者围布遮挡。

(3) 施工现场应有必要的安全维护、防范危险、预防火灾等措施。有条件的，应当对施工现场实行封闭管理。施工现场对毗邻的建筑物、构筑物和特殊作业环境可能造成损害的，施工企业应当采取安全防护措施。

(4) 严格控制施工现场的各种粉尘、废气、废水、固体废物以及噪声、振动对环境的污染和危害。

(5) 停工场地应当及时整理并作必要的覆盖。对于各种原因造成的停工施工现场，应当及时清理和作必要的覆盖，以保证场地的整洁。

(6) 保持现场周围的环境卫生，不准乱倒垃圾、渣土，不准乱扔废弃物，不准乱排污水。

(7) 在施工现场的出入口旁，应设立明显的标牌，标明工程的名称，施工单位和现场负责人姓名。

(8) 竣工后，应当及时清理和平整场地，渣土应当及时清运。

第三节 施工现场的料具管理

施工现场的料具管理是企业管理的重要内容之一。加强企业管理的目的就是为了在保证工程质量、进度的前提下，节约费用，降低成本。材料的节约使用和注重保管与工具、用具的使用和注重利用率、完好率等，都是提高企业经济效益的重要途径。

一、料具及料具管理的概念

(一) 料具及料具管理的含义

施工现场的料具是指施工生产过程中所使用的原材料、工具及其用具的总称。施工生产过程中所使用的原材料，就是生产过程中被加工的物体，即劳动对象。如钢材、水泥、木材、砖、瓦、石灰、砂、石等原材料。工具及用具是生产过程中所使用的各种生产工具，即劳动资料。如：磅秤、胶皮水管、电锤、射钉枪等。

施工现场的料具管理（也称为材料管理）是指对施工生产过程中所使用的原材料、工具与用具，围绕着计划、订购、运输、储备、发放及使用等进行的一系列组织与管理工作。在建筑企业实际工作中，由于习惯上的原因，人们往往把属于劳动资料的部分工具、用具、周转材料等归于材料管理的内容。因此，施工现场的材料管理工作不仅包括生产建筑产品的全部劳动对象，还包括工具、用具、周转材料等部分劳动资料。

（二）料具的分类

施工现场的料具一般可按以下几种方式进行分类：

1. 按在施工生产中的作用分类

（1）主要材料。主要材料是指直接用于建筑工程施工项目（产品）上，构成工程（产品）实体的各种材料。如：钢材、水泥、木材、砖、瓦、石灰、砂、石等。

（2）结构件。结构件是指经过安装后能构成工程实体的各种加工件。如：钢构件、钢筋混凝土预制构件、木构件等。结构件是由建筑材料经过加工而形成的半成品。

（3）机械配件。机械配件是指维修机械设备所需的各种零件和配件。如：轴承、活塞、皮带等。

（4）周转材料。周转材料是指在施工生产中能多次反复使用，而又基本保持原有形态并逐渐转移其价值的材料。如：脚手架、模板、枕木等。

（5）低值易耗品。低值易耗品是指使用时间短且价值较低，不够固定资产标准的各种物品。如：工具、用具、劳保用品、玻璃器皿等。

（6）其他材料。其他材料是指不构成工程（产品）实体，但有助于工程（产品）的形成或便于施工生产进行的各种材料。如：燃料、油料等。

2. 按物资的自然属性分类

（1）无机材料。无机材料包括金属材料和非金属材料。金属材料又分为：黑色金属和有色金属两种。黑色金属如：生铁、碳素钢、合金钢；有色金属如：铜、铅、铝、锡等。非金属材料如：砂、石、水泥、石灰、玻璃、标准砖、页岩砖等。

（2）有机材料。有机材料又可分为：植物材料、高分子材料和沥青材料。植物材料如：木材、竹材、植物纤维及其制品等；高分子材料如：建筑塑料、涂料、油漆、胶粘剂等；沥青材料如：石油沥青、煤油沥青及其制品等。

（3）复合材料。复合材料又可分为非金属材料与金属材料的复合（如：钢筋混凝土）、无机材料与有机材料的复合（如：沥青混凝土、水泥刨花板）。

（三）料具管理的意义

料具管理是建筑企业经营管理的重要组成部分，在企业生产经营活动中具有十分重要的意义，主要体现为：

1. 料具管理是施工项目顺利实施的重要保证

在施工生产活动中，材料的消耗量很大且品种多、规格复杂。任何一种材料的缺乏，都将导致工程项目施工的中断。这就要求料具管理工作按时、按质、按量地组织材料配套供应，以保证施工生产的需要，确保施工项目进度目标的实现。

2. 料具管理是提高工程质量的重要保证

建筑产品实体是由多种材料所构成的。材料质量的好坏，直接影响着工程的质量。料具管理就是利用一定的方法、手段为施工项目提供高质量的材料，从而为施工项目质量目标的实现提供物质方面的保障。

3. 料具管理是降低工程成本的重要手段

材料成本是工程成本的重要组成部分，所占比重大，一般高达60%～70%。材料费用的超支或节余，直接影响工程成本的高低。因此，料具管理工作在保证材料和工具、用具供应的同时，要加强成本核算，减少支出，为施工项目成本目标的实现创造有利条件。

4. 料具管理是减少流动资金占用，加速资金周转的重要措施

建筑产品生产周期长，材料储备量大，资金占用多，如何加速这部分资金的周转，对于降低施工项目资金的占用，提高资金的利用效率具有重要意义。料具管理就是要通过各个工作环节的有效工作，在保证生产需要的前提下，尽可能降低材料储备，减少资金占用，加速资金周转。

5. 料具管理是提高劳动生产率的重要手段

施工项目料具管理在材料的质量、数量、供应时间和配套性方面都应满足施工生产的需要，保证施工生产顺利进行，从而提高劳动生产率。

二、施工现场的材料管理

建筑工程施工现场，是建筑材料的消耗场所。现场材料管理属于材料使用过程的管理，是企业材料管理的基本环节。它主要包括下列内容：

(一) 施工准备阶段的材料管理工作

1. 了解准备阶段的材料管理工作，包括以下方面：

(1) 查设计资料，了解工程基本情况和对材料供应工作的要求。

(2) 查工程合同，了解工期、材料供应方式、付款方式、供应分工。

(3) 查自然条件，了解地形、气候、运输、资源状况。

(4) 查施工组织设计，了解施工方案、施工进度、施工平面、材料需求量。

(5) 查货源情况，了解供应条件。

(6) 查现场管理制度，了解对材料管理工作的要求。

2. 计算材料用量，编制材料计划

(1) 按施工图纸计算材料用量或者查预算资料摘录材料用量。根据需用量、现场条件、货源情况确定采购量、运输量等。

材料需用量包括现场所需各种原材料、结构件、周转材料、工具、用具等的数量。

(2) 按施工组织设计确定材料的使用时间。

(3) 按需用量、施工进度、储备要求计算储备量及占地面积。

(4) 编制现场材料的各类计划。包括需用量计划、供应计划、采购计划、运输计划等。

3. 设计施工平面规划，布置材料堆放

材料平面布置，是施工平面布置的组成部分。材料管理部门应积极地配合施工管理部门作好布置工作，以满足施工的需要。材料平面布置包括库房（或料场）面积的计算，以及选择位置两项工作。

(二) 施工阶段的现场材料管理工作

进入现场的材料，不可能直接用于工程中，必须经过验收、保管、发料等环节才能被施工生产所消耗。现场材料管理工作主要包括验收、保管、发料等工作。由于施工现场的材料杂，堆放地点多为临时仓库或料场，保管条件差，给材料管理工作带来了许多困难。因而，现场材料管理工作要注意以下问题：

1. 进场材料的验收

现场材料管理人员应全面检查、验收入场的材料。

(1) 验收准备。材料到达现场之前，必须做好各项验收准备工作。主要有：准备验收资料，如合同、质量标准等；检验材料的各类工具；安排好材料的堆放位置；准备搬运工具及人员；危险品的防护措施等。

(2) 核对验收资料。包括发票、货票、合同、质量证明书、说明书、化验单、装箱单、磅码单、发票明细表、运单、货运记录等。必须做到准确、齐全，否则不能验收。

(3) 检查实物。包括数量检查和质量检查两部分。

数量检查：按规定的方法检尺、验方、称重等，清点到货数量。

质量检查：按规定分别检验包装质量、材料外观质量和内在质量。建筑材料品种繁多，质量检验标准也多，检验方法各异，材料验收人员必须熟悉各种标准和方法，必要时，可请有关技术人员参加。

(4) 处理验收工作中的问题。验收中可能会发现各种不符合规定的问题，此时应根据问题的性质分别进行处理。

如检查出数量不足，规格型号不符，质量不合格等问题，应拒绝验收。验收人员要做好记录，及时报送有关主管部门进行处理。验收记录是办理退货、掉换、赔偿、追究责任的主要依据，应严肃对待。做好记录的同时，应及时向供货方提出书面异议，对于未验收的材料，要妥善保存，不得动用。

凡证件不全的到库材料，应作待验收处理，临时保管，并及时与有关部门联系催办，等证件齐全后再验收。

凡质量证明书和技术标准与合同规定不符的，应报业务主管部门进行处理。

(5) 办理入库手续。到货材料经检查、验收合格后，按实收数量及时办理入库手续，填写材料入库验收单。

2. 现场材料的保管

进场材料验收后，必须加强库内材料的管理，保证其材料的完好、完整，方便发料、盘点。

为了做到库内材料完好无损，应根据不同材料的性质，选择恰当的堆码方法。对于容易混淆规格的材料，要分别进行堆放，严格进行管理。如：钢筋应按不同的钢号和规格分别堆码，避免出错；水泥除了规格外，还应分生产地、进场时间等分别堆放。对于受自然界影响容易变质的材料，应采取相应措施，防止变质损坏。如木材应注意支垫、通风等。

材料保管的另一个基本要求是方便合理，便于装卸搬运、收发管理、清点盘库。为此，可用以下方法：

(1) 四号定位法。四号定位法是指在对仓库统一规划，合理布局的基础上，进行货位管理的一种方法。它要求每一种材料用四个号码表示所在的固定货位。仓库保管的材料，四个号码分别代表仓库号、货架号、架层号、货位号（简称库号、架号、层号、位号）；

对于材料堆放场地保管的材料，四个号码分别表示区号、点号、排号和位号。对于库内材料实行定位存放管理，采取四号定位的管理方法，可以使库内材料堆放位置有条不紊，一目了然，便于清点发货。

（2）五五摆放法。五五摆放法是在四号定位的基础上，堆码材料的具体方法。它根据人们习惯以五为基数计数的特点，将材料以五或五的倍数为单位进行堆码。做到：大的五五成方，高的五五成行，矮的五五成堆，小的五五成包（捆），带眼的五五成串。使整个仓库材料的堆码横看成行，竖看成线，左右对齐，方方定量，过目成数，整齐美观。

3. 现场材料的发放

现场材料发放工作的重点，是抓住限额领料问题。现场材料的需用方多数是施工工人班组或承包队，限额发料的具体方法视承包组织的形式而定。主要有以下方式：

（1）计件班组的限额领料。材料管理人员根据工人班组完成的实物工程量和材料需用量计划确定班组施工所需的材料用量，限额发放。工人班组领料时应填写限额领料单。

（2）按承包合同发料。实行内部承包经济责任制，按承包合同核定的预算包干材料用量发料。承包形式可分栋号承包、专业工程承包、分项工程承包等。

（三）竣工收尾阶段的材料管理

现场材料管理工作，随着工程竣工而结束。在工程收尾阶段，材料管理也应进行各项收尾工作，以保证工完场清。

1. 控制进料

工程项目进入收尾阶段，应全面清点余料，核实领用数量，对照计划需用量计算缺料数量，按缺料数量组织进货，避免盲目进料造成现场材料积压，影响经济效益。

2. 退料与利废

（1）退料。工程竣工后的余料，应办理实物退料手续，冲减原领用材料的数量，核算实际耗用量与节约、超耗数量。办理退料手续时，材料管理人员要注意退料的品种和质量，以便再次使用。对于退回的旧、次材料，应按质分等折价后办理手续。

（2）利废。修旧利废，是增加企业经济效益的有力措施，应作为用料单位的考核指标。现场材料的利废措施很多，应结合实际条件加强管理，建立相应的利废制度。例如：钢筋断头的回收利用，水泥纸袋等包装物的回收利用，碎砖头的回收利用等。

3. 现场清理

工程竣工后，材料管理部门应全面清理现场，将多余材料整理归类，运出施工现场以作他用。清理时，尤其要注意周转材料，特别是容易丢失的脚手架扣件及钢模板的配件等的收集。现场清理是建筑企业退出施工项目的最后一道工序，必须引起足够重视。它不仅可以回收大量多余及废旧材料，还可以做到工完场清，交给用户一个整洁的产品，提高企业的信誉和树立企业的良好形象。

三、施工现场的工具及周转材料管理

（一）工具的分类

1. 按工具的价值和使用期限分

（1）固定资产工具。指单位价值达到固定资产的标准，使用年限在一年以上的工具。如：木工的电锯。

（2）低值易耗工具。指单位价值未达到固定资产标准，使用年限在一年以内的工具。

(3) 消耗性工具。指单位价值低或使用后无法回收作多次使用的工具。如：砂纸。

2. 按使用的范围划分

(1) 专用工具。它是根据施工生产的特殊需要而加工制作的工具。如：木工电刨、电钻等。

(2) 通用工具。指一般的定型工具。如：手工钳。

3. 按工具的使用方法分

(1) 个人使用工具。指个人随手使用的工具。如：木工的锯子、砖瓦工的瓦刀等。

(2) 班组共用工具。指工人班组共同使用的工具。如：运输砂浆的单双轮斗车、砖车。

(二) 工具的管理方法

(1) 工具费津贴法。对于个人使用的随手工具,由个人自备,企业按实际作业的工日发给工具磨损费的方法。这种方法,有利于调动使用者的责任心,使他们爱护自己的工具。

(2) 定额包干法。对于低值易耗工具，根据劳动组织和工具配备标准，在总结分析历史消耗水平的基础上，核定工具的磨损费定额的方法。

(3) 临时借用法。对于定额包干以外的工具，可采用临时借用法。即需用时凭一定手续借用，用完后归还的方法。

(三) 周转材料的管理方法

周转材料是可以反复使用，而又基本保持原有形态，在使用中不构成工程实体，是在多次反复使用中逐渐磨损和消耗的特殊材料。由于周转材料的单位价值低，且使用周期短。因而一般常常归为材料管理中。

1. 模板材料的管理

模板是用于混凝土构件的成型，通过拼装形成各种模子，使浇灌的混凝土成为各种设计的形状。常见的模板主要有钢模板和木模板。现场的模板材料管理一般包括模板的发放、保管和核算等工作。

(1) 模板的发放。发放工作应根据核定的模板需用量实行限额领取。

(2) 模板的保管。模板材料可以多次使用，在使用过程中的模板材料应由使用者进行模板的保管和维护，以保证模板能够正常使用和延长使用寿命。

(3) 模板的核算。模板在使用过程中会产生一定的费用和一定量的损耗。因而，要按使用时间或磨损程度进行核算。其常用的核算方法包括：定额摊销法、租赁法。

2. 脚手架料的管理

脚手架是建筑施工中不可缺少的重要周转材料。脚手架的种类很多，主要有木脚手架、竹脚手架、钢管脚手架、门式脚手架等等。

脚手架的管理工作内容同模板的管理工作。

复 习 思 考 题

一、名词解释

1. 安全管理；2. 料具管理；3. “四号定位法”；4. “五五摆放法”。

二、填空

1. 安全检查的方式有______、______、______和______等几种。

2. 安全检查的一般检查方法有______、______、______、______、______、______、______和______等几种。

3. 施工现场的料具按在施工生产中的作用不同一般可分为：______、______、______、______、______和______等六大类。

4. 施工阶段的现场材料管理工作应包括______、______和______等三个环节的基本工作。

5. 施工现场的工具按其价值和使用期限一般可以分为：______、______和______等三类。

三、简答

1. 安全管理工作的技术措施有哪些？

2. 施工现场进行文明施工的措施有哪些？

3. 简述施工现场料具管理的意义？

4. 现场材料管理中进场材料的验收工作有哪些？

第九章　建筑工程招投标与合同管理

第一节　建筑工程施工招标与投标概述

一、建筑工程施工招标与投标的概念

1. 建筑工程施工招标

建筑工程施工招标，是指招标单位（又称发包单位或业主）根据拟施工工程项目的规模、内容、条件和要求拟成招标文件，然后通过不同的招标方式和程序发出公告，邀请具有投标资质的施工企业或公司前来参加该工程的投标竞争，根据投标单位的工程质量、工期、及报价，择优选择施工承包商的过程。

2. 建筑工程施工投标

建筑工程施工投标，是指建筑施工企业或公司根据招标文件的要求，结合本身资质及建筑市场供求信息，对拟投标工程进行估价计算、开列清单、写明工期和建筑质量的保证措施，然后按规定的投标时间和程序报送投标文件，在竞争中获取承包工程资格的过程。

建筑工程招投标制是市场经济的产物，是期货交易的一种方式。在我国社会主义市场经济条件下，不少地区对符合招标条件的建筑工程项目都采用了招投标方式，全国各省、市、自治区都相应地制定了招投标管理办法，各级政府有关部门也建立了招投标管理机构。这将进一步推动建筑行业的发展，对提高建筑工程质量，规范建筑市场具有十分重要的意义。

二、建筑工程施工招标与投标的作用

1. 提高施工企业的经营管理水平

招标、投标可以使建设单位和施工企业进入建筑市场进行公平交易、平等竞争、促进施工企业提高经营管理水平和工作效率，从而能以高质量、低成本及最优工期以及良好企业信誉参加市场竞争。

2. 提高施工企业的技术水平、保证工程质量

通过招投标，可以迫使施工企业采用先进的施工工艺和施工机械，从而达到提高工程质量的目的。

3. 加快了建设工程速度，使工期更加合理

实行招标、投标制，可以使工程合同工期明显低于现行定额工期，使建设工程提前发挥经济效益。

4. 降低工程造价、节约建设资金

施工企业为了中标，往往在保证有利可图的前提下，采用低报价策略，在保证工程质量及工期的条件下，相对降低了工程造价。

5. 简化了工程结算手续，减少了双方之间不应有的争议

由于决标造价即为合同价，工程竣工后，即可办理结算手续，并及时办理固定资产移

交手续。

三、建筑工程承发包

1. 建筑工程承发包的概念

建筑工程承发包，是指根据协议规定，作为交易一方的施工企业（承包方），负责为交易另一方的建设单位（发包方）完成全部或其中部分工程施工，发包方对承包方完成工程施工付给相应报酬的过程。完成施工任务的一方为承包方，给予报酬的另一方为发包方。承发包双方之间存在的经济关系是通过承发包合同明确的。

2. 建筑工程承发包的方式

承发包通常可采用包工包料、包工半包料和包工不包料等方式进行。

(1) 包工包料承发包方式

包工包料，是指承包方对所承建的建筑工程所需的全部人工、材料和机械台班等按承包合同规定的造价承包下来的一种经营方式。这样，承包方可以独立核算成本、自负盈亏，有利于承包方采取有效措施，提高工作效率，降低材料损耗。

(2) 包工半包料承发包方式

包工半包料，是指承包方对所承包的建筑工程所需的人工、施工机械、管理费用等费用实行全包，材料按承包合同规定由承发包双方各包其中的一部分。如新型建筑材料、进口材料及承包方无法采购的材料或某些材料价格、材料消耗无法准确计算，一般可由发包方负责采购供应，承包方按实际消耗或按实际价格向发包方办理结算。

(3) 包工不包料承发包方式

包工不包料，是指承包方只向发包方提供劳务，按合同规定向发包方收取人工费及全部或部分管理费。建筑工程所需的材料一律由发包方采购供应。

尽管上述承发包的基本内容与招投标相比较有相同之处，但它没有招标择优，“货比三家”的余地。对于承包方不存在竞争，因此也就不存在鼓励先进，鞭策落后，施工中易出现扯皮，讨价还价、高估冒算，使工程造价无法控制。而实行招投标制是将竞争机制引入工程建设，承包方是通过投标竞争，实现自己的施工任务和销售对象，也就是使产品得到社会的承认，从而完成施工计划并实现盈利。

第二节　建筑工程施工招标

一、建筑工程招标的条件

建筑工程招标是具有企业法人资格的招标人与投标人之间的经济活动。对于高层建筑的结构工程及后装饰（二次装饰）工程招标的组织与管理工作，是比较严谨复杂的。因此，必须具备以下条件方可申请招标：

(1) 具有法人资格。

(2) 招标工程已报送有关部门批准，列入国家或地方年度计划。

(3) 项目资金已落实到位，主要建筑材料已落实并能保证连续施工的需要。

(4) 已核发建筑施工许可证，施工现场已实现“三通一平”，施工图纸已经完成。

(5) 标底已编制完毕。

以上条件均具备，可由招标单位向建设主管部门提出招标申请。

二、建筑工程招标的方式

1. 公开招标

由招标单位通过报纸、广播、电视或专业性刊物发布招标通告,公开邀请承包单位参加投标竞争,凡符合规定条件的承包单位都可自愿参加投标,这种招标方式叫做公开招标。

公开招标具有公平、公正、打破垄断,促进承包单位提高工程质量,缩短工期等优点,但招标费用支出多,工作量较大,目标性不强,涉及面较宽,同时参加投标企业中标的机会较小。

2. 邀请招标

由招标单位直接向已经通过资格审查,确认有承包该工程施工能力的企业,发出招标邀请函,邀请他们参加该项工程的投标竞争。被邀请的单位通常在3~5个之间。这种方式对投标人来说,中标机会较大,也可促进企业树立良好的社会信誉,目前采用较多。

3. 协商议标

由招标单位选择少数几家有承担能力的企业进行协商,对工期、质量、造价等主要方面,如能取得一致意见,即可定为中标单位。这种方式比较通用。但这种方式必须以核准后的标底文件为依据,并在同2~3家企业分别协议标价过程中,不得向某一投标单位透露与另一投标单位协商的内容。

4. 开标后议标

由招标单位先通过公开招标或邀请,从投标单位中选择综合条件较好的少数投标单位,分别进行协商,如协商中某一投标单位与招标单位取得一致意见,即为中标单位。

三、建筑工程施工招标程序

建筑工程招标是一个连续的过程,必须遵循一定的程序进行,如图9-1所示。

1. 申请招标

凡具备招标条件的单位,可填写"招标申请表",报招标主管部门审批,常用的"招标申请表"见表9-1。

2. 编制招标文件

招标单位在招标主管部门审批后,应及时编写招标文件。

招标文件是招标单位向投标单位介绍工程情况和招标条件的文件,是中标后签定承包合同的基础,也是招标全过程的重要文件。

招标文件的编写要求,应力求内容全面,文字简明,准确,条件适当,合理。其主要内容有以下几方面:

(1) 工程综合说明。如工程概况、质量标准、现场条件、招标方式、开竣工日期及对投标企业的资质等级要求等。

(2) 施工图纸及技术说明、材料的供应方式和工程量清单。

(3) 特殊的施工工艺要求。如新型建筑材料、新型施工工艺等。

(4) 由银行出具的建设资金证明和工程款的支付方式及预付款的百分比。

(5) 主要合同条款要求,如暂估价、参考价的结算办法。

(6) 中标评定的优先条件,如工程质量、工期、造价等。

(7) 招标须知,即应写明投标单位必须了解的问题和必须遵守的事项。如中标和废标的条件;现场勘察、招标交底和解答问题的时间和地点;标书投送的方式、地点、截止日

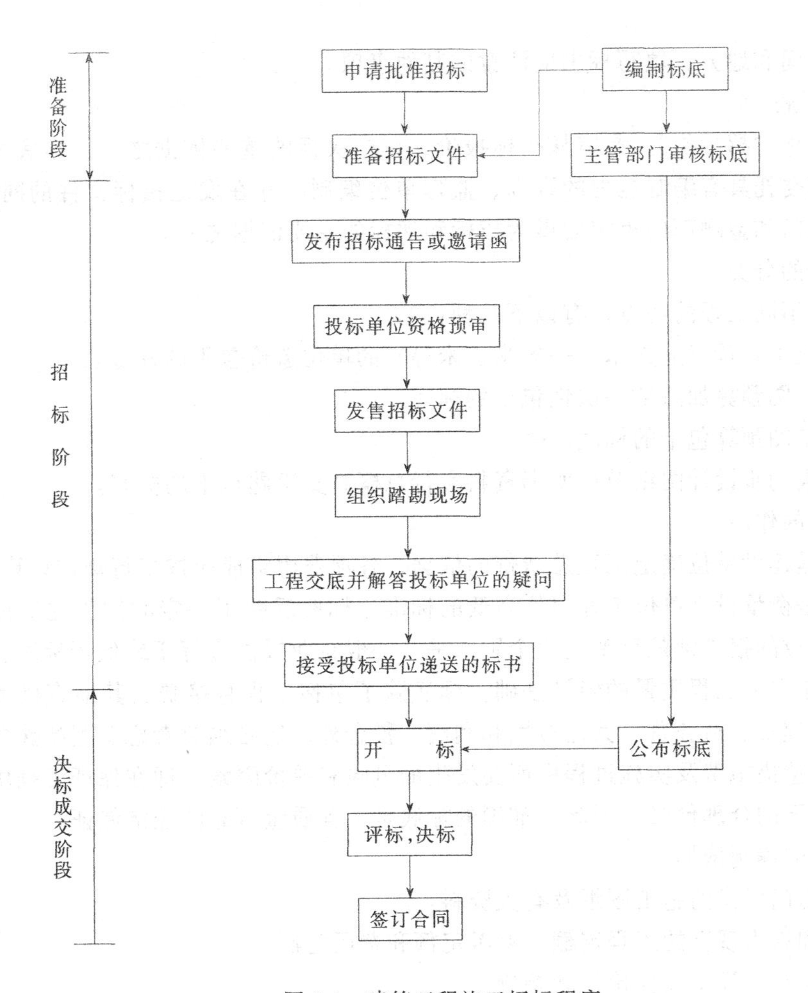

图 9-1　建筑工程施工招标程序

招 标 申 请 表　　　　**表 9-1**

工 程 项 目		建设地点	
批准投资及计划建设文号		投资额（元）	
设计单位		投资来源	
工程内容			
施工前期准备工作情况	1．二次装饰条件　4．概预算（标底）　7． 2．空调安装　5．施工执照　8． 3．施工图　6．		
材料、设备情况	1．钢材　3．水泥　5．玻璃　7． 2．木材　4．沥青　6．　8．		
要　　求	1．质量类别：　3．承包方式： 2．工期：　4．材料供应：		
申请招标方式	招标单位（盖章） 负责人（签字）		
审批意见	审批单位（盖章） 批准人（签字）		
备　　考			

填表日期　　年　　月　　日

期；开标的时间和地方；填写标书应注意的其他事项。

3. 编制标底

标底，又称“招标价”。是审核投标报价、评标决标的重要依据之一。标底由招标单位自行编制或委托具有编制能力的咨询、监理单位编制，并在发送招标文件的同时编出，经招标主管部门和金融部门审定后做为招标和评标的主要依据之一。

（1）标底的分类

标底根据不同工程的特点，有以下几种：

1）按建筑工程量（立方米、平方米、米等）的单位造价包干的标底。

2）按施工图预算加系数一次性包干的标底。

3）按施工图预算包干的标底。

4）按扩大初步设计图纸及说明书资料实行总概算交钥匙包干的标底。

（2）标底的作用

1）标底是建设单位确定工程总造价的依据，各项费用组成应按现行规定计算。

2）标底是衡量投标单位工程报价高低的标准。标底反映了一定时期工程造价的平均水平，投标单位的报价则是反映企业个别水平，一般企业报价应等于或低于标底。

3）标底是保证工程质量的经济基础。标底除了包括工程直接费、其他直接费、现场经费、企业管理费、财务费、其他费用和利润、税金外，还必须要考虑工程特殊要求所需的保证工程质量措施费及实施过程中所要发生的风险和差价因素。即在保证工程质量、工期合理的前提下的合理价格。因此，准确的标底是工程质量可靠的经济保证。

（3）标底的编制依据

1）设计部门提供的施工图纸及有关资料。

2）国家和省市现行的工程定额、参考定额和费用定额。

3）地区材料、设备预算价格和差价。

4）现场施工条件、交通运输条件。

5）招标文件等。

4. 发出招标广告或向被邀请的施工企业发出邀请函。

建设单位招标申请经主管部门批准后，可根据工程性质和规模，并通过电视、广播、报刊发布招标通告。招标通告应包括的主要内容是：

（1）招标单位和招标工程的名称。

（2）招标工程内容简介。

（3）承包方式。

（4）投标单位资格，领取招标文件的地点，时间和应缴费用。

5. 招标单位对投标单位进行资格审查。

审查内容一般包括以下几方面：

（1）施工企业的注册证明和资质等级。杜绝超越企业资质等级承揽施工任务。

（2）主要施工经历及社会信誉。近期承担的工程项目及合格率和优良率；过去承包工程中合同执行情况。

（3）技术素质、机械装备情况和管理水平。

（4）资金或财务状况。

6．招标单位组织投标单位现场勘察、技术交底和答疑。招标文件下达后，招标单位组织准备参加投标的施工企业有关人员到现场勘察，掌握第一手资料。当招标单位组织投标单位进行工程技术交底并解答投标单位的疑问时，投标单位可以对招标文件和现场情况中的问题，请求招标单位给予解答。

7．接受投标单位报送的投标书。

接受投标单位报送的投标书时，应检查标书是否密封，并发给回执，投标单位应妥善保管回执。

8．开标

开标，即由招标单位主持，邀请投标单位和公正机构及有关部门的代表参加，当众开箱，并检查确认标书密封完好，然后由工作人员启封投标书，宣读投标书中要点。

9．评标与决标。

评标，即由评标小组逐一针对投标书中有关内容进行评审的工作。其主要内容包括以下几方面：

（1）审核投标书中质量、价格、工期，并与招标文件对比。

（2）把认定有误报价的投标书视为无效标书予以排除。

（3）排除废标后，对有效标书进行评标。

决标，即决定中标单位。同时公布标底。把各投标单位的报价及施工方案、机械设备、材料供应等因素进行评定，全面衡量，择优定标。

10．签定承包合同。

中标单位接到中标通知后，应及时与招标单位签定承包合同。若招投标一方中途拒签合同，由此给对方造成的经济损失，应由违约方给予赔偿。

第三节　建筑工程施工投标

一、建筑施工企业投标应具备的条件

根据建设部颁发的《工程建设施工招标投标管理办法》的规定，投标单位应具备下列条件方可参加投标：

（1）企业营业执照和相应等级的资质证书。

（2）企业简历。

（3）自有资金情况。

（4）全员职工人数，包括持证上岗的技术人员，技术工人数量及平均技术等级等。

（5）企业自主要施工机械设备情况。

（6）近三年承揽的主要工程及质量情况。

（7）在建工程和尚未开工工程情况。

二、建筑工程投标的准备工作

1．成立投标工作机构

为了在投标中获胜，并积累有关资料，在投标前成立以企业经理为首，总工程师或主任工程师及合同预算人员为主的投标工作机构，此外，材料部门、财务部门、生产技术部门的人员也是必不可少的参谋成员。

2. 收集招标、投标信息

收集招标、投标信息，了解工程的制约因素，可以帮助投标单位在投标报价时心中有数，这是企业在投标竞争中成败的关键。通常收集的信息有以下几个方面：

(1) 国家基本建设形势，如投资规模、方向、重点、现行经济法规、税收制度、银行利率等。

(2) 工程所在地的交通运输、材料和设备价格及劳动力供应情况。

(3) 招标单位在工期、造价、质量方向的要求和侧重点等。

(4) 参加投标企业的技术水平、经营管理水平及社会信誉。

(5) 类似工程的施工方案、报价、工期和质量情况，做到心中有数，报价准确。

(6) 当地施工条件、自然条件、器材供应情况及专业分包的能力和分包条件。

(7) 同类工程的技术经济指标、施工方案及形象进度执行情况。

(8) 本企业施工力量和施工任务饱满情况等。

3. 决定是否参加投标

是否参加某工程的投标，可从收集的信息中具体分析，归纳起来有以下几点：

(1) 工人和技术人员的技术水平是否与招标工程的要求一致。

(2) 机械设备能力是否达到要求。

(3) 对工程的熟悉程度和管理经验。

(4) 竞争的激烈程度。

(5) 中标后对今后企业产生的影响。

如大部分条件能胜任，即可初步作出可以投标的判断。

4. 选择投标工程项目

一旦决定参加投标，还应根据自己的经营状况和本企业的能力，最大限度地发挥企业优势来确定所选择的投标工程。一般应考虑以下几点：

(1) 拟投标的工程与本企业的特点和实力相当，能较自如地发挥出企业的技术装备能力，完成工程项目最有把握。

(2) 拟投标的工程效益、利润高，社会影响大，而本企业也具有一定实力。即使在竞争特别激烈的情况下，也不放弃保本微利的原则。

(3) 招标工程的条件比较优越。如投标单位资信度高，资金及材料供应有保证，施工条件较好等。

三、建筑工程施工投标程序

建筑工程施工投标的一般程序如图 9-2 所示。

四、建筑工程投标文件的编制

建筑工程投标文件的编制，一般分为以下几个步骤：

(1) 熟悉招标书、图纸、资料，若有不详之处，可以口头或书面向招标单位询问。

(2) 参加招标单位召集的施工现场情况介绍和答疑会。

(3) 调查研究、收集有关资料。如交通运输、材料供应和价格等情况。

(4) 复查、计算图纸工程量。

(5) 编制和套用投标单价。

(6) 计算取费标准或确定采用取费标准。

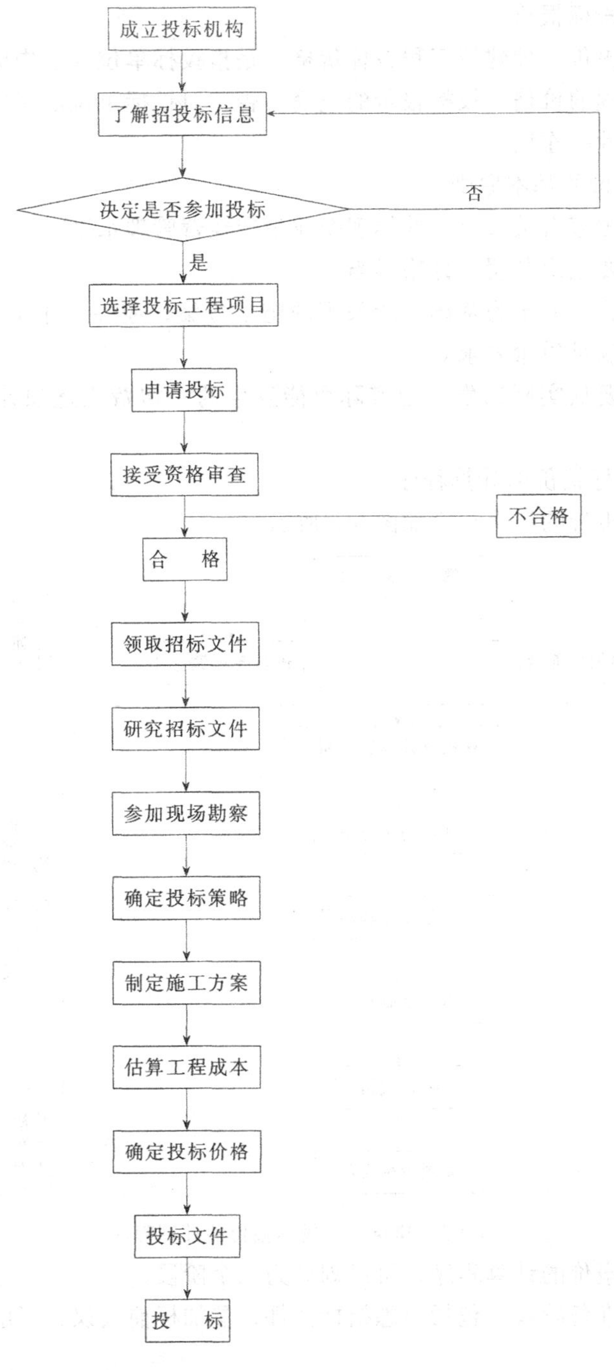

图 9-2　建筑工程施工投标程序

(7) 计算投标造价，并核对和调整投标造价。

(8) 决策投标报价。

投标文件应按统一的投标书要求填写，并按规定的投标日期密封后投送招标单位。投标书的主要内容有：标书标面、标书主文、工程量清单及工程主要材料、设备标价明细表等。

五、建筑工程投标报价

建筑工程投标报价，即建筑工程投标价格，是指投标单位为了中标而向招标单位报出的拟投标的建筑工程的价格。投标报价的正确与否，对投标单位能否中标以及中标后的盈利情况，将起决定性的作用。

1. 建筑工程报价的基本原则

（1）报价要按国家有关规定，并体现企业生产经营管理水平。

（2）报价计算要主次分明，详略得当。

（3）报价要以施工方案为基础。所采用的施工方案，应在技术上先进、生产上可行、经济上合理，并能满足质量要求。

（4）报价计算要从实际出发，把实际可能发生的一切费用逐项计算，避免漏项和重复。

2. 建筑工程投标报价的计算程序

建筑工程投标报价的计算程序如图 9-3 所示。

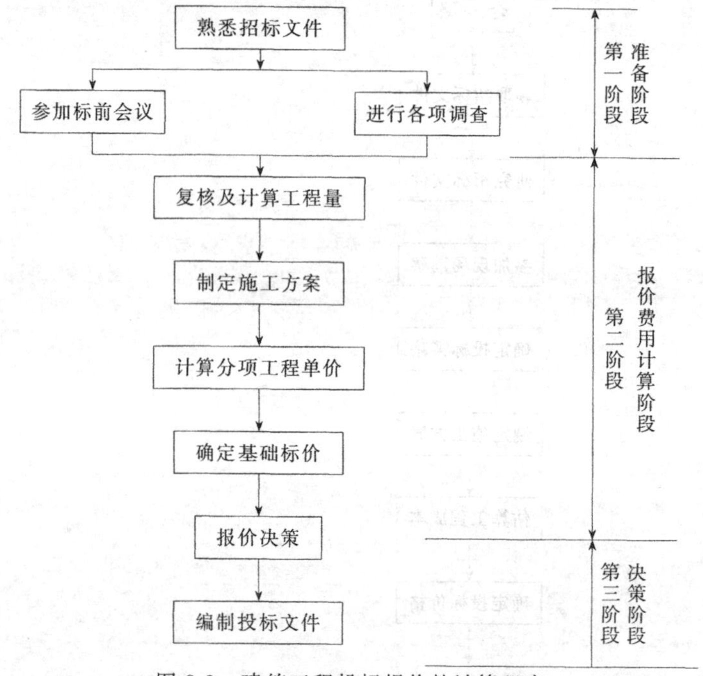

图 9-3 建筑工程投标报价的计算程序

建筑工程投标报价的计算程序，可以划分为三个阶段：

第一阶段，是准备阶段。包括熟悉招标文件，参加标前会议，了解调查施工现场以及材料的市场情况。

第二阶段，是投标报价费用的计算阶段。即分析并计算报价的有关费用以及费率标准。

第三阶段，是决策阶段。即确定投标工程的报价并编写投标文件。

3. 复核及计算工程量

在进行报价计算前，应对实物工程量清单进行复核，确保标价计算的准确性。复核内容，主要有工程项目是否齐全，工程量计算是否正确，工程做法及用料是否与图纸相符等。

目前国内一些工程招标文件中没有直接给出工程量，而是提供设计图纸及有关说明书。招标单位要根据给定资料，进行工程量计算，其计算顺序是按施工顺序或定额顺序进行，这样套用定额方便。但计算时应避免重复和遗漏。还有一些工程是根据工程项目本身内容确定计算顺序。例如装饰工程中，应根据室内或室外装饰，分别确定几个基数，如室内净高，内墙长，门、窗尺寸等。在计算时合理安排，利用基数连续计算，减少了计算工程量，也利于推广电子计算机的应用。

4. 计算分项工程单价

分项工程单价计算应按工程预算定额来确定，并考虑本企业的技术水平和管理水平适当向下浮动，以提高报价的竞争力。

分项工程单价的计算步骤：

(1) 确定基础单价

人工工资和机械台班单价，以工程所在地的工程预算定额或单位估价表来计算。材料和设备按招标文件规定的供应方式，分别确定预算价格。对企业自行采购的各种材料，应根据实践情况确定预算价格。

(2) 确定人工、材料、机械设备消耗量

以工程预算定额为基础，并考虑企业实际情况，确定人工、材料、机械设备的消耗量。

(3) 确定分项工程单价

$$分项工程单价=\Sigma(基础单价\times相应消耗量)$$

把各单项工程单价汇编成表，即编制分项工程单价分析表，以备报价使用。表 9-2 为某工程分项工程单价分析表。

分项工程单价分析表　　表 9-2

分项工程名称			墙面木龙骨胶合板衬背		墙裙防火板贴面	
工料名称及规格	单　位	单　价	数　量	合计（元）	数　量	合计（元）
人工费	工日	7.11	0.35	2.49	0.27	1.92
红松小方 30×40（一等）	m^2	1066.79	0.017	18.14	0.012	12.80
胶合板三层 4×6	m^2	9.50	1.20	11.40	1.10	10.45
万能胶	kg	10.23	0.4	4.09	0.4	4.09
防火板	m^2	64.30			1.10	70.73
其他材料费			4%	1.35	1%	0.98
综合费				1.00		1.30
总　　计				38.47		102.27

分项工程名称			墙面贴天然大理石		踏步贴天然大理石	
工料名称及规格	单　位	单　价	数　量	合计（元）	数　量	合计（元）
人工费	工日	7.11	0.485	3.45	0.697	4.96
天然大理石 20 厚	m^2	132.44	1.01	133.76	1.84	243.69
铁件	kg	2.02	0.34	0.69		
42.5 级水泥综合	kg	0.19			28.30	5.38
其他材料费						1.00
机械使用费				0.83		1.49
综合费				1.54		0.86
总　　计				140.27		257.38

5. 确定基础标价

基础标价由直接费、间接费、利润和税金、不可预见费组成，并考虑本企业的实际情况和竞争形势最终确定。

(1) 直接费的计算

用每一项分项工程单价乘以相应分项工程量，即可得出各分项工程的定额直接费，累加后再加上其他直接费，即可得出该工程的直接费，见表9-2。

(2) 间接费计算

间接费可按当地现行的工程间接费率标准计算，也可根据企业实际管理水平，实际测算出间接费。

(3) 利润和税金的确定

利润应根据投标竞争的激烈程度合理确定利润率。税金则按当地政府规定的税种、税率计算。

6. 报价决策

基础标价确定后不一定就是正式报价。报价是决策者根据多方面情况分析、运用报价策略和技巧作出的最终造价。

常用的投标报价策略和技巧，有以下几种：

(1) 免担风险，提高报价。对于技术难度较大，没有把握的工程，可采用高报价来降低承担的风险，但此法不易中标。

(2) 活口报价。在投标中，报低价，但留下一些活口，在施工过程中处理（如变更签证、工程量增加等），其结果不是低标，而是高标。

(3) 多方案报价。对工程本身存在多个方案时，投标单位可采用此报价，最终与招标单位协商处理。

(4) 薄利保本报价。在竞争激烈的时候，而企业施工任务又不饱满的情况下，为了中标，按较低的报价水平报价。

(5) 亏损报价。当企业无施工任务或企业为了创牌子，占领某一地区市场时，可采用此法。

(6) 服务报价。这种报价方案不改变标价，而是在某些方面扩大服务范围（如延长保修期、提高质量等级等)。赢得良好的社会信誉。

第四节　建筑工程承包合同

一、建筑工程承包合同的概念和作用

1. 建筑工程承包合同的概念

合同是指两个或两个以上的当事人，为实现某个目的依法签订的确定各自权利与义务的协议。

建筑工程承包合同是指承发包双方为完成建筑工程任务，依法签订的经济契约。它是保证工程施工得以实施的重要手段。

2. 建筑工程承包合同的作用

(1) 建筑工程承包合同通过法律条款明确了双方的权利、义务和责任，并表达在书面

上，能得到国家法律的保护。确保工程任务能按照预控目标顺利完成。

(2) 建筑工程承包合同为工程监理部门和签约的双方提供了监督和检查的依据，有利于提高工程质量。

(3) 建筑工程承包合同有利于承发包企业人员增强法律意识，对提高施工企业经营管理水平具有重要作用。

(4) 建筑工程承包合同有利于实现双方的权利与义务。因此，可充分调动签约双方各方面的积极性，对有效地共同完成工程项目具有深远意义。

二、建筑工程承包合同的种类及法律特征

1. 建筑工程承包合同的种类

建筑工程承包合同通常是承包企业同建设单位、分包单位、外协单位、设计单位、金融单位之间签订的各种经济合同。合同分类如下：

(1) 按签约单位的不同划分

1) 施工企业与建设单位之间的合同。

2) 总包与分包之间的施工合同。

3) 施工企业与外协单位之间的合同。如建筑材料订货合同、成品半成品加工订货合同、外部用工劳务合同等。

4) 施工企业与金融机构之间的合同。如银行借（贷）款合同、流动资金贷款合同、抵押金贷款合同等。

(2) 按取费方式不同划分

1) 固定总价合同

总价不变合同是指签约双方按固定不变的工程投标报价进行结算，不因工程量、设备、材料价格、工资等变动而调整合同价格的合同。其优点是建筑工程造价一次包死，避免扯皮。但承包企业要承担工程量与单价的双重风险。

2) 单价合同

单价合同，是指按照实际完成的工程量和承包企业的投标单价结算的合同。其优点是工程量可以按实际完成的数量进行调整，对复杂的工程或采用新型的施工工艺的工程较为适用。

3) 成本加酬金合同

成本加酬金合同，是指工程成本实报实销，另加一定额度的酬金（利润）的合同。酬金额度，视工程施工难易程度确定。其特点是承包企业不承担任何风险，但要求签约双方都有高度的信任与交往，酬金是由双方协商确定的。

2. 建筑工程承包合同的法律特征

建筑工程承包合同本身具有独特的法律特征，归纳起来有几下几点：

(1) 工程承包合同法律关系的客体和内容，必须是工程建设的内容。如建筑工程、园林等。

(2) 工程承包合同法律关系的当事人必须是从事建筑工程的法人或社会组织。

(3) 工程承包合同规定的工程造价必须专款专用，并由开户银行办理概（预）结算手续，银行对合同履行进行监督。

(4) 工程承包合同法律关系的当事人在提前履行合同条款后，按规定应由建设单位给予奖励。

三、建筑工程承包合同的主要条款

1. 标的

标的是指要建造的工程项目。在建筑工程承包合同中，要明确工程项目名称、工程范围、工程量、工期和质量。

2. 数量和质量

合同数量要明确计量单位。如米、平方米、立方米、千克、吨等，在质量上要明确所采用的验收标准、质量等级和验收方法。

3. 价款或酬金

价款或酬金，合同中要明确货币的名称、支付方式、单价、总价等。

4. 履行期限、地点和方式

合同履行包括工程开始至工程完成的全过程及工程期限、地点及结算方式。

5. 违约责任

签约双方有一方违反承包合同，将受到违约罚款。违约罚款有违约金和赔偿金。

(1) 违约金

违约金是合同规定的对违约行为的一种经济制裁方法。违约金由签约双方协商确定。

(2) 赔偿金

由违约方赔偿对方造成的经济损失，赔偿金的数量根据直接损失计算，或根据直接损失加间接损失一并计算。

四、建筑工程承包合同的签订程序

签订承包合同，都要经过两个过程，即要约和承诺。

要约，是指当事人一方向另一方提出签订合同的建议和要求，拟定合同的初步内容。要约的内容要点是：

(1) 明确表示签订工程承包合同的愿望和要求。

(2) 提出合同应明确的主要条款。

(3) 提出对方是否同意要约表示的期限。

承诺，是指受约人完全同意要约人提出的要约内容的一种表示。承诺后合同即成立。如受约方不完全同意要约方的意见，对部分内容提出修改或另有附加条件时，不视为承诺，而应看作二次要约。签订合同的过程是签约双方要约再要约的反复协商过程，直到双方完全一致同意，方能说是承诺。

五、建筑工程承包合同的主要内容

建筑工程承包合同应内容完整、目标明确、文字简练、含义明确。对关键词应作必要的定义。根据我国《建筑（装饰）安装工程承包合同条款》中的规定，建筑工程承包合同的主要内容如下：

1. 简要说明

2. 签订工程承包合同的依据

上级主管部门批准的有关文件、经批准的建设计划、施工许可证。

3. 工程的名称和地点

4. 工程造价

应明确合同中的工程造价，是以中标后的中标价为准，并以此价作为结算工程款的依据。

5. 工程范围和内容

应按施工图列出工程项目一览表，注明工程量、计划投资、开竣工日期、工期要求等。

6. 施工准备工作分工

明确签约双方施工前及施工过程中的施工准备工作分工及完成时间。

7. 承包方式

如包工包料或包工不包料等，施工期间出现承包方式调整的处理方法等。

8. 技术资料供应

明确签约双方应提供有关技术资料的内容，份数、时间及其他有关事项。

9. 物资供应方式

明确双方物资供应的内容、分工和办法，时间和管理方式等。

10. 工程质量和交工验收

明确工程质量等级、竣工后的验收方法、保修条件及保修期等。

11. 工程拨款和结算方式

明确工程预付款、工程进度款的拨付方法及设计变更、材料调价、现场签证等处理方法、延期付款计息方法和工程结算方法等。

12. 奖罚

明确提前拖后工期的奖罚办法，规定违约金及赔偿金额度及支付办法。

13. 仲裁

合同当事人双方，发生争执而调解无效时，由仲裁机构或法律机关进行裁决判决。

14. 合同份数和生效方式

明确合同正本和副本的份数及合同生效的时间。

15. 其他条款

六、建筑工程承包合同纠纷的调解和仲裁

我国经济合同法明确规定，经济合同发生纠纷时，当事人应及时协商解决。协调不成时任何一方均可向国家批准的经济合同管理机关，提出申请调解或仲裁，也可向人民法院提出起诉。

解决工程承包合同纠纷一般有三种方法：

1. 双方自行协商解决

合同履行过程中，由于改变建设方案、变更计划、改变投资规模等增减了工程内容，打乱了原施工部署，此时双方应协商签订补充合同。由于合同变更，给对方造成的经济损失，应本着公正合理的原则，由提出变更合同一方负责，并及时办理经济签证手续。当发生争议时，双方应本着实事求是的原则，尽量求得合理解决。

2. 仲裁机关仲裁

工程承包合同仲裁，是指争议双方经协商、调解无效，由当事人一方或双方申请由国家批准的仲裁机构进行裁决处理。

3. 司法解决

司法解决合同纠纷，是指争议双方或一方，对仲裁不服时，可在收到仲裁裁决书之日起的15天之内，向法院起诉。15天不起诉的，仲裁裁决即具有法律效力。

七、建筑工程施工索赔

承包企业在施工过程中可能发生许多问题，在施工中付出了额外费用，其可以通过合法途径要求建设单位偿还，此工作称为施工索赔。如建设单位修改设计、要求加快工期以及招标文件中难免出现的与实际不符的错误等，都可进行索赔。

索赔工作的关键是证明施工企业提出的索赔要求不仅正确，而且索赔数额准确，合情合理。索赔的形式有延长工期或要求赔偿款项。

1. 建筑工程施工索赔的依据

工程项目的各项资料是索赔的主要依据。为了保证索赔成功，施工单位必须保存以下几方面工程项目资料：

(1) 各施工进度表。

(2) 施工人员计划表和日报表。

(3) 施工备忘录。

(4) 会议记录、工程照片、来往信件。

(5) 施工材料和设备进场、使用情况。

(6) 工程检查、试验报告。

(7) 各项付款单据和工资薪金单据。

(8) 所有合同文件，包括标书、施工图纸和设计变更通知等。

2. 建筑工程施工索赔的费用。

下述各项费用方面遭受损失可通过索赔得到补偿：人工费、材料费、设备费、分包费、保险费、保证金、管理费、工程贷款利息等。

3. 建筑工程施工索赔应注意的事项

(1) 施工企业遇有索赔时，必须以文字形式提出索赔报告，在最终仲裁开始以前，索赔报告必须经有关部门审核审定。

(2) 提出索赔的时间期限，应经双方协商同意纳入合同条款中，以便在提供资金问题上作出准确的估计和安排。

(3) 索赔的计算和索赔款项应当实事求是，依据可靠，准确无误，合情合理。

(4) 索赔报告中，应文字简炼、组织严密、资料充足、条理清楚。避免含混不清或有遗漏之处。

复习思考题

一、名词解释

1. 建筑工程施工招标；2. 建筑工程施工投标；3. 建筑工程承包合同。

二、填空

1. 建筑工程招标的方式有________、________、________和________等四种。

2. 标底，又称________。是审核________、________的重要依据之一。

3. 建筑工程投标报价，即________，是指投标单位为了中标而向________报出的拟招标的建筑工程的________。

4. 解决工程承包合同纠纷的方法有________、________和________。

三、简答

1. 建筑工程施工招标与投标的作用是什么?

2. 建筑工程施工招标的程序是什么?

3. 建筑工程施工投标需做哪些准备工作?

第十章　施工项目进度管理

第一节　施工项目进度控制概述

一、施工项目进度控制的概念

施工项目进度控制是指在既定的工期内，编制出最优的施工进度计划，在执行该计划的施工中，经常检查施工实际进度情况，并将其与计划进度相比较，若出现偏差，便分析产生的原因和对工期的影响程度，找出必要的调整措施，修改原计划，不断地如此循环，直至工程竣工验收。施工项目进度控制的总目标是确保施工项目的既定目标工期的实现，在保证施工质量和不增加施工实际成本的条件下，适当缩短工期。

二、施工项目进度控制的一般规定

（一）施工项目进度控制的方法

施工项目进度控制方法主要是规划、控制和协调。确定施工项目总进度目标和分进度目标，实施全过程控制，当出现实际进度与计划进度偏离时，及时采取措施调整，并协调与施工进度有关的单位、部门和工作队组之间的进度关系。项目进度控制具体规定有以下几个方面：

（1）项目进度控制应以实际施工合同约定的竣工日期为最终目标。

（2）项目进度控制总目标应进行分解。可按单位工程分解为交工分目标，可按承包专业或施工阶段分解为完工分目标，亦可按年、季、月计划期分解为时间目标。

（3）项目进度控制应建立以项目经理为责任主体，由于项目负责人，计划人员、调度人员、作业队长及班组长参加的项目进度控制体系。

（二）项目进度控制的措施

项目进度控制应采用组织措施、技术措施、合同措施、经济措施和信息管理措施对施工进度实施有效控制。通过落实进度控制人员工作责任，建立进度控制组织系统及控制工作制度。采用科学的方法不断收集施工实际进度的有关资料，定期向建设单位提供比较报告。

（三）项目进度控制的任务

项目进度控制的任务是编制施工总进度计划并控制其执行，按期完成整个施工项目的任务；编制单位工程，分部分项工程施工进度计划，并控制其执行，按期完成分部分项工程施工任务；编制季度、月（旬）作业计划，并控制其执行，完成规定的目标。

（四）项目进度控制的程序

（1）根据施工合同确定的开工日期，总工期和竣工日期确定施工进度目标，明确计划开工日期、计划总工期和计划竣工日期，并确定项目分期分批的开工、竣工日期。

（2）编制施工进度计划。施工进度计划应根据工艺关系、组织关系、搭接关系、起止时间、劳动力计划、材料计划、机械计划及其他保证性计划等因素综合确定。

(3) 向监理工程师提出开工申请报告，并应按监理工程下达的开工令指定的日期开工。

(4) 实施施工进度计划。当出现进度偏差（不必要的提前或延误）时，应及时进行调整，并应不断预测未来进度状况。

(5) 全部任务完成后应进行进度控制总结并写进度控制报告。

二、施工项目进度控制的原理

（一）动态控制原理

项目进度控制是一个不断进行的动态控制，也是一个循环进行的过程。当实际进度与计划进度不一致时，采取相应措施，使两者在新的起点上重合，使实际工作按计划进行。但在新的干扰因素作用下，又会产生新的偏差。施工进度计划控制就是采用这种动态循环的控制方法直至交工验收。

（二）系统原理

为了对施工项目实施进度计划控制，必须有施工项目总进度计划、单位工程施工进度计划，分部分项工程进度计划及季度和月（旬）作业计划。这些计划组成一个施工项目进度计划系统。

施工项目实施全过程的各级负责人，从项目经理、施工队长、班组长及其所属全体成员组成施工项目实施的完整组织系统，遵照计划目标努力完成施工任务。

为了保证项目进度实施还有一个项目进度的检查控制系统，使计划控制得以落实，保证计划按期实施。

（三）信息反馈原理

信息反馈是施工项目进度控制的依据，施工中实际进度通过信息反馈给项目进度控制人员，经过加工，再将信息逐级向上反馈，直到主控室，主控室整理统计各方面信息，并经过加工整理做出决策，调整计划，使其符合预定工期目标。

（四）弹性原理

在编制施工项目进度计划时应留有余地，即使施工进度计划具有弹性。在项目进度控制时，可利用这些弹性，缩短有关工作的时间，使检查前拖延的工期，通过缩短剩余计划工期的方法，仍能达到预期的计划目标。

（五）封闭循环原理

项目进度控制通过计划、实施、检查、比较分析、确定调整措施，比较和分析实际进度与计划进度之间的偏差，找出产生原因和解决办法，确定调整措施，再修改原进度计划，形成一个封闭的循环系统。

（六）网络计划技术原理

网络计划技术是编制施工进度计划的重要工具，利用网络技术可进行工期优化和资源优化。使进度计划更加科学合理。

第二节　施工项目进度计划的实施与检查

一、项目进度计划的实施

项目进度计划的实施就是施工活动的进展，也是用施工进度计划指导施工活动、落实和完成计划。项目施工进度计划应通过编制年、季、月、旬、周施工进度计划实现。年、季、月、旬、周施工进度计划应逐级落实，最终通过施工任务书由班组实施。在施工进度计划实施过程中应进行下列工作：

（1）跟踪计划的实施并进行监督，当发现进度计划执行受到干扰时，应采取调度措施。

（2）在计划图上进行实际进度记录，并跟踪记载每个施工过程的开始日期、完成日期，记录每日完成数量、施工现场发生的情况、干扰因素的排除情况。

（3）执行施工合同中对进度、开工及延期开工、暂停施工、工期延误、工程竣工的承诺。

（4）跟踪形象进度并对工程量、总产值、耗用的人工、材料和机械台班等的数量进行统计与分析，编制统计报表。

（5）落实控制进度措施应具体到执行人、目标、任务、检查方法和考核办法。

（6）处理进度索赔。

对于分包工程，分包人应根据项目施工进度计划编制分包工程施工进度计划并组织实施。项目经理部应将分包工程施工进度计划纳入项目进度控制范畴，并协助分包人解决项目进度控制中的相关问题。

在进度控制中，应确保资源供应进度计划的实现。当出现下列情况时，应采取措施处理：

第一种情况：当发现资源供应出现中断、供应数量不足或供应时间不能满足要求时。应及时通知供货单位，同时动用经常储备材料。

第二种情况：由于工程变更引起资源需求的数量变更和品种变化时，应及时调整资源供应计划。

第三种情况：当发包人提供的资源供应进度发生变化不能满足施工进度要求时，应敦促发包人执行原计划，并对造成的工期延误及经济损失进行索赔。

二、项目进度计划的检查

项目进度计划检查主要是控制人员经常地、定期地跟踪检查施工实际进度情况，收集施工项目进度信息，统计整理和对比分析，确定实际进度与计划进度之间关系的工作。通常包括以下几个方面：

（一）跟踪检查施工实际进度

对施工进度计划进行检查应依据施工进度计划实施记录进行。跟踪检查的时间间隔，根据施工项目的类型、规模、施工条件和对进度执行要求的程度确定。一般每月、半月、旬、周检查一次。检查和收集资料的方式可采用进度报表或定期召开进度工作汇报会方式。《建设工程项目管理规范》（GB/T 50326—2001）中，对施工进度计划检查采取了日检查或定期检查的方式其检查内容包括：

（1）检查期内实际完成和累计完成工程量。

（2）实际参加施工的人力、机械数量及生产效率。

（3）窝工人数、窝工机械台班数量及其原因分析。

（4）进度偏差情况。

（5）进度管理情况。

（6）影响进度的特殊原因及分析。

（二）整理统计检查数据

对收集到的施工项目实际进度数据，要进行必要的整理、按计划控制的工作项目进行统计，形成与计划进度具有可比性的数据，相同的量纲和形象进度。一般可以按实物工程量、工作量和劳动消耗量统计实际检查的数据，以便与相应的计划完成量相对比。

（三）实际进度与计划进度对比

实际进度与计划进度对比的方法有：横道图比较法，S形曲线比较法和“香蕉”型曲线比较法、前锋线比较法和列表法等。以上方法从不同角度得出实际进度与计划进度相一致、超前、拖后的三种情况。

（四）施工项目进度检查结果的处理

施工项目进度检查的结果，按照检查报告制度的规定，形成进度控制报告向有关主管人员和部门汇报。进度控制报告一般由计划负责人或进度管理人员与其他项目管理人员协作编写。报告时间一般与进度检查时间相协调，也可按月、旬、周等间隔时间进行编写上报。

进度控制报告的内容主要包括：项目实施概况、管理概况、进度概要；项目施工进度、形象进度及简要说明；施工图纸提供进度；材料、物资、构配件供应进度；劳务记录及预测；日历计划；对建设单位、业主和施工者的变更指令等。《建设工程项目管理规范》（GB/T 50326—2001）中，对月度施工进度控制报告内容做了如下规定：

（1）进度执行情况的综合描述。

（2）实际施工进度图。

（3）工程变更、价格调整、索赔及工程款收支情况。

（4）进度偏差的状况和导致偏差的原因分析。

（5）解决问题的措施。

（6）计划调整意见。

第三节　施工项目进度计划的调整

一、施工项目进度比较方法

工程建设进度比较与计划调整是工程进度控制的主要环节，其中进度比较是调整的基础。常见的比较方法有以下几种：

（一）横道图比较法

横道图是人们常用的，很简单、形象和直观编制施工进度计划的方法。若把项目施工中检查实际进度收集的信息，经过整理后直接用横道线并列标于原计划的横道线上，进行实际进度与计划进度的比较。这就是横道图比较法。例如某钢筋混凝土基础工程的施工实际进度计划与计划进度比较见表10-1。表中实线表示计划进度，双线部分则表示工程施工的实际进度。从比较中可以看出，第8天末进行施工进度检查时，挖土方工作已经按期完成；支模板的工作比计划进度拖后1天，施工任务拖后了17%；绑扎钢筋工作已完成了44%的任务，施工实际进度与计划进度一致。

通过上述记录与比较，找出了实际进度与计划进度之间的偏差。以便控制者采取有效措施调整进度计划。这种方法是人们在施工中进行施工项目进度控制最常用的一种既简单又熟悉的方法。它适用于施工中各项工作都是按均匀速度进行，即每项工作在单位时间内完成的任务量相等。

某钢筋混凝土施工实际进度与计划进度比较表　　　表 10-1

工作编号	工作名称	工作时间（天）	施工进度																
			1	2	3	4	5	6	7	8	9	10	11	12	13	14	15	16	17
1	挖土方	6																	
2	支模板	6																	
3	绑扎钢筋	9																	
4	浇混凝土	6																	
5	回填土	6																	

▲检查日期

根据施工项目实施中各项工作的速度不一定相同，以及进度计划控制要求和提供的信息不同，横道图比较法又分为以下几种：

1. 匀速施工横道图比较法

匀速施工是指每项工作施工速度都是均匀的，即在单位时间内完成的任务量都是相等的，累计完成的任务量与时间成直线变化。如图 10-1 所示。完成任务量可以用实物工程量、劳动量或费用支出表示。为了便于比较，通常用上述物理量的百分比。其作图步骤为：

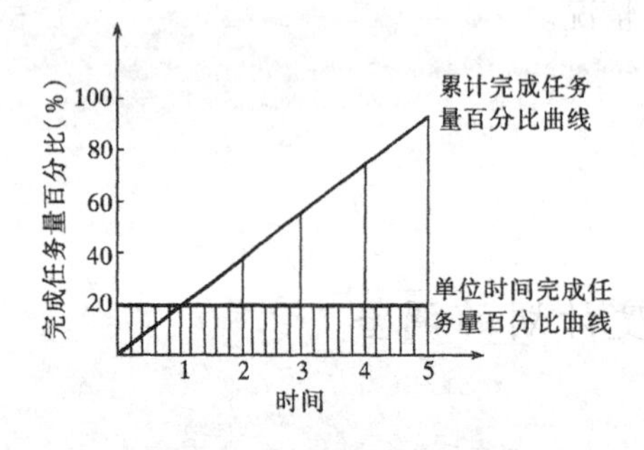

图 10-1　匀速施工时间与完成任务量关系曲线图

（1）编制横道图进度计划；

（2）在进度计划上标出检查日期；

（3）将检查收集的实际进度数据，按比例用双线标于进度计划线的下方，见表 10-1；

（4）比较分析实际进度与计划进度，得出如下三种结果：

1）双线右侧与检查日期相重合，表明实际进度与计划进度相一致；

2）双线右端在检查日期的左侧，表明实际进度拖后；

3）双线右端在检查日期的右侧，表明实际进度超前。

该方法只适用于工作自始至终施工速度是均匀不变的情况及累计完成的任务量与时间成正比的情况，如图 10-1 所示。

2. 双比例单侧横道图比较法

匀速施工横道图比较法，只适用施工进展速度是不变的情况下的施工实际进度与计划进度之间的比较。当工作在不同的单位时间里的进展速度不同时，累计完成的任务量与时间的关系是非线性的，如图 10-2 所示，按匀速施工横道图比较法绘制的实际进度双线，不能反映实际进度与计划进度完成任务量的比较情况。这种情况的进度比较可以采用双比例单侧横道图比较法。

双比例单侧横道图比较法是适用于工作的进度按变速进展的情况下，工作实际进度与计划进度进行比较的一种方法。它是在表示工作实际进度的双线同时，在表上标出某对应时刻完成任务的累计百分比，将该百分比与其同时刻计划百分比相比较，判断工作实际进度与计划进度之间的关系的一种方法。其基本步骤为：

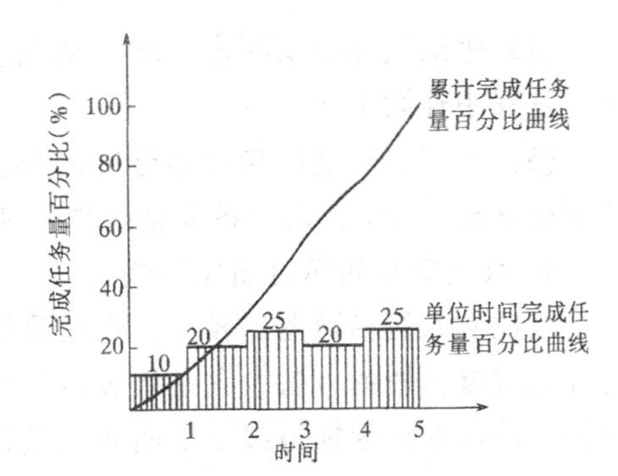

图 10-2　非匀速进展工作时间与完成任务量关系曲线

（1）编制横道图进度计划；

（2）在横道线上方标出各工作主要时间的计划完成任务累计百分比；

（3）在计划横道线的下方标出工作的相应日期实际完成的任务的累计百分比；

（4）用双线标出实际进度线，并从开工日标起，同时反映出施工过程中工作的连续与间断情况；

（5）对照横道线上方计划完成累计量与同时间的下方实际完成累计量，比较出实际进度与计划进度之偏差，可能有三种情况：

1）同一时刻上下两个累计百分比相等，表明实际进度与计划进度一致；

2）同一时刻上面的累计百分比大于下面的累计百分比表明该时刻实际进度拖后，拖后的量为二者之差，如图 10-3 所示；

3）同一时刻上面的累计百分比小于下面的累计百分比表明该时刻实际进度超前，超前的量为二者之差，如图 10-3 所示。

此法适用于进展速度为变化的情况下的进度比较，并能提供某一指定时间二者比较的信息。这就要求实施部门必须按规定的时间记录当时的任务完成情况。

由于工作进度是变化的，因此横道图中进度横线，无论计划的还是实际的，都只表示工作的开始时间、持续时间和完成时间，并不表示计划完成量和实际完成量，这两个量分别通过标注在横道线上方及下方的累计百分比数量表示。实际进度线是从实际工程的开始日期划起，若工作实际施工间断，也可在图中将双线作相应的空白。

【例 1】　某工程的支模板工程按施工计划安排需 9 天完成，每天统计累计完成任务的百分比，工作的每天实际进度和检查日累计完成任务的百分比，如图 10-3 所示。

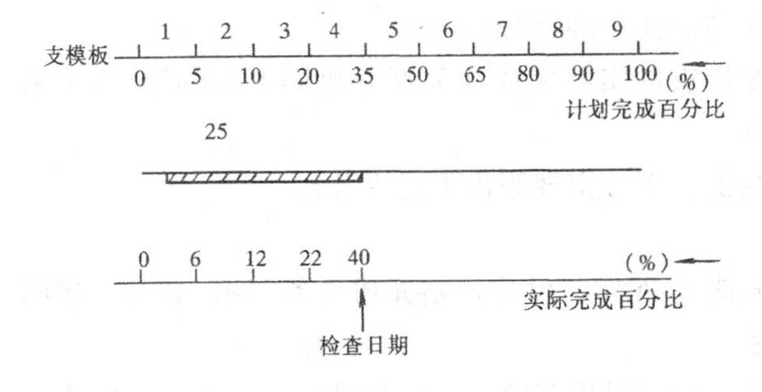

图 10-3　双比例单侧横道图比较图

解：（1）编制横道图进度计划。为了简单只表示支模板工程的时间和进度横线。如图 10-3 所示。

（2）在横道线上方标出支模板工程每天计划完成的累计百分比分别为 5%、10%、20%、35%、50%、65%、80%、90%、100%。

（3）在横道线的下方标出工作 1 天、2 天、3 天末和检查日期的实际完成任务的百分比，分别为：6%、12%、22%和 40%。

(4) 用双线标出实际进度线。从图 10-3 中看出，实际开始工作时间比计划时间晚半天，进程中连续工作。

(5) 比较实际进度与计划进度的偏差。从图 10-3 中可以看出，第一天末实际进度比计划进度超前 1%，以后各天超前量分别为 2%、2%、5%。

3. 双比例双侧横道图比较法

双比例双侧横道图比较法，也是适用于工作进度为变速进展的情况下，工作实际进度与计划进度比较的方法。它是将表示工作实际进度的双线，按检查的时间和完成的百分比交替地绘制在计划横道线上下两侧，其长度表示该时间内完成的任务量。工作的计划完成累计百分比标于横道线的上方，工作的实际完成累计百分比标于横道线的下方检查日期处，通过两个上下相对应的百分比相比较，判断该工作的实际进度与计划进度之间的关系。

其比较方法的步骤为：

(1) 编制横道图进度计划；

(2) 在计划横道图上方标出各工作主要时间的计划完成任务累计百分比；

(3) 在计划横道图下方标出工作相对应日期实际完成任务累计百分比；

(4) 用双线依次在横道线上下方交替地绘制每次检查实际完成的百分比；

(5) 比较实际进度与计划进度。通过标在横道线上下方的两个累计百分比，比较各时间段两种进度的偏差，同样可能有上述三种情况。

【例 2】 若前述题在施工中每天检查一次；用双比例双侧横道图比较法进行施工实际进度与计划进度比较，如图 10-4 所示。

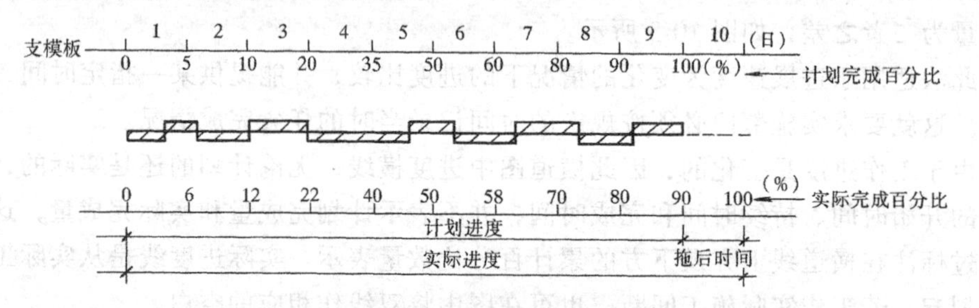

图 10-4 双比例双侧横道图比较图

解：(1) 编制横道图进度计划。如图 10-4 所示。

(2) 在横道图上方标出每天计划累计完成任务的百分比。

(3) 在计划横道图的下方标出工作按检查的实际完成任务百分比第 1 天到第 10 天末分别为 6%、12%、22%、40%……100%。

(4) 用双线分别按规定比例在横道线上、下方交替画出上述百分比。

(5) 比较实际进度与计划进度。

可以看出：实际进度在第 9 天末只完成了 90%，没按计划完成任务；第 10 天末实际累计完成百分比为 100%，拖了 1 天工期。

由此可见，双比例双侧横道图比较法，除了提供前两种方法提供的信息外，还能用各段长度表达在相应检查期间内工作的实际进度，便于比较各阶段工作完成情况。但是其绘制方法和识别都较前两种方法复杂。

综上所述，横道图比较法具有记录和比较方法简单、形象直观、容易掌握等优点，已被广泛采用于简单的进度监测工作中。但是它以横道图进度计划为基础，因此带有不可克服的局限性。如各工作之间的逻辑关系不明显，关键工作和关键线路无法确定，一旦某些工作进度产生偏差时，难以预测对后续工作和总工期的影响及确定调整方法。

（二）S形曲线比较法

S形曲线比较法是以横坐标表示进度时间，纵坐标表示累计完成任务量，而绘制出一条按计划时间累计完成任务量的S形曲线，将施工项目的各检查时间实际完成任务量的曲线与S形曲线进行比较的一种方法。它不同于横道图比较法带有的局限性，而较准确地预测后续工作和总工期由于产生的偏差而带来的影响。

从整个施工项目的施工全过程而言，一般是开始和结尾阶段，单位时间投入的资源量较少，中间阶段单位时间投入的资源量较多，与其相关，单位时间完成的任务量也是呈同样变化的，如图10-5(a)所示，而随时间进展累计完成的任务量，则应呈S形变化，如图10-5(b)所示。

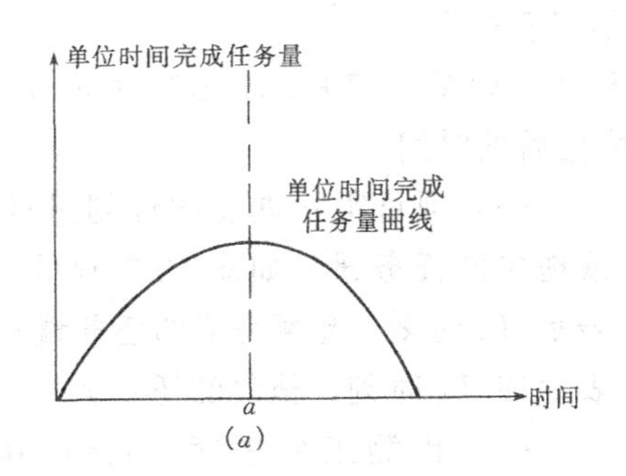

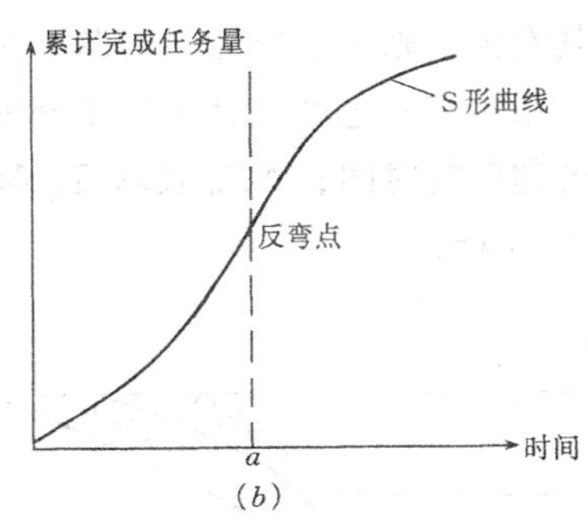

图10-5　时间与完成任务量关系曲线

1.S形曲线绘制方法

S形曲线绘制步骤：

(1) 确定工程进展速度曲线。在工程实际中很难找到图10-5(a)所示的定性分析的连续曲线，但可以根据每单位时间内完成的实物工程量或投入的劳动力与费用，计算出计划单位时间的量值 q_j，则 q_j 为离散型的如图10-6(a)所示。

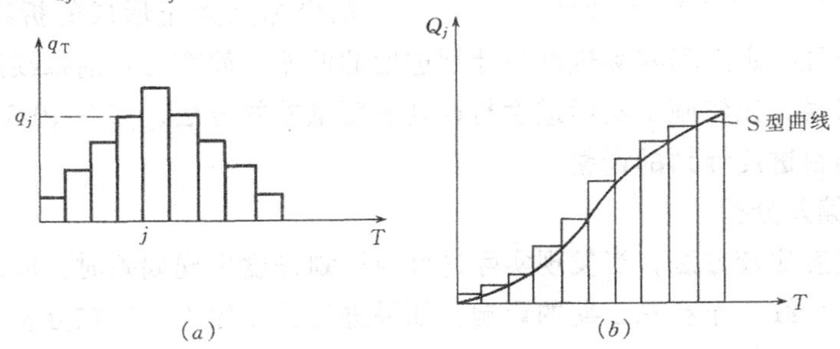

图10-6　实际工程中时间与完成任务量关系曲线

(2) 计算规定时间 j 计划累计完成的任务量。其计算方法等于各单位时间完成的任务量累加求和，计算公式如下：

$$Q_j = \sum_{j=1}^{j} q_j$$

式中 Q_j——某时间 j 计划累计完成的任务量；

q_j——单位时间 j 的计划完成的任务量；

j——某规定计划时刻。

（3）绘制S形曲线。按各规定时间 j 及其对应的累计完成任务量 Q_j 绘制S形曲线，如图10-6(*b*)所示。

2.S形曲线比较方法

利用S形曲线比较，可在图上直观地进行工程项目实际进度与计划进度相比较。计划控制人员先在计划实施前绘制出S形曲线，然后在施工过程中，按规定时间将检查的实际完成情况，绘制在与计划S形曲线的同一张图上，如图10-7所示。比较两条S形曲线可以得到如下信息：

（1）当实际进度进展点落在计划S形曲线左侧则表示此时实际进度超前于计划进度；若落在其右侧，则表示拖后；若落在其上，则表示二者一致。

（2）项目实际进度比计划进度超前或拖后的时间。如图10-7所示，ΔT_a 表示 T_a 时刻实际进度超前的时间；ΔT_b 表示 T_b 时刻实际进度拖后的时间。

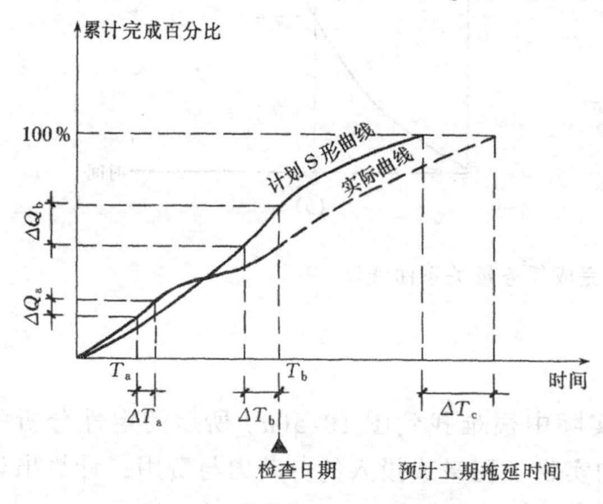

图10-7　S形曲线比较图

（3）项目实际进度比计划进度超额或拖欠的任务量。如图10-7所示，ΔQ_a 表示 T_a 时刻，超额完成的任务量；ΔQ_b 表示在 T_b 时刻，拖欠的任务量。

（4）预测工程进度。如图10-7所示，后期工程按原计划速度进行，则工期拖后预测值为 ΔT_c。

（三）前锋线比较法

前锋线比较法是从计划检查时间的坐标点出发，用点划线依次连接各项工作的实际进展点，最后到计划检查时间的坐标点为止形成的折线。按前锋线与箭杆的交点的位置判定工程实际进度与计划进度的偏差。简言之：前锋线法是通过施工项目实际进度前锋线，比较施工实际进度与计划进度偏差的方法，如图10-8所示。

二、施工项目进度计划的调整

（一）进度偏差分析

通过前述进度比较方法，当发现实际进度与计划进度出现偏差时，应及时分析该偏差产生的原因及对后续工作和总工期的影响。如果进度偏差较小，应在分析其产生原因的基础上采取有效措施，解决矛盾，排除障碍，继续执行原计划。若进度偏差较大或经过努力，确实不能按原计划实现时，再考虑对原计划进行必要的调整。即适当延长工期，或改变施工速度。计划的调整一般是不可避免的，但应当慎重，尽量减少变更计划性的调整。工作偏差分析概括起来包括以下几个方面：

1. 分析进度偏差的工序是否为关键工序

当产生偏差的工作为关键工序，则无论偏差大小，都将影响后续工作及总工期，必须采取相应的调整措施；若出现偏差的工序是非关键工序，则需要根据偏差值与总时差和自由时差的大小关系，确定对后序工作和总工期的影响程度，相应采取调整措施。

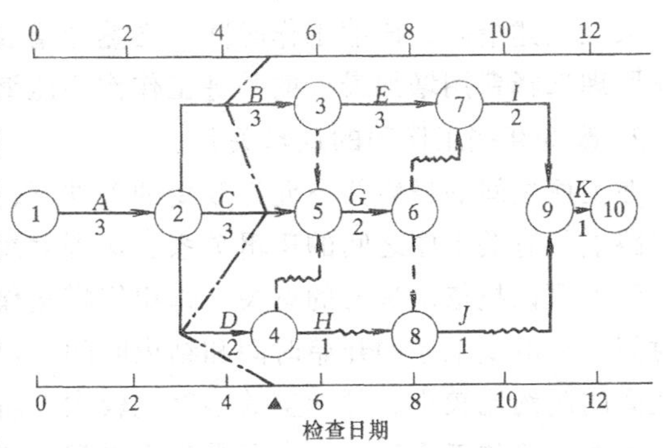

图 10-8　某施工项目进度前锋线图

2. 分析进度偏差是否大于总时差

当工序的进度偏差大于该工序的总时差时，必将影响后续工作和总工期，必须采取相应的调整措施；若工序的进度偏差小于或等于该工序的总时差时，对总工期无影响，但它对后续工序的影响程度，需要根据比较偏差与自由时差的情况来确定。

3. 分析进度偏差是否大于自由时差

当工序的进度偏差大于该工序的自由时差时，对后续工序产生影响，可根据后续工作允许影响的程度而决定如何调整；若工序进度偏差小于或等于该工序的自由时差时，则对后续工序无影响，原计划可以不作调整。

综上分析，进度控制人员可以确认应该调整产生进度偏差的工序和调整偏差值的大小，以便确定采取调整新措施，获得新的符合实际进度情况和计划目标的进度计划。

（二）施工项目进度计划的调整方法

1. 压缩某些关键工序的持续时间

这种方法是不改变工作之间的逻辑关系，而是通过缩短网络计划中关键线路上工序的持续时间来缩短工期，使施工进度加快。具体措施包括：

（1）组织措施

1）增加工作面，组织更多的施工队伍；

2）增加每天的施工时间（如采用三班制等）；

3）增加劳动力和施工机械的数量。

（2）技术措施

1）改进施工工艺和施工技术，缩短工艺技术间歇时间；

2）采用更先进的施工方法，以减少施工过程的数量（如将现浇框架方案改为预制装配方案）；

3）采用更先进的施工机械。

（3）经济措施

1）实行包干奖励；

2）增加资金投入；

3）对所采取的技术措施给予相应的经济补偿。

（4）其他配套措施

1）改善外部配合条件；

2）改善劳动条件；

3）实施强有力的调度等。

采取上述措施，压缩工作时间，必然会增加费用。因此，在调整计划时，应利用费用优化原理选择费用增加最少的关键工作作为压缩的首选对象。

2. 改变某些工序间的逻辑关系

在工序之间的逻辑关系允许改变的条件下，通过改变关键线路和超过计划工期的非关键线路上的有关工序之间的逻辑关系，达到缩短工期的目的。用这种方法调整的效果较明显。例如可以把依次进行的有关工作组织搭接作业或平行作业。其特点是不改变工序的持续时间，只改变工序的开始时间和结束时间。对于大型工程项目，由于其单位工程较多且相互间的制约比较小，可调整的幅度比较大，所以容易采用平行作业的方法来调整进度计划。而对于单位工程项目，由于受工序之间工艺关系限制，可调整的幅度较小，所以通常采用搭接作业的方法来调整进度计划。无论是搭接作业还是平行作业，工程项目在单位时间内的资源需求量将会增加。

综上所述，施工项目进度计划在实施中的调整必须依据施工进度计划检查结果进行，施工进度计划的调整内容包括：施工内容、工程量、起止时间、持续时间、工作关系、资源供应。调整方法应采用科学方法，并应编制调整后的施工进度计划。项目经理部、应及时进行施工进度控制总结。总结时应依据施工进度计划；施工进度计划执行的实际记录；施工进度计划的检查结果；施工进度计划的调整资料。总结内容包括：合同工期目标及计划工期目标完成情况；施工进度控制经验；施工进度控制中存在的问题及分析；科学的施工进度计划方法的应用情况；施工进度控制的改进意见。

复习思考题

一、名词解释

1. 横道图比较法；2. 前锋线比较法；3. S形曲线比较法。

二、填空

1. 施工项目进度控制方法主要是____、____和____。

2. 项目进度控制总目标应进行分解、可按单位工程分解为________，按承包专业或施工阶段分解为________。亦可按年、季、月计划期分解为________。

3. 项目进度控制应采取____、____、____、____和信息管理措施对施工进度实施有效控制。

4. 施工进度计划的调整内容包括：____、____、____、____、工作关系及资源供应。

三、简答

1. 项目进度计划的检查应做好哪些工作？

2. 施工进度控制报告的主要内容是什么？

3. 施工进度控制总结的内容是什么？

4. 施工进度比较方法有哪些？

第十一章　施工项目管理

施工项目管理是建筑施工企业深化改革、转变经营机制、提高综合经济效益的重要途径，它反映了现代建设项目对管理的客观要求。

本章主要介绍施工项目管理的概念、管理内容、组织机构，施工项目管理在基本建设程序中的地位，施工项目管理制度及其法规，施工项目经理的责、权、利，项目经理的聘任方法等内容。

第一节　施工项目管理概述

一、施工项目的概念

1. 项目

项目是指那些作为管理对象，按限定时间、预算和质量标准完成的一次性任务。如土建工程、装饰工程、设备安装工程等均可作为一个施工项目。项目具有三个特点：第一，项目的一次性，又称项目的单件性，即不可能有与此完全相同的第二个项目，这是项目的最主要特点。第二，项目目标的明确性，包括成果目标和约束目标。它必须在签定的项目承包合同工期内按规定的预算数量和质量标准等约束条件完成。没有一个明确的目标就称不上项目。第三，项目管理的整体性，即一个项目系统是由时间、空间、物资、机具、人员等多要素构成的整体管理对象。一个项目必须同时具备以上三个特点。

2. 建设项目

建设项目是指需要一定量的投资，经过决策、设计、施工等一系列程序，在一定约束条件下形成固定资产为明确目标的一次性事业。它包括基本建设项目和技术改造项目。前者主要指新建或扩建的建设工程，后者主要指以增加产品品种，提高产品质量等为目标的改造工程。

3. 施工项目

施工项目是指建筑施工企业对一个建筑产品的施工过程及成果，即建筑施工企业的生产对象。它可以是一个建设项目的施工，也可以是其中一个单项工程或单位工程的施工。分部、分项工程不是完整的产品，因此不能称作“施工项目”。

二、施工项目管理的概念

1. 项目管理

项目管理是为使项目获得成功所进行的决策、计划、组织、控制与协调等活动的总称。其主要内容是“三控制、二管理、一协调”。即进度控制、质量控制、投资控制、合同管理、信息管理和组织协调。

2. 建设项目管理

建设项目管理是以建设项目为对象，为实现建设项目的总目标，在建设项目的生命周期内，用系统工程理论、观点和方法进行决策、计划、组织、控制与协调等活动的总称。

3. 施工项目管理

施工项目管理是由建筑施工企业对施工项目所进行的决策、计划、组织、控制与协调活动的总称。施工项目管理的管理者是建筑施工企业，管理对象是施工项目，管理内容在一个长时间进行的有序过程中不断变化。因此要求施目项目管理应强化组织协调工作，建立起动态控制体系。

4. 建设项目管理与施工项目管理

建设项目管理与施工项目管理在管理任务、内容、范围及管理主体等方面均不相同，两者区别见表 11-1。

施工项目管理与建设项目管理的区别 表 11-1

区别特征	施工项目管理	建设项目管理
管理任务	生产建筑产品、取得利润	取得符合要求的，能发挥应有效益的固定资产
管理内容	涉及从投标开始到交工为止的全部生产组织与管理及维修	涉及投资周转和建设的全过程的管理
管理范围	由承包合同规定的承包范围，即建设项目单项工程或单位工程的施工	由可行性研究报告确定的所有工程，是一个建设项目
管理的主体	施工企业	建设单位或其委托的咨询监理单位

三、施工项目管理在建设程序中的地位

1. 我国的建设程序

建设项目的建设程序又称基本建设程序，是拟建建设项目在整个建设过程中必须遵循的先后次序。我国的基本建设程序分为六个阶段，即项目建议书阶段、可行性研究阶段、设计阶段、建设准备阶段、建设实施阶段、竣工验收阶段，如图 11-1 所示。

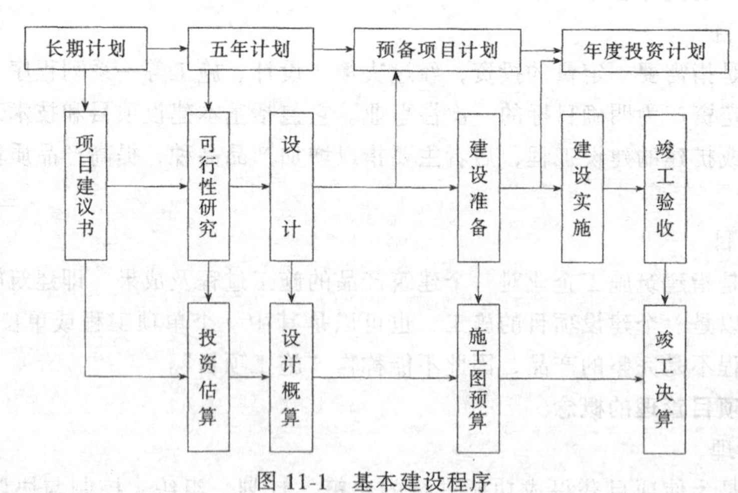

图 11-1 基本建设程序

(1) 项目建议书阶段

即建设单位向国家或主管单位提供建设某一建设项目的建议文件。

(2) 可行性研究阶段

即在项目建议书批准后进行的可行性研究通过多方案比较，提出评价意见，推荐最佳

方案，为项目的决策提供依据。

(3) 设计阶段

在可行性研究报告批准后，进行初步设计、技术设计和施工图设计。

(4) 建设准备阶段

根据已经批准的初步设计和施工图设计，组织招投标，确定施工单位。

(5) 建设实施阶段

建设项目开工报告经有关部门批准后，可进入施工阶段，即实施阶段。在此阶段中，建设单位或委托的监理公司对建设项目实施项目管理；施工单位实施施工管理。双方认真履行施工合同，共同协作，最终完成项目的全过程。

(6) 竣工验收阶段

建筑工程完成后，须组织竣工验收，检验合格后，施工单位将建设项目移交给建设单位，标志着建设单位又增加了一项固定资产。

2. 施工项目管理在建设程序中的地位

施工项目管理在建设程序中占有非常重要的地位。主要表现在：第一，在管理周期上，即从工程投标开始至竣工验收为止，生命周期横跨了建设程序中的建设准备、建设实施、竣工验收3个阶段。第二，在管理内容上包括了工程施工合同中的全部内容。第三，在管理任务上，对加强施工企业内部经济核算，发挥投资效益，使用户满意，都具有重要作用。

四、施工项目管理的产生与发展

项目管理是一门新型、较完整、应用性很强、发展潜力很大的综合性学科。项目管理在人类生产实践活动中很早就产生了，只不过在相当长的历史时期尚属经验性管理，形成为一门学科却是在20世纪60年代以后。

第二次世界大战以后，科学管理方法大量涌现，逐渐形成了管理科学体系，并被广泛应用于生产和管理实践，项目管理科学发展速度加快。20世纪50年代末，产生了网络计划，这在管理理论与方法上是一个重大突破。网络技术特别适用于项目管理，至今各大施工企业的计划仍以网络计划为主。越来越多的科学管理方法，终于使项目管理跻身于管理学科的殿堂。

项目管理的理论和方法，经过各国科学家大量的研究和试验，取得了重大进展，产生了良好的社会效益和经济效益。例如，20世纪70年代在美国出现了CM(contruction management)公司，该公司在项目管理上提供管理技术、早期进入项目的准备工作，并进行进度控制、预算、成本分析、质量和投资优化估价、材料和劳动力估价、项目财务服务、决算跟踪等系列服务。CM公司在项目管理上的优化服务，在不少国家的建设项目、施工项目中被广泛采用。

随着我国改革、开放的深入和社会主义市场经济体制的逐步建立，施工项目管理理论随之进入我国建筑企业。1984年以前，工程项目管理理论首先从原西德和日本引入我国，之后从其他发达国家特别是美国陆续引入我国。结合建筑施工企业管理和招投标制的推行，在全国许多建筑施工企业和建设单位中都不同程度地开展了工程项目管理的试验。1982年，我国利用世界银行贷款修建的鲁布革水电站引水系统工程就是一个成功的经验。其核心就是把竞争机制引入工程建设领域，实行了铁面无私的招投标，实行总承包和项目管理。除此之外，还有北京的中国国际贸易中心工程、京津塘高速公路工程、葛洲坝水利工程、引滦入津工程等。这些经验大部分都已推广。

1992年，建设部印发了《施工企业项目经理资质管理试行办法》，决定对项目经理进行培训，实行持证上岗制度，并在天津进行了试点，取得了一定经验，一批高素质、高水平的工程项目经理队伍充实到我国建筑企业，从而适应社会主义市场经济的需要。

第二节　施工项目管理的组织机构

施工项目管理组织机构与企业管理组织机构是局部与整体的关系。施工项目管理组织机构是建筑企业管理组织机构的重要组成部分。组织机构设置的目的是为了进一步发挥项目管理功能，提高项目整体管理效率，以达到项目管理的最终目标。

一、施工项目管理组织机构设置原则

1. 目的性的原则

施工项目组织机构设置的根本目的是实现施工项目管理的总目标。因此，要因目标设事，因事设机构编制，按编制设岗位定人员，以职责定制度、授权力，确保实现项目的总目标。

2. 精干高效原则

施工项目组织机构的人员设置，在保证施工项目所要求的工作任务顺利完成的前提下，尽量简化机构，做到精干高效，人员实行一专多职。

3. 管理跨度与管理层次统一的原则

管理跨度是指一个领导者有效管理下一级人员的数量。管理跨度大小与管理层次多少有直接关系，一般情况下，管理层次多，跨度减小，层次少，跨度会加大。这就要根据领导者的能力和施工项目的大小进行权衡，并使两者统一。

4. 业务系统化原则

由于施工项目是一个开放的系统，由众多子系统组成，各子系统之间，子系统内部各单位工程之间，不同组织、工种、工序之间，存在着大量的结合部。这就要求项目组织也必须是一个完整的组织结构系统，以便在结合部上能形成相互制约、相互联系的有机整体，防止产生职能分工、权限划分和信息沟通上的相互矛盾或重叠。

5. 弹性和流动性原则

由于施工项目具有单件性、阶段性、流动性等特点，必然带来生产对象数量、质量和地点的变化，带来资源配置的品种和数量变化。这就要求组织机构随之进行调整，以便适应施工任务变化的需要。

二、施工项目管理组织机构的形式

1. 工作队式项目组织机构

(1) 特点

图11-2虚线框内表示工作队式的项目组织机构。其特点如下：

1）项目经理在企业内部招聘职能人员组成管理机构（工作队），由项目经理指挥，其独立性大。

2）管理机构成员在项目施工期间与原企业部门暂时不存在直接的领导与被领导关系。

3）项目管理组织与项目同寿命。项目结束后机构撤消，所有人员仍回原单位所在部门和岗位工作。

4）专业人员可以取长补短、办事效率高，既不打乱企业原有建制，又保留了传统的直线职能制等优点。

（2）适用范围

适用于大型项目，工期要求紧迫的项目，需多工种、多部门密切配合的项目。

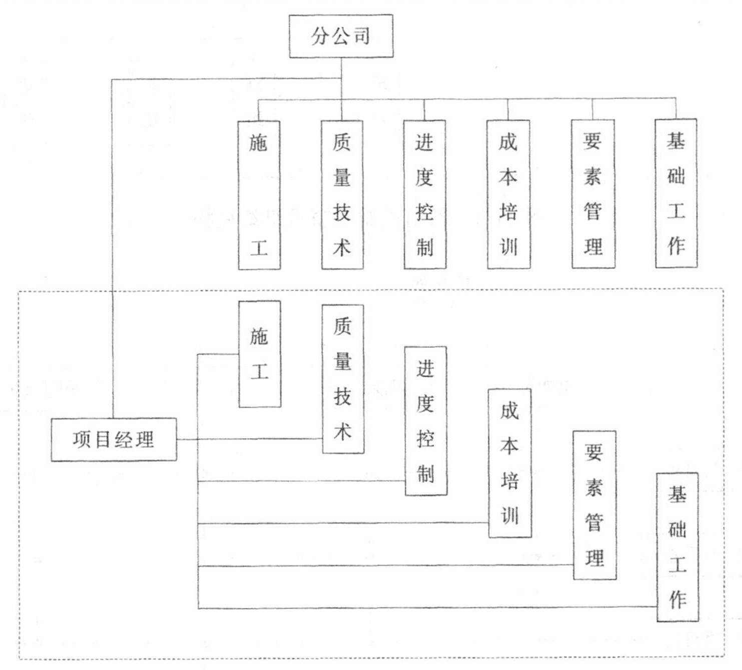

图 11-2　工作队式项目组织机构

2. 部门控制式项目组织机构

（1）特点

如图 11-3 虚线框内所示，是部门控制式项目组织机构。其特点如下：

1）不打乱企业现行的建制，把项目委托给企业某一专业部门或某一施工队，并由这个部门（施工队）领导，在本部门内组合管理机构。

2）具有能充分发挥人才作用，人事关系容易协调，运转启动时间短，职责明确，职能专一，项目经理无需专门训练等优点。

（2）适用范围

适用于小型的、专业性较强、不需涉及众多部门的施工项目。

3. 矩阵制项目组织机构

（1）特点

图 11-4 是矩阵制项目组织形式，其特点如下：

1）项目组织机构与职能部门的结合部同职能部门数相同。项目组织机构与职能部门的结合部呈矩阵形式。

2）职能部门的纵向与项目组织的横向有机地结合在一起。既发挥了职能部门的纵向

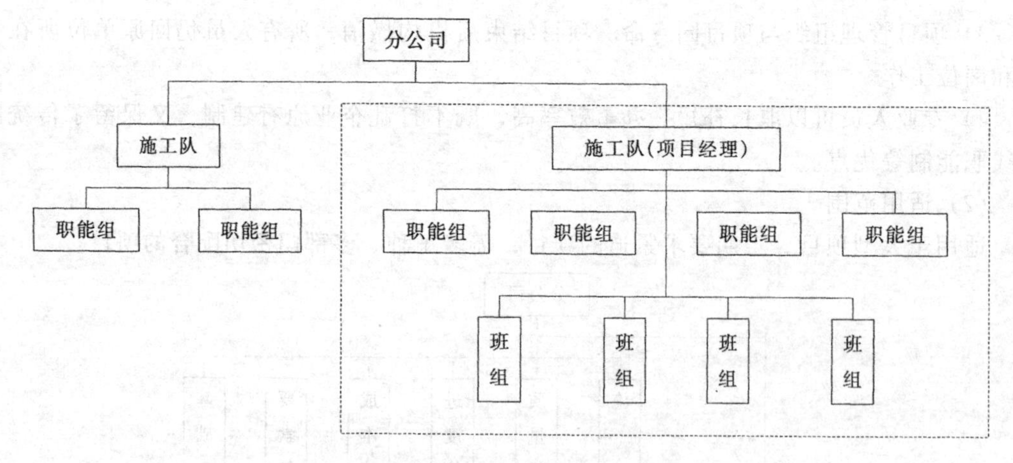

图 11-3　部门控制式项目组织机构

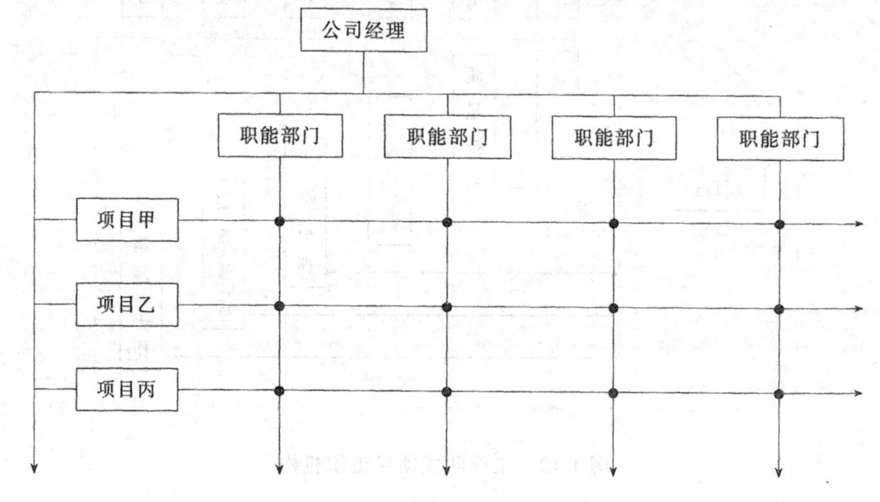

图 11-4　矩阵制项目组织机构

优势，又发挥了项目组织的横向优势。

3）职能部门负责人对参与项目组织的人员有组织调配、业务指导和管理考查的责任。项目经理把来自各职能部门的专业人员在横向上有效地组织在一起，协同工作。

4）每个成员接受部门负责人和项目经理的双重领导。但部门控制力大于项目的控制力。为了提高人才的利用率，部门负责人有权根据各项目对人员的要求，在项目之间调配本部门的人员。

5）项目经理对临时组建的机构成员有权控制和使用，他可以向职能部门要求调换、辞退机构成员，但需提前向职能部门提出要求。

6）项目经理部的工作有多个职能部门支持，项目经理没有人员包袱。

7）项目经理部的管理工作把企业的长期例行性管理与项目的一次性管理有机地结合起来，充分利用有限的人才对多个项目进行高效率管理，使项目组织具有较强的应变能力。

8）由于各类专业人员来自不同的职能部门，工作中可以相互取长补短，纵向专业优势得以发挥。但易造成双重领导，使意见分歧，难以统一。

(2) 适用范围

1) 同时承担多个需要进行项目管理工程的企业。在此情况下，各项目对专业技术人员都有需求，加在一起数量较大。采用矩阵制组织可以充分利用有限的人才发挥更大的作用。

2) 适用于大型、复杂的施工项目。因大型复杂的施工项目要求多部门、多技术、多工种配合施工，在不同阶段、对不同人员，有不同数量和搭配各异的要求。显然，其他组织机构形式难以满足多个项目经理对人才的要求。

三、施工项目组织形式的选择

选择什么样的项目组织形式，要根据企业的素质、任务、条件、基础与施工项目的规模、性质、内容、要求的管理方式结合起来分析，选择最适宜的项目组织形式。一般可按下列思路选择项目组织形式：

(1) 大型施工企业，人员素质好，管理基础好，业务综合性强，可以承担复杂施工任务，宜采用矩阵制、工作队制等项目组织形式。

(2) 简单项目、小型项目、承包内容专一的项目，应采用部门控制式项目组织形式。

表 11-2 提供了选择项目组织形式的参考。

选择施工项目组织形式参考因素　　表 11-2

项目组织形式	项目性质	施工企业类型	企业人员素质	企业管理水平
工作队式	大型复杂项目工期紧的项目	大型施工企业，有得力项目经理的企业	人员素质较强，专业人才多，职工和技术素质较高	管理水平较高，基础工作较强，管理经验丰富
部门控制式	小型、简单项目，只涉及个别少数部门的项目	小型施工企业，任务单一的企业	素质较差，力量薄弱，人员构成单一	管理水平较低，基础工作较差，项目经理短缺
矩阵式	多工种、多部门、多技术配合的项目，管理效率要求很高的项目	大型施工企业，经营范围很宽，实力很强的施工企业	文化素质、管理素质、技术素质很高，但人才紧缺，人员一专多能	管理水平很高，管理渠道畅通，信息构通灵敏，管理经验丰富

四、施工项目经理部的建立与解体

1. 施工项目经理部的组建

现代建设工程的管理需要有一个精干、高效、具有弹性的一次性的施工生产组织机构，为了充分发挥它的管理作用，组织机构设计犹为重要，只有设计好，组建好项目经理部，才能充分发挥其应有的功能。

(1) 项目经理部的组建原则

1) 要根据工程项目的规模、复杂程度和专业特点设置项目经理部。如大型项目经理部可以设职能部、职能处；中型项目经理部可设处科；小型项目经理部一般只需设职能人员。若项目的专业性强，也可设置专业性强的职能部门，如水电处、安装处等。

2) 项目经理部是一个具有弹性的一次性施工生产组织，随工程任务的变化而进行调整，不应搞成一级固定性组织。项目管理任务完成后，项目经理部应解体。

3) 项目经理部的人员配置应面向施工现场，满足现场的计划与调度、技术与质量、成本与核算、劳务与物资、安全与文明施工的需要，不应设置与施工项目关系较少的非生产性部门。

(2) 项目经理部的模式

目前国家对项目经理部的设置模式尚无具体规定，各建筑、施工企业正在探索实践中，总的要求是根据工程项目的规模、复杂程度、专业特点，以及所采取的项目管理组织机构形式，来设置项目经理部的部门和人员。其组织结构形式可参见图 11-5。

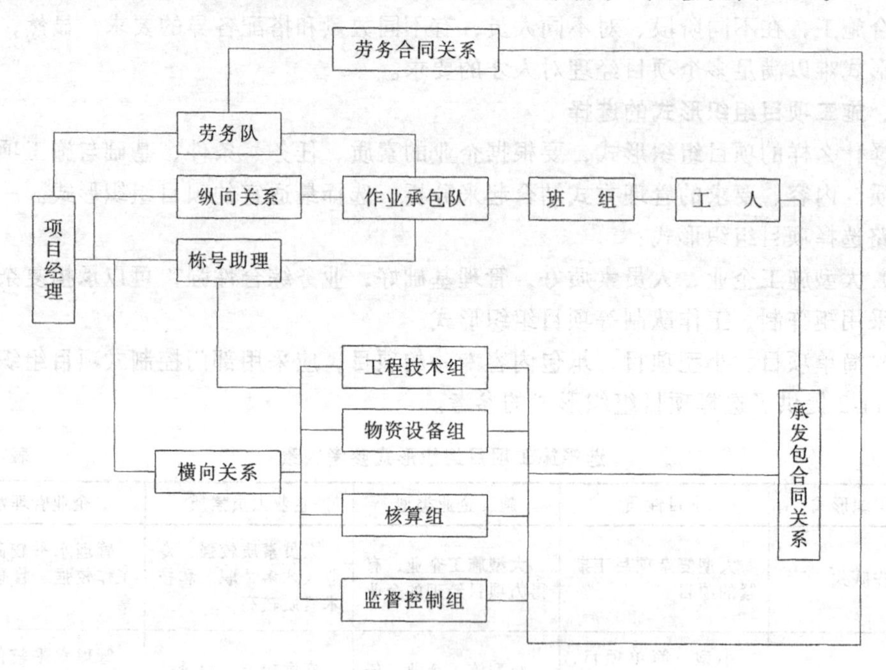

图 11-5　施工项目组织结构

项目经理部应根据实际情况设立党、团和工会组织。为了加强民主管理，还应设立项目管理委员会。参加人员除项目经理、各劳务输出单位的领导以及作业承包队长应作为法定委员参加外，其余委员均由全体员工选举产生。项目管理委员会的主要职责是听取项目经理的工作汇报，参与有关生产分配会议，及时反映职工的建议和要求，帮助项目经理解决施工中出现的问题，定期评议项目经理的工作等。

2. 施工项目经理部的解体

施工项目经理部是一次性具有弹性的施工现场生产组织机构，工程接近收尾时业务管理人员要陆续撤走，因此，必须重视项目经理部的解体和善后工作。

(1) 施工项目经理部解体的程序与善后工作

1) 在施工项目全部竣工验收签字之日起 15 天内，项目经理要根据工作需要向企业工程管理部门写出项目经理部解体申请报告，经有关部门审核批准后执行。项目经理及全体人员将陆续撤离，返回各自工作岗位。

2) 施工项目经理部解体前，应成立善后工作小组，主要负责工程项目的善后工作。如剩余材料的处理，工程价款的回收，财务帐目的结算移交，以及解决与甲方的有关遗留事宜。

3) 施工项目完成后，还要考虑该项目的保修问题。一般根据竣工时间和质量等级确定出保修费的预留比例。

（2）项目经理部效益审计评估和债务处理

1）项目经理部剩余材料原则上让售给公司物资部门：经理部自购的办公物品等移交企业，按质论价。项目经理离任时，必须按规定做到人走账清、物净。

2）由审计部门牵头，预算、财务、工程部门参加，对项目经理部的成本盈亏进行审计评估，并写出审计评估报告，交经理办公会审批。

3）项目经理部解体后债务债权的处理，应由善后工作小组在三个月内全部完成。

（3）项目经理部解体时的有关纠纷裁决

项目经理部与企业职能部门发生矛盾时，由企业经理办公会裁决。项目经理部与劳务、专业公司及作业队发生予盾时，按业务分工分别由企业劳动人事、经营和工程管理部门裁决。

第三节　施工项目管理制度

一、建立施工项目管理制度的意义

建立建全施工项目管理制度对规范建筑市场，加强施工项目管理具有十分重要的意义。第一，是贯彻国家和各级政府有关法律、法规、方针政策、标准规程的需要。第二，是对职工进行考核，正确实施奖惩的需要。第三，是规范项目组织和职工行为，维护正常的管理秩序、作业秩序、提高工效和质量的需要。第四，是为了全面履行施工合同，实施施工项目管理目标，取得好的经济效益和社会效益的需要。

制定施工项目管理制度时，要从实际出发，实事求是，简明扼要，针对性强，可操作性强，无错漏，无矛盾，配套完整。施工项目管理制度的制定、修改、废除，要保持严肃性，克服随意性，要按照调查研究、拟定方案、讨论决定、呈报审批（需报批的）、公布实施的程序进行。

二、施工项目的主要管理制度

按建筑施工企业承担的施工项目的性质不同，施工项目管理制度也不尽相同。归纳起来主要有两大类：第一类属于公司统一制定的管理制度，如项目经理承包责任制，经济合同管理实施办法，业务系统化管理实施办法，劳动工资管理实施办法等；第二类属于项目经理部制定的管理制度，主要是计划管理制度，施工技术管理制度，质量、安全管理制度，材料设备管理制度，劳动人事管理制度，财务会计管理制度，合同预算管理制度，职工岗位责任制度及奖惩制度等。

1．施工项目经理承包责任制

（1）施工项目经理承包责任制的特点

1）项目经理承包责任制，是以项目经理为首的项目管理班子独立承包，风险抵押，单独核算，自负盈亏。这种责任制突出了项目经理的主体地位。

2）项目经理和职工的责、权、利、效的关系明确。首先明确了项目经理在施工项目管理上的决策、指挥权等管理者应拥有的权力和责任。其次，按效益实行利益分配，既实行按获得效益比例多劳多得，给予项目经理奖励，又实行承担风险，承担亏损责任。对其他职工也按责、权、利、效统一的原则办理。

3）项目经理承包责任制，是以工程项目为对象，以施工图预算为依据，以承包合同为基础，以确保工程质量和工期，以及降低成本，安全文明施工等全面经济效益为目标的一次性承包经营管理。

(2) 施工项目经理承包责任制的主要内容

1) 项目、栋号、班组三个层次的承包责任制

施工项目承包是项目经理对企业经理承包。它是以施工图预算为依据，按国家预算定额标准计算承包基数。可实行包施工图预算，保证利润上缴，工资总数与质量、工期、成本、安全、文明施工挂钩和超额利润按比例分成的承包责任制。

栋号承包是施工项目承包范围内的又一层次承包，是承包队对项目经理的承包。通过签订分包合同，可实行承包队按施工图预算的有关费用一次包死，并设优质工程奖和材料节约奖；工资总额的核算与质量、工期、成本、安全生产指标挂钩；项目经理发包施工任务时应保证连续性、料具供应和技术指导的及时性、劳动力和技术工种的配套性、政策的稳定性、合同的严肃性。

班组承包是班组对栋号承包队实行的基层承包制，可实行规定质量等级、形象进度、安全标准，金额计件承包，并设材料节约奖、工具包干奖、模板架具维护奖、技术革新奖。

2) 项目经理部与公司机关职能部门之间的包保责任制

公司机关职能部门要认真履行职责，当好企业经理的参谋和助手；要为项目经理部提供优质服务，通过计划、指导、协调、控制、监督来实现业务系统的管理。项目承包后，机关职能部门要把项目管理目标作为各部门的管理目标，为工程项目施工提供保障条件。双方建立包保关系，把各自履行的职责和质量与各自利益挂钩。

2. 项目经理部管理制度

(1) 岗位责任制度

岗位责任制是为了贯彻和落实承包责任制而制定的管理制度。每个工作岗位上应有相应的岗位职责，做到人人有责可负，尽职尽责。

项目经理部的岗位职责包括：项目经理及下属职能部门的岗位责任制；栋号工长及下属职能人员的岗位责任制；班组长、质量员、材料员、安全员、工具员等岗位责任制。上述岗位责任制都是以项目经理为中心的施工项目管理岗位责任制体系，是实现项目管理目标的根本保证。

(2) 其他管理制度

如施工管理制度、技术管理制度、质量管理制度、安全管理制度、材料管理制度、成本核算制度、奖惩制度等。凡有一项管理工作即可制定一项管理制度，在此不再一一叙述。

复习思考题

一、名词解释

1. 施工项目　2. 施工项目管理

二、填空

1. 项目管理的主要内容是______，______，______。

2. 施工项目管理组织机构的形式有______、______和______。

3. 项目经理部的管理工作把企业的______管理与______管理有机地结合起来。

4. 施工项目经理承包责任制是以______为对象，以______为依据，以______为基础，以确保工程质量和工期以及降低成本、安全文明施工等全面经济效益为目标的一次性承包经营管理。

三、简答

1. 建设项目管理与施工项目管理的区别表现在哪些方面？

2. 施工项目管理组织机构设置的原则有哪些？

3. 施工项目经理承包责任制的主要内容有哪些？

第十二章 计算机在项目管理中的应用简介

本章简要地阐述基于软件和网络的项目管理软件在项目管理中的重要性，项目管理软件只有以矩阵式管理模式为基础，运用网络计划技术与WBS（工作分解结构）等先进技术，构筑于互联网上，实现协同管理，才能真正发挥作用，项目管理软件是项目管理理论与现代计算机技术的完美结合。

项目管理理论一直在不断发展和完善，计算机软件及互联网技术的飞速发展，为项目管理从理论到实践应用搭起了一座桥梁。项目管理软件不仅能提高项目本身的管理水平，同时也能提高企业整体的管理水平。

一、提高了项目管理的水平

1．项目管理的难点

（1）沟通障碍：从一般意义上讲，业主对项目最关心的是进度、投资、质量和合同，其实最首要的是信息沟通问题。由于项目管理涉及的单位和部门众多，需要相互联系、相互沟通的事情特别多，现在传统的方法如开会、发文等方式，信息传递的效率很低，项目管理本身是一个系统工程，解决沟通问题是搞好项目管理工作的基础。

（2）数据更新：项目的进度、质量、费用、文档、合同等数据量较大，并随着项目的进行在不停地变化，项目经理很难及时掌握动态的汇总，现在采用传统的汇总方法，很难做到数据准确、及时。

（3）文档应用：项目的图纸、文件、资料等文档，一般都是以纸面或电子文件的形式保存，查找和保存起来非常困难。很多过去的经验资料不能充分利用，企业知识资源浪费严重。

2．项目管理软件要解决的问题

（1）建立完善的授权机制。

项目的管理工作是由不同角色的人员共同完成的，项目管理软件只有解决参与项目人员的权限问题，才能使各类人员真正的将软件作为一个重要工具来完成项目管理目标。建立完善的授权机制要注意以下几点：一是最高权限是公司的最高层领导，打破系统管理员在计算机网络系统拥有最高权限的历史，使领导的权力回归领导，实现权力的合理分配，从此可以放心将重要文件放在网络之上，而不必担心内部人员泄密。系统管理员真正的工作是保证网络正常运行，没有权力查看公司重要数据，这是目前大部分系统存在的缺陷。二是授权工作由领导监督进行，领导视工作需要授权，使特定人员使用特定软件，从而责任明确，条理清晰。三是授权机制要实现穿透式管理，延伸领导管理能力，提高透明度，也就是说，领导有权能够穿透几级查看下级的工作情况。

（2）建立完善的信息传递机制。

企业内部的信息量大，纷繁复杂，传递起来不甚灵活，严重影响工作效率，建立完善的传递机制已势在必行。通讯功能要满足一对一、一对多的沟通要求。从功能上，要具备强大的语音通讯功能；具备自动记忆功能，可以随时查阅历史记录；具备强大的文件传输能力，使文档传递从邮件的被动接收改为主动接收，并具备提醒功能。要充分实现领导与部门、部门与部门、员工与员工、领导与员工、领导与项目经理部、部门与项目经理部的即时交流。

(3) 建立协同的工作管理系统。

一个项目的完成是多个部门协同工作的结果，各部门的业务内容不同，在数据转移和共享方面需要有一个共同的信息基础。利用 WBS（工作分解结构）技术对项目的所有信息进行统一的定义，作为项目相关业务工作沟通的共同基础，这也是项目管理的经典技术。

工作管理系统具备部门的计划、汇报、总结、考核功能，最终的工作是分配到个人身上，所有也要具备功能强大的个人事务处理功能。

(4) 能够实现对项目的动态控制。

项目的不确定因素较多，对项目动态控制的水平决定项目的成败。网络计划技术是实现动态控制的核心技术，在国内外大量项目实践中，运用网络计划技术可以缩短建设周期20%，降低工程成本10%。网络计划技术把整个项目作为一个系统去加以处理，将项目的各个任务的各个阶段和先后顺序通过网络形式对整个系统统筹规划并区分轻重缓急进行协调，使其对资源（人力、物力、财力等）进行合理的安排，有效地加以利用和控制，即使在一些不确定性因素的影响下，利用网络计划技术也能将动态数据及时进行统筹规划，达到以最少的时间和资源消耗来完成整个系统的预期目标，实现进度、投资、质量和合同管理的有机统一，最终取得良好的经济效益。

(5) 建立项目数据库系统。

在项目管理中，管理者所处管理层面的不同对信息广度和深度的要求也不同，但数据的本质是同一的，所以，要建立数据集中、服务分级的数据库系统。既能实现原有企业知识数据的共享，又能实现现有项目管理数据的共享。

数据集中是将所有项目数据汇集在一个巨型的数据库里，分级服务是不同层面的管理者通过软件工具，快速高效地从数据库中筛选出所要的汇总信息和详尽数据，利用互联网的优势，实现随时随地访问数据。

(6) 实现全员管理。

项目管理是一个全员参与的系统工程，管理的本质是人的管理，全体人员是在责、权、利问题处理恰当的组织形式中发挥作用的。实现项目管理的最基本、最理想的组织形式是矩阵式组织形式，所以项目管理软件一定应符合矩阵式组织形式，充分发挥人的积极性。

综上所述，将项目管理软件要解决的问题有机的结合，形成一套构筑于互联网上的协同项目管理平台，既能解决项目管理中的难点问题，又能实现远程办公、全员参与的工作管理模式，使管理更加规范化、成本控制更加科学化。

二、提高了企业管理的水平

(1) 扩大了项目管理的适用范围，使其从传统的单一项目管理拓展到整个公司机构的全面业务管理。

以项目管理信息化手段逐步改造传统企业的管理。事实上，项目管理的范围不仅仅局限于项目本身，在企业的不同层次、不同部门中都需要项目管理，例如企业组织结构设计、新产品开发、资源统筹调配、风险管理、绩效考察、开发或修改一个信息系统等等。项目管理是以一种有组织的方式统筹管理最终达到目标的，这对决策层做出正确决策和对决策的执行提供了有力支持。

项目管理是企业改革、创新的重要管理方法。市场竞争越来越激烈，环境在迅速的变化，企业需要对自身不断的进行调整以适应新的市场变化，重新组织企业资源，整合工作流程、加强技术创新是企业提高竞争力的有效方法，变革管理已经成为企业适应变化而生存的基本出路，而项目管理正是被实践证明、且行之有效的变革管理方法。

(2) 以项目管理软件系统为基础，将公司各种与项目相关的关系通过集中、明晰的方式管理起来，进行统筹协调。

在企业的经营活动中，存在两种工作类型，一种是事务型工作，另一种是项目型工作，两者之间存在一定的重叠。另外，项目的管理需要设计、技术、实施、财务、市场、设备、物资、运营等部门的密切配合，利用项目管理软件系统，打破部门的界限，按照项目管理的需要建立企业网络化的工作模式，将与项目管理相关的部门通过集中、明晰的方式管理起来。这样，可以将事务型工作和项目型工作区分开来，避免因二者隐含、混淆的关系而影响项目管理的效率。

(3) 项目管理软件系统和其他软件系统集成起来，共同构成一个统一高效的企业业务管理平台。

项目管理软件系统要根据开放的业界标准预留接口，提供二次开发的功能，与过去相对分散独立的办公、人事、财务软件集合起来，共同集合成为统一高效的企业业务管理平台，实现数据共享，使项目管理系统与日常的办公、管理紧密联系，最终达到降低企业管理成本，提高竞争力的目的。

三、项目管理软件和网络的协同项目管理平台

协同项目管理平台是以项目管理为核心，基于计算机互联网上开发研制的，不但解决了上文提到的项目管理软件要解决的六个问题，同时也解决了企业网络系统整合、应用软件管理、信息交流、数据安全、远程监控等相关问题，是一个可延展的企业信息化办公构架基础。该平台采用 VC++、Delphi 语言开发，整个平台分三层结构，第一层是硬件平台，第二层是操作系统，如服务器端用的 NT、UNIX，客户端用的 WINDOWS95/98，第三层是应用平台，是基于管理开发的，主要解决了数据共享、软件加密、通讯等难题，为各种软件在网络环境的应用提供了必要的条件。平台也提供开发接口，采用软总线插槽式接口方式，像计算机的主板，上面可插声卡、显卡、网卡等，只要符合标准，插上就可以使用，用户只要根据接口要求进行二次开发，新开发的软件可以与平台上已有软件实现数据共享，并且遵循平台统一的授权体系。

协同项目管理平台主要包括如下子系统：

1. 授权管理中心子系统

从安全角度出发，本平台对数据进行加密、数据传输采用标准的 TCP/IP 协议，并对发送的数据包进行加密处理，也保证了数据传输时的安全性，企业人员身份认证采用密码登陆与硬件加密相结合的方式。

从“将权限重新归还给领导”的思想出发，打破了最高权限是系统管理员的历史，权

限设置重新还给领导，系统管理员主要是保证网络运行畅通。本系统授权管理操作非常简单，领导通过一个USB口IC卡控制权限的设置（也就是说，设置人员权限一定要有IC卡和相应的密码），由领导决定谁有哪些权限，谁可以看到哪些内容，但在具体设置时领导不一定要亲自动手，可以填写权限设置单，委托专门部门进行授权，授权完毕后，领导收回IC卡并检查授权结果。

2．项目管理子系统

项目管理子系统的开发思想是“以人为本”，主要包括组织管理、个人事务管理、项目管理三部分。

实际在项目管理中，无论任何工作、任何事情，最终都是通过人来实现的，管理的本质是人。首先，个人工作效率的提高，是整体效率提高的基石，“个人事务管理”解决了个人在网络化环境下独立工作效率问题；其次，个人作用的发挥是在一定的组织结构中实现的，“组织管理”解决了人与人之间整体作用的联合问题，建立了一套完整的工作监控机制，最终解决了部门自身与部门之间的工作效率问题；最后，“项目管理”将科学的项目管理方法与计算机互联网技术相互结合，形成一个实用的管理工具，为实现项目管理目标提供了保证。

“组织管理”包括组织管理、组织决策、人事管理、合同管理、财务管理等功能模块，“个人事务管理”包括文档中心管理、公文流转、个人日程管理、个人总结、个人助理等功能模块，“项目管理”包括项目招投标管理、项目进度控制、项目成本管理、项目质量管理、项目安全管理、项目合同管理、项目文档管理、项目资源管理等功能模块。

3．即时通讯服务、项目信息网站、项目辅助决策子系统

即时通讯服务构架了一个面向全企业的交流平台，将对企业网络化办公起到极为重要的作用，该软件具备完全网络化意义上的分布体系结构，利用方便、优越的信息分布存储和管理机制，既实现高效的数据、信息传输，又能保证数据、信息的安全存储，具有即时信息交流、邮件传输、语音通信、信息日志、人事组织、消息广播等丰富功能。项目信息网站是一个内部网站，提供了企业公告板、内部讨论区、资料上传下载、企业通讯查询、投票系统等功能模块，可以及时了解企业日常内部事务。项目辅助决策主要为项目经理及企业领导提供决策依据。

协同项目管理平台以计划为核心，控制为手段，实现了“计划管理”、“动态控制”、“透明延伸”与“以人为本”的数字化项目管理。

具体功能模块划分如图12-1所示。

四、项目管理软件的重要性

（一）提高了项目管理的水平

(1) 使项目管理更加规范化。

(2) 使项目管理人员信息交换更加快捷、方便。

(3) 借助互联网的优势，可以实现远程异地办公。

(4) 提高了项目管理人员对项目的动态管理。

(5) 加强了项目成本管理控制。

（二）提高了企业管理的水平

(1) 扩大了项目管理的适用范围，使其从传统的单一项目管理拓展到整个公司机构的

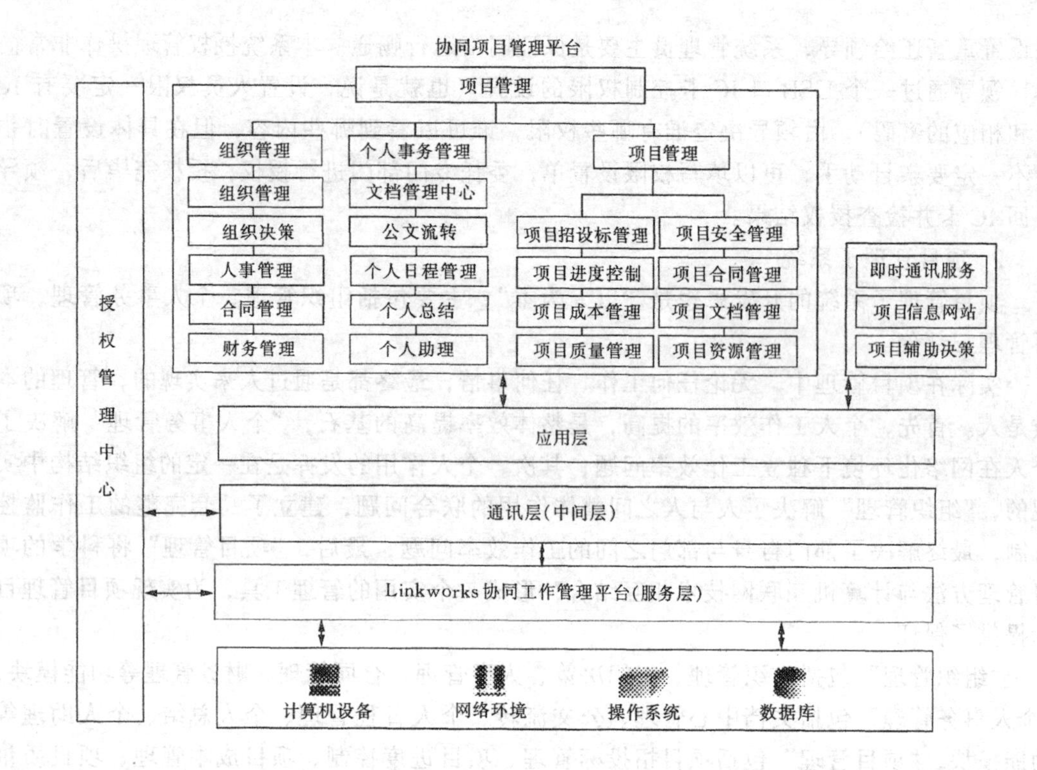

图 12-1

全面业务管理。

(2) 以项目管理软件为基础，将公司各种与项目相关的关系通过集中、明晰的方式管理起来，进行统筹协调。

(3) 项目管理软件系统和其他系统集成起来，共同构成一个统一高效的企业业务管理平台。

五、项目管理软件系统的组成

(一) 即时通讯

即时通讯具有如下特点：

(1) 完善的信息传递机制。

企业内部的信息量大，纷繁复杂，传递起来不甚灵活，建立完善的传递机制已势在必行。强大的语音通讯，使彼此间的交流近在咫尺；自动记忆功能，可以随时查阅历史记录；网络用户按所属部门实名设置，自动建立相应的内部邮箱及用户帐号，并同时建立属于自己的安全数据存储空间。

(2) 强大的文件传输能力，使文档传递于弹指之间。

轻轻点击鼠标，将要传递的文件，拖至相应的人名之上，即可迅速传递，无需牢记对方的E-mail、共享文件夹地址或密码，即使对方不在线，也能自动通过服务器转发；具有开机登录后自动提醒功能，一次性可多达50M的传输能力，使一次传输多个文件成为现实，自动分类存储功能使所有传递文件有迹可寻。

(3) 终端屏幕信息可以申请查看，可以协同工作。

(4) 便捷灵活的个性化功能，使工作倍感轻松。

时间同步：客户端与服务器时间同步，为办公管理提供了准确的时间依据。

邮件检测：支持多帐号设置，可定时内自动检查各帐号的新邮件。

定时自动关机：自行设置关机时间，节省资源。

消息广播：可以针对指定用户或全部用户进行消息广播。

（二）内部电子邮局

该部分将以企业内部人员组织机构和人事系统的基本信息为依托，在企业内部建立一个畅通无阻的内部邮件环境。内部电子邮局实现这样几个方面的功能：

（1）基于 Linkworks 和即时通讯（MrICU）系统实现；

（2）几乎无限的邮箱空间；

（3）传输的文件内容以加密方式传输，不泄露；

（4）传输以高效的压缩实现快速的传输；

（5）与其他办公模块无缝的连接，协调办公；

（6）与外部 Internet 环境中的邮件环境无缝融合。

（三）部门工作管理

企业的生产、经营、管理过程归根到底是由大量的工作组成的，部门工作管理模块建立一套完整的工作监控机制，能帮部门负责人轻松地完成工作计划的制定、上报、审批、下达、执行及考评等。

工作管理系统 MrWork 是 MrOA 系统的重要组成部分，也是 MrOA 最具特色的成员之一。它采用 Linkworks 管理平台的用户数据库，通过 MrICU 确认你的身份与权限，实现大到项目、小到具体工作的规划、实时管理以及项目周期、工作量、工作绩效等数据的科学计算。

（四）个人事务管理

最终的工作是落实在个人身上，本管理模块主要目标是提高个人的工作效率，使个人的工作与部门工作、企业业务工作、办公事务型工作有机结合起来，这是本系统的一大特点，目前大部分 OA 系统很难将企业业务工作落实到个人。本模块可以说是个人工作的自动化秘书。

（五）会议管理

会议管理：包括会议申请、会议安排和会议公告等。

会议申请：完成会议申请的起草、审批和会议通知。

会议安排：安排会议议题、预定会议地点、确定参加人员、发出会议通知，最后生成并发布会议纪要。

会议公告：发布和查询会议安排和会议纪要。

（六）组织管理

人力资源的作用是在一定组织结构形式下来发挥的，本模块建立了施工企业机关的部门目录树和角色目录树，主要目标是将各部门、各个人的能力通过组织管理联合起来，最终达到预定管理目标。

（七）收发文管理

公文处理系统：包括收文管理、发文管理模块。

收文管理：完成单位外来公文的登记、拟办、批阅、主办、阅办、归档、查询等全过程处理。

发文管理：完成单位内部和对外公文的起草、审批、核稿、签发、发布、存档、查询等处理。

（八）公文流转

公文流转实现文件的自动流转，一份文件从草拟开始，经由不同人审批，最终定稿、下发，形成了一个工作流程，通过计算机系统来实现文档的自动流转对提高办事效率有很大的促进。但每个单位在长期的办公过程都会形成一套比较定型的工作模式、工作流程、工作习惯与工作制度，每个单位根据自己的实际情况定义好自己的公文流转程序，让公文按照既定的方向自动流转。

流程的制定与管理是所有准备工作中最重要的环节，是使实际工作和软件相互结合纽带。

收文流程：确定现有收文工作的环节和一般处理过程，如一些单位收文的一般过程为：办公室文书登记——提交给办公室主任拟办——根据拟办意见提交给有关领导审批——根据领导审批意见提交给相关的部门办理或阅知——全部办理完成后做板壁处理——送交给档案室归档。

确定各个环节或岗位的处理规范和工作标准，如收文单中收文号的编号方法、收文办理到什么程度可以做办毕处理等。

发文流程：确定现有发文工作的环节和处理过程，如一些机关收文的一般过程为：部门工作人员起草公文——提交给部门领导审核——审核通过后如需其他部门阅知或联合发文，提交给其他部门会签——会签通过后提交给单位总文书初核——文书提交给核稿人核稿——核稿通过后提交给领导签发——签发通过后总文书分配文号，确定主题词——交由起草人成文——总文书发送成文——办毕处理——提交给档案室归档。

确定各个环节或岗位的处理规范和工作标准，如发文号、主题词的确定方法、一般情况下由谁成文等。

（九）文档管理

文档管理主要指对提交归档的文件资料进行组卷、移卷、拆卷、封卷等管理，并提供强大的全文检索处理，实现档案管理计算机化。还具有文档借阅管理的功能，用户可以在网络上进行目录查询、借阅、网上阅览处理，相当于构建了一个网上图书馆。

复习思考题

一、填空

1. 项目管理软件不仅能提高______的管理水平，同时也能提高______的管理水平。

2. 项目管理子系统的开发思想是______，主要包括______、______、______三部分。

3. 项目管理软件系统是由______、______、______、______、______、______、______、______、______部分组成的。

二、简答

1. 协同项目管理平台主要包括哪些子系统？

2. 在项目管理中，项目管理软件要解决哪些问题？

参 考 文 献

1. 黄展东编. 建筑施工组织与管理. 第1版. 北京：中国环境科学出版社，1995.
2. 吴根宝主编. 建筑施工组织. 第1版，北京：中国建筑工业出版社，1995.
3. 张文祥主编. 建筑企业管理. 第1版. 武汉：武汉工业大学出版社，1998
4. 任玉峰，刘金昌，张守健主编. 施工组织设计与进度管理. 第1版. 北京：中国建筑工业出版社，1995.
5. 范运林，何伯森，王瑞芝主编. 工程招投标与合同管理. 第1版. 北京：中国建筑工业出版社，1995.